■ 全球水安全研究译丛 ■

Environmental Flows:
Saving Rivers in the Third Millennium

环境流

新千年拯救河流的新手段

[奥]Angela H. Arthington／著

赵伟华　曾祥　唐见／译

长江出版社

图书在版编目(CIP)数据

环境流：新千年拯救河流的新手段 /(澳)安吉拉·H.阿辛顿
著；赵伟华等译.—武汉：长江出版社，2017.1
ISBN 978-7-5492-4823-0

Ⅰ.①环… Ⅱ.①安… ②赵… Ⅲ.①河流环境—
生态环境保护—研究 Ⅳ.①X143

中国版本图书馆 CIP 数据核字(2017)第 007461 号

著作权合同登记号　图字：17-2018-123

Environmental Flows:Saving Rivers in the Third Millennium by Angela H.Arthington

Copyright © 2012 The Regents of the University of California

Published by arrangement with University of California Press

All Rights Reserved

本书版权由博达著作权代理有限公司代理

环境流：新千年拯救河流的新手段　　　　　　　　　(澳)安吉拉·H.阿辛顿 著 赵伟华 等译
责任编辑：张蔓
装帧设计：刘斯佳
出版发行：长江出版社
地　　址：武汉市解放大道 1863 号　　　　　　　　　　　　　　　　邮　　编：430010
网　　址：http://www.cjpress.com.cn
电　　话：(027)82926557(总编室)
　　　　　(027)82926806(市场营销部)
经　　销：各地新华书店
印　　刷：武汉市首壹印务有限公司
规　　格：787mm×1092mm　　　　　1/16　　　　16.5 印张　　　　330 千字
版　　次：2017 年 1 月第 1 版　　　　　　　　　　2019 年 1 月第 1 次印刷
ISBN　978-7-5492-4823-0
定　　价：65.00 元

水安全是指一个国家或地区可以保质保量、及时持续、稳定可靠、经济合理地获取所需的水资源、水资源性产品及维护良好生态环境的状态或能力。水安全是水资源、水环境、水生态、水工程和供水安全五个方面的综合效应。

在全球气候变化的背景下,水安全问题已成为当今世界的主要问题之一。国际社会持续对水资源及高耗水产品的分配等问题展开研究和讨论,以免因水战争、水恐怖主义及其他诸如此类的问题而威胁到世界稳定。

据联合国统计,全球有 43 个国家的近 7 亿人口经常面临"用水压力"和水资源短缺,约 1/6 的人无清洁饮用水,1/3 的人生活用水困难,全球缺水地区每年有超过 2000 万的人口被迫远离家园。在不久的将来,水资源可能会成为国家生死存亡的战略资源,因争夺水资源爆发战争和冲突的可能性不断增大。

中国水资源总量 2.8 万亿 m^3,居世界第 6 位,但人均水资源占有量只有 $2300m^3$ 左右,约为世界人均水量的 1/4,在世界排名 100 位以外,被联合国列为 13 个贫水国家之一;多年来,中国水资源品质不断下降,水环境持续恶化,大范围地表水、地下水被污染,直接影响了饮用水源水质;洪灾水患问题和工程性缺水仍然存在;人类活动影响自然水系的完整性和连通性、水库遭受过度养殖、河湖生态需水严重不足;涉水事件、水事纠纷增多;这些水安全问题严重威胁了人民的生命健康,也影响区域稳定。

党和政府高度重视水安全问题。2014 年 4 月,习近平总书记发表了关于保障水安全的重要讲话,讲话站在党和国家事业发展全局的战略高度,深刻分析了当前我国水安全新老问题交织的严峻形势,系统阐释了保障国家水安全的总体要求,明确提出了新时期治水思路,为我国强化水治理、保障水安全指明了方向。

他山之石,可以攻玉。欧美发达国家在水安全管理、保障饮用水安全上积累了丰富的经验,对突发性饮用水污染事件有相对成熟的应对机制,值得我国借鉴与学习。为学习和推广全球在水安全方面的研究成果和先进理念,长江水利委员会长江科学院与长江出版社组织翻译编辑出版《全球水安全研究译丛》,本套丛书选取全球关于水安全研究的最前沿学术著作和国际学术组织研究成果汇编等翻译而成,共10册,分别为:①水与人类的未来:重新审视水安全;②水安全:水—食物—能源—气候的关系;③与水共生:动态世界中的水质目标;④变化世界中的水资源;⑤水资源:共享共责;⑥工程师、规划者与管理者饮用水安全读本;⑦全球地下水概况;⑧环境流:新千年拯救河流的新手段;⑨植物修复:水生植物在环境净化中的作用;⑩气候变化对淡水生态系统的影响。丛书力求从多角度解析目前存在的水安全问题以及解决之道,从而为推动我国水安全的研究提供有益借鉴。

本套丛书的译者主要为相关专业领域的研究人员,分别来自长江科学院流域水环境研究所、长江科学院生态修复技术中心、长江科学院土工研究所、长江勘测规划设计研究院以及深圳市环境科学研究院国家环境保护饮用水水源地管理技术重点实验室。

本套丛书入选了“十三五”国家重点出版物出版规划,丛书的出版得到了湖北省学术著作出版专项资金资助,在此特致谢忱。

该套丛书可供水利、环境等行业管理部门、研究单位、设计单位以及高等院校参考。

由于时间仓促,译者水平有限,文中谬误之处在所难免,敬请读者不吝指正。

《全球水安全研究译丛》编委会

2017 年 10 月 22 日

译者序

　　本书的原作者 Angela H.Arthington 博士是澳大利亚格里菲斯大学环境科学学院的名誉教授,并且是澳大利亚河流研究所的高级研究人员和澳大利亚联邦政府环境流管理顾问。她的研究领域比较广,主要围绕环境流,发表过 200 多篇学术论文。2012 年 Angela H. Arthington 博士出版了关于环境流的专著《环境流:新千年拯救河流的新手段》,该专著对环境流研究进行了系统的归纳和总结,并提出了很多新的研究思路和方法,极具参考价值。从 20 世纪 70 年代开始,我国已经有许多学者从事环境流研究,但限于英文原版专著的普及性,国内相关从业者难以获取该专著之精华,译者认为有必要对该专著进行翻译,希望本译著对国内环境流相关从业者具有一定帮助。

　　环境流是目前进行河湖、湿地生态系统生态恢复的重要手段之一,全世界目前有近 50 个国家在开展环境流相关研究,可见环境流对于河湖湿地生态系统非常重要。本书的内容分为 22 个章节。第 1 章概述了河流的价值及面临的威胁;第 2 章阐述了全球水文、气候和冰川径流的变化规律;第 3 章介绍了流域、河网与资源管理体制;第 4 章介绍了河流生态学、自然水流体制、生态水文学原理等基础理论知识;第 5 章介绍了流域的变化和河流廊道工程的影响;第 6 章介绍了人类治水和大坝影响水流的相关历史;第 7 章介绍了大坝对河流泥沙、热量和化学物质的影响;第 8 章介绍了大坝对生物栖息地水生生物多样性的影响;第 9 章详细介绍了目前环境流的研究方法;第 10 章至第 13 章分别详细介绍了水力学评估与栖息地模拟法、流量保护法、流量恢复法、水文变化的生态限制法等四大类目前比较常用的环境流研究方法;第 14 章介绍了环境流之间的关系、模型及其应用;第 15 章、第 16 章分别介绍了与地下水密切相关的生态系统所面临的威胁及可持续发展;第 17 章、第 18 章分别介绍了湿地和河口生态系统面临的威胁及其水流需求;第 19 章介绍了水文变化的界限;第 20 章介绍了环境流的实施和监测;第 21 章介绍了环境流相关的立法和政策;第 22 章介绍了应对气候变化的相关情况。

　　本书由长江水利委员会长江科学院赵伟华、曾祥、唐见等共同翻译。赵伟华,博士,高级工程师,现任长江科学院流域水环境研究所水生态修复室室主任,主要从事河流底栖动物生态学及环境流相关研究工作,负责翻译本书的前言和致谢、第1章、第8章、第9章、第10章、第11章、第20章、第21章、附录及全文的统稿及校核工作;曾祥,本科,高级工程师,现任长江科学院武汉长建创维环境科技有限公司副总经理,主要从事水生态修复相关研究工作,负责本书的第3章、第5章、第6章、第7章、第14章、第15章、第16章、第17章的翻译工作;唐见,博士,高级工程师,主要从事河流水文水资源相关研究工作,负责本书的第2章、第4章、第13章、第19章及第22章的翻译工作。贡丹丹、杜琦等参与了部分校核工作。本书所涉及的专业包括水文学、水力学、水生生物学、环境科学、水利工程等众多学科和专业,译者对部分领域研究认识水平有限,译著中不妥之处在所难免,敬请广大读者批评指正。

　　本书得到2014年度湖北省学术著作出版专项资金的资助,在此表示感谢。

译者

2017 年 9 月

前言和致谢

《环境流：新千年拯救河流的新手段》是全面描述环境流的书籍，环境流是指维持淡水和河口生态系统及其对人类服务功能完整所需水流的质、量和发生时刻(布里斯班宣言，2007)。水的静止和流动状态，及气态、液态、固态等状态支撑着淡水生态系统生物多样性、功能和生命力。每个生态系统需要多少水？河流原有自然水文情势或已有模式被大坝、水电站、抽水电站等改变以满足人类需求时会发生什么？环境流可以用于恢复受损生态系统吗？人类社会如何应对气候变化、人均水资源占有量减少，淡水生物多样性受损，生态系统功能失调等问题都是本书的焦点。

这本书不是建立环境流需求的秘方，它是用叙述手法讲解方法论的发展，从简单的水文计算到从大空间尺度的生态系统角度使读者了解水的管理。本书所引用的原始的参考文献为读者提供了简单的途径去了解一些信息和案例研究，这些信息和案例包括淡水生态学和环境流实施的科学、监测、立法和政策等。这本书以适应气候变化的建议和环境流的作用结尾。环境流是一种可以保持淡水生物多样性、生态产品及健康淡水生态系统服务功能的方法。

就像其他许多书一样，这本书最开始也是形成于课件和研讨会。整理数据形成手册，以供学生参考，并最终形成了用于生态系统保护与恢复的水管理理论与实践。其中有几篇比较优秀的论文，包括 Dyson 等(2003)，Hirji 和 Davis(2009)。近些年关于环境流方法、应用和监测方面的进展已经在《Freshwater Biology》(Arthington 等，2010a)专刊进行了刊登，可以帮助读者了解这部分内容。

《环境流》这本书吸取了大量资源，并引用了大量的文献资料。许多学者在几十年间通过合作研究、联合行动、探险等方式共同推动了这一领域理论的发展，方法的应用和内容的扩展。感谢以下学者，他们都在某个领域为环境流作出了贡献。包括 Robin Abell, Mike Acreman, Alexa Apro, Harry Balcombe, Anna Barnes, Ian Bayly, Barry Biggs, Andrew Birley, Stuart Blanch, David Bliihdorn, Nick Bond, Paul Boon, Andrew Boulton, Anthea Brecknell, Gary Brierley, Sandra Brizga, Margaret Brock, Andrew Brooks, Cate Brown, Stuart

Bunn, Jim Cambray, Samantha Capon, Hiram Caton, Tom Cech, Fiona Chandler, Bruce Chessman, Peter Cottingham, Satish Choy, Peter Cullen, Felicity Cutten, Bryan Davies, Peter Davies (Tasmania), Peter Davies (Western Australia), Jenny Davis, Jenny Day, Ben Docker, David Dole, Michael Douglas, David Dudgeon, Patrick Dugan, Mike Dunbar, Kurt Fausch, Christine Fellows, Max Finlayson, Mary Freeman, Kirstie Fryirs, Ben Gawne, Peter Gehrke, Keith Gido, Chris Gippel, Paul Godfrey, Nancy Gordon, Gary Grossman, Wade Hadwen, Ashley Halls, John Harris, Barry Hart, Gene Helfman, Tim Howell, Jane Hughes, Paul Humphries, Cassandra James, Xiaohui Jiang, Gary Jones, Ianjowett, Fazlul Karim, Eloise Kendy, Mark Kennard, Adam Kerezsy, Alison King, Jackie King, John King, Richard Kingsford, James Knight, Louise Korsgaard, Sam Lake, Cath Leigh, Cathy Reidy Liermann, Simon Linke, Lance Lloyd, Kai Lorenzen, Stephen Mackay, Nick Marsh, Jon Marshall, Carla Mathisen, Michael McClain, Rob McCosker, Elvio Medeiros, David Milton, David Merritt, Michael Moore, Bob Morrish, Peter Moyle, Robert Naiman, Jon Nevill, Christer Nilsson, Richard Norris, Ralph Ogden, Jay O'Keeffe, Julian Olden, Jon Olley, Ian Overton, Tim Page, Margaret Palmer, Shoni Pearce, Ben Pearson, Richard Pearson, Geoff Petts, Bill Pierson, LeRoy Poff, Carmel Pollino, Sandra Postel, Jim Puckridge, Brad Pusey, Gerry Quinn, Johannes Rail, Martin Read, Peter Reid, Birgitta Renofalt, Brian Richter, David Rissik, Ian Robinson, Kevin Rogers, Marvin Rosenau, Robert Rolls, Nick Schofield, Patrick Shafroth, Clayton Sharpe, Fran Sheldon, Deslie Smith, Christopher Souza, Robert Speed, David Sternberg, Mike Stewardson, Ben Stewart-Koster, David Strayer, Rebecca Tharme, Martin Thoms, Klement Tockner, Colin Townsend, Charlie Vorosmarty, Keith Walker, Jim Wallace, Robyn Watts, Angus Webb, Robin Welcomme, Gary Werren, Kirk Winemiller, Bill Young 和 Yongyong Zhang。特别感谢 Sam Capon 和 Stephen Mackay 为本书准备附图，感谢 David Sternberg 两次校核参考文献和封面图片，感谢 Jean Mann 准备目录。本书中多数图表都是在征得原出版社同意的基础上重新制作的。

　　作为本书基础的相关个人研究获得了格里菲斯大学澳大利亚河流研

究所、澳大利亚水研究顾问委员会、澳大利亚陆地和水组织、国家水委员会、国际水中心、活性水联合研究中心(CRC)、淡水联合研究中心、热带雨林联合研究中心、旅游联合研究中心、海洋和热带科学研究组织以及部分昆士兰州和联邦政府机构的资助。同时也感谢那些在南非、巴西、哥伦比亚、中国、韩国、老挝、泰国、越南、新西兰、加拿大、英国、美国、西班牙和瑞典为我们提供技术、经验咨询的国际机构。

最后，衷心感谢本书编辑团队的成员——Chuck Crumly，Ric Hauer，Lynn Meinhardt，Kate Hoffman，Julie Van Pelt，Pamela Polk 和 Jean Mann，以及加州大学出版社，感谢他们对我一直以来的鼓励和支持，使我能够在协作和出版过程中一直保持良好的状态，最终完成本书，也感谢编辑部淡水生态部门的成员们，感谢他们在该书结构和内容上的建议，特别是 Stuart Bunn，是他推动了这本书的概念并支持出版。

衷心感谢名字出现在这里的每一位，感谢你们致力于这项保护全球河流湿地的工作。希望这项极为重要的工作能够继续在你我的国家持续下去，直面淡水生态多样性危机，将人类文明发展的第三个千年变成一个为了人类和生态系统的利益转变和恢复的新纪元。

Angela H. Arthington
于澳大利亚格里菲斯大学河流研究所
2012 年 6 月

目录
Contents

第1章
河流价值与面临的威胁

1.1　淡水生物多样性危机

河流及其相关的洪泛区/漫滩、地下水和湿地正面临危机。从全球的角度看,它们是世界上被破坏最严重的生态系统, 这些生态系统物种消失的速度远远超过陆地和海洋生态系统(Dudgeon 等,2006)。一个关于世界河流所面临威胁的综合报告认为超过 83%的陆地表面的淡水生态系统已经受"人类足迹"影响(Vörösmarty 等,2010)。这些显著的人类活动包括大范围的流域扰动、森林砍伐、水污染、航道工程、蓄水、抽水、灌溉,特别是湿地水土流失、地下水枯竭、栖息地消失和物种入侵。蓄水和河流枯竭明显导致生物多样性面临威胁,它们直接减少了河流和河漫滩的栖息地,全球 65%的河流栖息地面临中—高度的威胁。这种威胁的水平超过了人类过去对淡水利用的估计,接近于 2050 年预期的 70%的水平(Postel 等,1996)。

Vörösmarty 等(2010)研究了世界范围内人类对河流的影响模式,详细地阐述了为什么淡水生物多样性处于危机状态。评估认为至少 10000~20000 个淡水物种已经灭绝或濒临灭绝,这在很大程度上是由人类活动引起的。淡水生物多样性的消失速度可媲美更新世向全新世过渡的速度。

2002 年,Paul Crutzen 认为世界进入了一个新纪元——人类世,因为人类主导着生物圈并且很大程度上决定着环境质量(Zalasiewicz 等,2008)。大量相关研究、试验、元分析都指出人类活动是造成淡水生物多样性下降的普遍因素。考虑到物种灭绝,人口数量递增,水资源利用、发展压力,以及气候变化的压力,新的全球预测认为淡水生态系统将继续面临威胁。

1.2　河流的价值

河流的破坏和淡水生物多样性的丧失已经严重影响到人类用水安全,社会的繁荣,人类的健康及福祉, 这些威胁也影响到人类从生态系统获得的有形福利。千禧生态系统评估——一个全球主要生态系统状态综合分析体,将生态系统服务分为四个主要类别:预备阶段、调整阶段、培养阶段和支持阶段(MEA,2005)。

生态系统提供的服务(见表1)是指人类从生态系统中获得的产品。全球河流和湖泊蕴含100000km³水,这不到地球总水量的0.01%。正是这极小比例的水却是维系人类生命所必须的,并且提供了大量的其他生态系统服务,包括那些依赖于此的形形色色的生物系统。这些基于生物的服务包括食物(虾类、鱼类、植物)、燃料产品(泥煤)、纤维和建筑材料(木材和稻草),还有药理学上的产品。淡水生态系统巩固和丰富了基于传统手工业、渔业、养殖业、农业和畜牧业等的全球食物产品(MEA,2005)。清洁的水源和含盐量低的水体对大多数食物和纤维作物都非常重要,并且推动着餐饮、服装、住宅、基础设施、交通、娱乐等行业的发展。有评估显示,到2050年要满足人类的需求,全球粮食产量必须翻一番,而这必须使用更少量的水,然而已经有70%的世界淡水资源用于农业上(Molden,2007)。

表1　　　　　　　由河流、湿地和地下水系统所提供的生态系统服务功能
(支撑水文、地貌和生态过程服务功能案例与服务功能消失可能造成的结果)

提供生态系统服务功能		对结构和过程的支持	服务功能丧失的结果
供水		贯穿集水区(流域)整个过程中水的传输和储存	居民、商业、城市和灌溉用水的损失
储水		完整的漫滩和湿地;植被可增加雨水的渗透,提高地下水和深层含水层的补给	干旱加剧;因为私人和公共的使用而使地下水的损失;植被和野生动物的损失
粮食生产	(a)初级生产力	新的植物组织的产生	食物和产自水生植物的食物的减少(例如,藻类、水稻、薯类)
	(b)次级生产力	新动物组织或者微生物生物量的生产力	渔业短缺包括鳍鱼,甲壳类、贝类和其他可食用的生物群
生产木材和燃料		生产木料、茅草和泥炭	产自河岸湿地和植被的木材、纤维和燃料产物的减少
生物多样性		完整的淡水生态系统能支持植物和动物的多样性;水库是未来供人类使用的基因多样性和进化潜力的场所	生态系统恢复力降低,限制了对扰动的适应性(例如气候变化);物种的丧失会使其他的所有服务功能降低

引自:Danielopol 等,2004;Palmer 等,2009;Gustavson 和 Kennedy,2010。

调节生态系统服务功能(见表 2)同等重要,能够从生态系统的调节过程中受益,例如气候调节、水文循环、营养加工和自然灾害。河流、湖泊、湿地和蓄水层能储备淡水或者减少水的流失。漫滩和湿地能汇集流域的大部分径流,并且构建微环境(Freitag 等,2009)。流经漫滩的水流富含营养物质和能量, 这些能量维持河流的生物群落和那些赖以其生存的陆生物种,如水鸟和两栖动物(Douglas 等,2005)。河流还可将淡水传输到河口、海岸、湿地以及近岸的环境,洪水脉冲为这些地区的动植物提供了满足盐度需求的栖息地。携带营养物质的河口径流能提高初级和次级生产力, 同时提供鱼类和甲壳类食物补给(Gillanders 和 Kingsford,2002)。红树林、盐沼和海藻这些依赖淡水的部分植被有助于沉积物的稳定,改变水文情势,产生大量有机碳,并且影响营养物质的循环和食物网的结构(Hemminga 和 Duarte,2000)。

表 2　　　　　　　由河流、湿地和地下水系统所提供的调节生态系统服务功能
(支撑水文、地貌和生态过程服务功能案例与服务功能消失可能造成的结果)

调节生态系统服务功能		对过程和结构的支撑	服务功能丧失的后果
防洪		漫滩、湿地和河岸植被缓冲带的完整性能通过物理地减缓水流速度,暂时储水或者是通过植物的吸收来增加水的交换率	洪水暴发的频率和幅度增加;洪水损害基础设施和景观的公共便利价值
侵蚀/沉积物控制		土壤能够保留或者通过完整的河岸植被保持住;藻类和地貌特征降低强加于溪岸、河床和湿地海岸线的侵蚀力;维持水生和河岸的生境	损失或者是丧失水生生境会影响渔业和生物多样性;提高污染物的传输,降低下游水库的蓄水能力或者影响湿地、地下水和海岸生态系统
水质净化	(a)处理营养盐	截留、储存或者是去除超标的氮和磷;降解有机物(落叶、植物、动物尸体等)	营养盐过剩, 使得水体不适于饮用或者支撑生命系统;藻类暴发导致厌氧环境和其他生物的死亡
	(b)污染物的处理	植物和微生物通过吸收或者转运从而限制下游或者地下水中的污染物通量;植物和地貌特征能降低悬浮物含量,以及下游悬浮物的运输	有毒污染物,沉积物再悬浮以及其他污染物能杀死或者伤害水生生物;浑浊度高和受到污染的水源不适于饮用,同时也不能在某些特定的行业中使用,可能也会影响美观

引自:Danielopol 等,2004;Palmer 等,2009;Gustavson 和 Kennedy,2010。

通过娱乐、教育和美观，人们可从这些文化服务功能中获益(见表3)，包括它对人类所提供的产品和服务以及精神的充实(MEA，2005)。对于许多社会系统而言，河流和湖泊有着深远的文化和宗教意义；它们是举行重要仪式的场所，埋葬心爱家人的地方，神灵和守护精神的所在地。作为一个生活在非常干燥、淡水资源极度不完整的大陆上的游牧民族，澳大利亚土著居民很少发展其他文化(Bayly，1999)。对淡水水源地和物种的关注和保护，与人类对淡水资源依赖性的感知密切相关，与地球上物种的生命和未来密切相关。生态系统的文化服务功能通过支撑营养盐循环并为水生生物提供栖息地和食物而得以实现。

表3　　　　　　　　由河流、湿地和地下水提供的生态系统文化服务功能
(支撑水文、地貌和生态过程服务功能案例与服务功能消失可能造成的结果)

生态系统文化服务功能	对过程和结构的支撑	服务功能丧失的后果
娱乐、庆祝活动、教育、审美、宗教和精神寄托	洁净的水资源，尤其是被诸如森林和野生动物保护区这种优美宜人的自然环境所围绕的水体，具有奇妙的自然价值；提供娱乐；激发绘画和诗歌的创作灵感；支撑文化和宗教价值系统	失去了在自然界中与家人共享放松和愉悦的机会；各种行业的经济损失，特别是旅游业；损失了有品质的生活、精神、文化和宗教价值

引自：Danielopol 等，2004；Palmer 等，2009；Gustavson 和 Kennedy，2010。

1.3　对河流价值以及人类的威胁

人类对淡水的需求升级会危及数百万人所依赖的生态系统服务功能，诸如对水的直接需求、食物、安全住所、有品质的生活、健康以及财富。河流的改变影响着淡水生境、生物多样性以及它所提供的生态系统服务功能，然而由大坝造成的阻隔和大面积的蓄水，加上下游流量的减少，会造成水生态系统的阻断，从河流的源头到其所产生的漫滩，再到河口三角洲和沿海海洋生境的破碎化(Nilsson 等，2005)。通过大坝所导致的河流流量的调节功能将改变淡水径流的数量、质量和流经时间，这样会经常扰乱依赖河岸、淡水河口生态系统的生物生活史以及大部分的生态过程(Poff 等，1997；Naiman 等，2008)。

许多在流域尺度或者加剧地表径流的人类干扰会影响溪流、河流、湿地和河口的水文过程。集水行为不仅会改变地表和地下水的水文过程，它们还改变其他流域资源体系；沉积物、营养盐和有机质，温度和光照/黑暗(Baron 等，2002)。这些资源体系的改变会对水生和河岸生态系统造成很多影响，而且它们相互作用更会带来一系列损伤压力(Ormerod

等,2010)。随着土壤流失,森林砍伐,湿地排水,灌溉,城市化及商业活动的发展不断升级,这些对水生生物多样性及人类赖以生存的淡水河口生态系统的威胁必然会持续增加。

Vörösmarty 等 (2010) 对于河流和人类淡水资源全球综合性威胁的研究,发现将近 80%(48 亿人)的世界人口生活在人类用水安全和生物多样性高风险的区域。Vörösmarty 等列出了以下几个关键点:

● 农业以及人口密集地区显示出了最高水平的威胁,包括美国大部分地区,几乎所有的欧洲地区,中亚的大部分区域,中东,印度次大陆和中国东部。水资源匮乏尤其威胁着穿越整个沙漠大陆的干旱和半干旱的流域(如阿根廷,萨赫特,中亚,澳大利亚墨累达令盆地)。

● 人口密集和发达地区会对人类和生物多样性构成特别高的威胁,尽管在这些区域有着高降雨量和污染物的稀释能力,例如,中国东部,尤其是在长江流域超过 30 条大型河流汇集了全球径流的 1/2 并流入了海洋,通过水流改道而在河口处受到威胁,包括埃及的尼罗河,美国的科罗拉多,中国的黄河,同样无数的小河流随着径流模式的改变,它们的河口和三角洲的生物多样性及生产力也会受到威胁(Postel 和 Richter,2003)。

● 只有在世界最偏远地区对人类和生态系统的威胁水平都较低。(大约占地球表面积的 0.16%),包括高北地区(西伯利亚,加拿大,阿拉斯加)和热带的不适宜居住的地区(亚马逊,澳大利亚北部)。

1.4　来自气候变化的威胁

全球气候变暖和气候变化很可能加剧对农业流域与城市景观现在和未来的综合威胁(Palmer 等,2009)。政府间气候变化专门委员会(IPCC)报道说地球气温相对于工业化前的时期至少升高了 1.5℃以上(IPCC,2007)。大气升温,蒸发率增加和降雨量减少预计将可能加速全球水文循环(Vörösmarty 等,2004)。气候变化似乎是导致诸如龙卷风、飓风、洪水、干旱、火灾等极端天气强度和频率增加的主要因素,同时冰雪的覆盖率也在逐渐减少(IPCC,2007)。气候变化机制的转变及与其相关的全球降雨和径流模式,蒸发率,以及其他环境机制已经改变了河流流量及热机制,造成更长时期和更严重的干旱,导致更强烈和更频繁的风暴,以及随之而来的洪水。

这些变化会影响供应人类和生态系统生存的淡水资源,特别是降雨与径流的流量和时间,蒸发和蒸腾速率,海平面上升。上述的这些水文变化会对淡水生态系统的分布、特征,甚至是可持续性造成影响,加上海平面上升将会影响到河口,地势低洼的咸水,淡水湿地和其他海岸生态系统。大气温度和水文机制的改变将会伴随着其他环境机制的改变和相互作用,这些都将给水生态系统造成很严重的影响。在全球水循环和淡水可用性中的这些变化毫无疑问会在人口日益密集的世界范围内加剧水供应的压力,而这些人类都希望有更好的健康的生活品质(Alcamo 等,2008)。河流和地下水系统将会面临更大的压力,因为它们是世界大部分人口的主要水源地。

随着全球区域范围内降雨量的减少,以及其他径流和河流水文的变化,人们在定义水生态系统的生态需水量方面产生了浓厚的兴趣,特别是河流,漫滩,以及相关的地下水系统,以及世界上许多大型河流河口的淡水需求。现在恢复生物多样性,生态系统功能和耐受性(对干扰的响应和适应能力),对河流治理者、科学家和社会公民来说都是全球性的使命(Dudgeon 等,2006;Palmer 等,2008)。所面临的挑战是巨大的,而且是全球性的。这需要对自然界水文循环和其他环境机制的生态角色有一个深入了解,流域机制是怎样改变水体和河岸生态系统的,要支撑这些系统至少需要多少流量及流量的变化模式,以及如何来管理和分享世界上有限的淡水以使人类未来能获得最大的收益。

1.5 一条河流需要多少水量

这个问题是 Richter 等(1997)在为大自然保护协会(TNC)做有关河流流动机制的高度改变的工作过程中的提问。几乎在每一个国家,许多科学家和水源管理者都为成千上万条的溪流和河流提供了这个问题的回答。大多数"溪内流"的方法(70%;Tharme,2003)要么是一个建立在地表径流的水文特征基础上的简单原则,要么对特定物种需要维持的水生生境,主要在水深、流速、覆盖率(通常是具有经济或娱乐价值的鱼类如三文鱼)这些方面的流量进行量化。通常建议将维持生境的流量称为"最小流量",最小流量的水能够维持河道的湿润,提供有限的迁移机会以及维系觅食。聚焦于二维和三维的生境建模以及其他技术的基本方法和创新产生了许多新思路 (Booker 和 Acreman,2007;Kennard 等,2007),同样也带来了许多疑虑,因为适宜的生境对于维持水生物种的需求以及支撑它们的生态系统只有一个维度。

大约在 20 世纪 80 年代末,河流科学家正开展"溪内流"和更广泛的河流生态及修复方面的工作,并且关注流动机制不同层面的重要性,而不仅仅停留在维持水生物种关键生境的河道内的低流动性。在不同国家和部门工作的生态学家们意识到河道水流的动态特性,流量以及来自洪泛区湿地与地下水系统的交换 (Gore 和 Nestler,1988;Statzner 等,1988;Junk 等,1989;Petts,1989;Stalnaker 和 Arnette,1976;Ward,1989;Poff 和 Ward,1990;Hill 等,1991;Arthington 等,1992;Sparks,1995;Walker 等,1995;Poff,1996;Richter 等,1996,1997;Stanford 等,1996;Naiman 和 Décamps,1997;King 和 Louw,1998)。

此外,由于大坝和其他干扰工程而导致的河流流量大小,季节规律,时间异质性的变化,对水生物种和生态系统过程产生的严重影响越来越显著。1997年一篇具有开创性的论文在一个关于河流恢复与保护的新案例中提到了这种观点。这种典型流动机制特性是河流生态系统结构和功能证据性的反映,许多水生生物的适应性由河流的时间模式决定(Poff 等,1997)。同时,Richter 等(1996,1997)发表的文章确认了河流机制的多个层面的重要性,还陈述了如何去预测这些层面的统计信息,如何去量化它们的改变,如何支持为了生态目的的河流管理体制。

1.6 环境流

在上述科学争论中形成了广泛的共识:必须要保护淡水生物多样性和维持河流生态系统的服务功能,保持河流的自然流动和变化。随着这些思维的变化,在评估"溪内流"时出现了更广阔的"河流生态系统"的视角,这个词语也在潜移默化地转化为更具有包容性的词语,如"环境流(E-flows)"或者"环境水分配(EWAs)"以及相关的词语——"生态环境需水(EEWRs)","生态水需求"和"生态环境水消耗"(Moore,2004;Song 和 Yang,2003)。

所有这些术语都涉及维持河流廊道的生物物理和生态过程——从源头到大海的水的动态连续性——包括河道,淤积地下水和潜流带,河岸和洪泛区湿地,河口和海岸带。环境流的最新定义使健康河流与河口生态系统,生计和人类的福祉以及依赖它们的社会之间的联系非常明确:"环境流描述维持人类与其他依赖淡水和河口等生态系统生存的生物所需水流的数量、质量(水质)和时间"(Brisbane Declaration,2007;参见该章附录)。

这个定义的几个特征具有普遍的吸引力。水的"质量"的描述信息是一个重要的水量维度和时间流模式,同时它也强调了河流,河口和它们所赖以生存的淡水的可持续性。此外,它还明显地结合了环境流、河流和河口生态系统,以及人类和社会的生计和福祉。

本书中,"环境流"是一个完整的水文循环连续性的一部分,能或多或少地减缓由人类干预造成的影响,这有益于物种、生态系统和人类。水文循环的所有组成"流"从一个地方到另一个地方,一个时间到另一个时间,以一种形式或另一种形式,为水生生态系统供应着水,这些都是相连的并且由地表和地下水、生物地球化学通量和生态过程所驱动。人类如何影响和控制这些水流,对生物圈的水生和陆生组成部分以及人类的福祉具有重大的意义。作为全球新产生的淡水生态系统的威胁,如此生动形象地展示了河流和淡水生物多样性所遭受的危机,80%的世界人口居住在对饮用水安全和/或生物多样性存在高风险的区域(Vörösmarty 等,2010)。

《环境流:新千年拯救河流的新手段》这本书讲述了一个全球淡水危机的故事:从基本

的水文到河流生态学，再到水文生态学规律；通过生态系统面临的一连串威胁和现象，目的是从方法，框架，建模方法，支撑系统决策，立法，政治，和水管理策略等方面保护人类赖以生存的水生态系统。此书的最后一章转向了气候变化——终极挑战——它对水生态系统意味着什么，环境流作为维持生态系统恢复力和生物多样性的方法所扮演的角色。这本书的结论是：通过制造有活力的全球河流以及流域的恢复力，努力维持和恢复淡水生物多样性，生态产品，健康河流和河口、湿地和地下水的服务功能。鉴于人类的适应能力的巨大潜力，科学的告知和指导环境流管理的创新能力，以及其他的修复方法，许多河流、湿地和河口都能得到挽救。随着人类社会的发展，第三个千禧年可能成为地球自然恢复力，造福人类的治愈能力以及人类和其他物种赖以生存的生态系统的改造和恢复的时代。

第2章
全球水文、气候和河川径流变化规律

2.1 全球气候水文分区

区域气候情势和水文循环[水分的各种形态(固、液、气态)、生物组织和细胞的水分之间的转化动态机制]控制着淡水生态系统以及供水的自然波动(见图1)。在太阳能驱动下,全球水文循环每年通过降雨向陆地提供大约 1.1 万 km³ 的水量。大约 2/3 的降雨水分是来自于植物土壤的蒸散发(7 万 km³/年),1/3 的降雨水分来源于海洋蒸发和陆地水量运输(4 万 km³/年)。地下水储藏了全球大约 1500 万 km³ 的淡水资源,大部分处于与地表几乎无交换的深层含水层(Jackson 等,2001)。深层地下水是湿润的气候条件或者是更新世冰盖的融化产物,有时也被称为"化石水",一旦使用,这些古老的水很难得到补充,而可再生的地下水系统主要依赖于降雨的补充,所以很容易受到用水和干旱的影响。地下水水文、地表水—地下水交互关系及其交互过程对河流生态系统的意义将会在第 15 章和第16 章详细阐述。

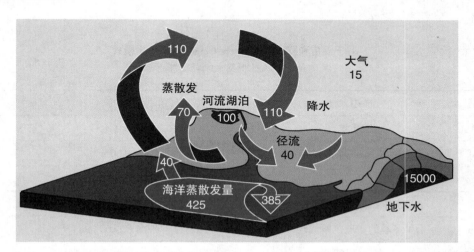

图 1 水文循环图,可更新淡水资源循环储量(白色数字),水资源每年通量(黑色数字)。陆地总降水量每年约 11 万 km³,其中 2/3 来自于植物和土壤的蒸散发(每年蒸散发量 7 万 km³),1/3 来自于海洋向陆地的水汽输送(每年 4 万 km³)。海洋蒸散发总量每年 42.5 万 km³,地下淡水储量 1500 万 km³
(根据 Jackson 等,2001 中的图 2 绘制,获得美国生态学会的许可)

湖泊和河流拥有 10 万 km³ 的水量,不足地球总水量的 0.01%。可获取的淡水资源维持着淡水和陆地生物多样性,饮用水,食品生产,工业生产,以及河流、湿地和河口生态系统提供给人类许多直接和间接的生态产品和服务(见第 1 章)。

全球淡水资源的可获得性对气候因素的响应呈现显著的区域差异性,因为气候因素影响降雨量及其季节性分布,同时还会影响其存在形态(雨水、雪或冰)。世界上主要的气候区可分为五大类,划分的标准主要依据区域年均降水量,月均降水量和气温(Kottek 等,2006)。目前使用最广泛的 Koppen-Geiger 气候分类模式,将全球划分为赤道区(A)、干旱区(B)、暖温区(C)、雪区(D)和极地区(E)。划分方案中第二个字母代表的是降雨(Df:湿润雪区气候),第三个字母代表的是气温(Dfc:湿润寒冷夏季雪区气候)。2 字母划分方案有 14 种气候区类型(表 4),3 字母划分方案有 31 种气候区类型。

全球陆地区域占主导的气候类型是干旱区 B(30.2%),其他依次是雪区 D(24.6%),赤道区 A(19.0%),暖温区 C(13.4%)和极地区 E(12.8%)。陆地区域最常见的单个气候类型为 BWh(14.2%)——炎热的沙漠;其次是 Aw(11.5%)——赤道热带草原(Peel 等,2007)。横跨各大陆地版块的气候类型分布存在显著差异,并孕育了河流和淡水生态系统演化的各种气候背景(见表 5)。这些全球气候模式同样还影响着维持人类生存的淡水资源可获得性。在高强度的太阳辐射和蒸散发速率的作用下,2/3 的降水发生在纬度介于 30°N~30°S 的区域,热带地区的径流通常也比其他地方高。除了在极端高降水量的情况下,极少的降雨量和高蒸发速率导致沙漠地区只有极小的径流存在(Young 和 Kingsford,2006)。澳大利亚年均径流量只有 4cm,大约比北美的年均径流量少了 8 倍,更少于热带南美洲年均径流量。

表 4　　基于温度和降水的 Köppen-Geiger 气候分类模式
(温度和降水状况用英文单词首字母表示)

类型	描述	标准
A	赤道气候	$T_{min}\geq +18℃$
Af	赤道雨林气候,非常湿润	$P_{min}\geq 60$ mm
Am	赤道季风气候	$P_{ann}\geq 25(100-P_{min})$
As	干旱夏季的赤道草原气候	夏季 $P_{min}<60$ mm
Aw	干旱冬季的赤道草原气候	冬季 $P_{min}<60$ mm
B	干旱气候	$P_{ann}<10\ P_{th}$
BS	草原气候	$P_{ann}>5\ P_{th}$
BW	沙漠气候	$P_{ann}\leq 5\ P_{th}$

续表

类型	描述	标准
C	暖温带气候	$-3℃<T_{min}<+18℃$
Cs	干旱夏季的暖温带气候	$P_{smin}<P_{wmin}, P_{wmax}>3P_{smin}$ 和 $P_{smin}<40mm$
Cw	干旱冬季的暖温带气候	$P_{wmin}<P_{smin}$ 和 $P_{smax}>10P_{wmin}$
Cf	非常湿润的暖温带气候	不是 C_s 和 C_w
D	雪原气候	$T_{min}≤-3℃$
Ds	干旱夏季的雪原气候	$P_{smin}<P_{wmin}, P_{wmax}>3P_{smin}$ 和 $P_{smin}<40mm$
Dw	干旱冬季的雪原气候	$P_{wmin}<P_{smin}$ 和 $P_{smax}>10P_{wmin}$
Df	非常湿润的雪原气候	不是 D_s 和 D_w
E	极地气候	$T_{max}<+10℃$
ET	冰原气候	$0℃≤T_{max}<+10℃$
EF	森林气候	$T_{max}<0℃$

引自:Kottek 等,2006。Köppen-Geiger 气候分类模式世界图及基础数据参见德国气象服务系统(http://gpcc.dwd.de)的全球降水气候中心(GPCC)及维也纳兽医大学(http://koeppengeiger.vu-wien.ac.at)

注:干旱临界阈值 P_{th}(mm)是为干旱区气候类型(B)设置的,这个参数取决于表征年平均温度的绝对值 T_{ann}(℃)和年降雨循环。

T_{ann} 是近地面(2m)的年平均气温;

T_{max} 是最热月份月均气温;

T_{min} 是最冷月份月均气温;

P_{ann} 是累计年降水量;

P_{min} 是最旱月份的降水量;

$P_{smin}, P_{smax}, P_{wmin}, P_{wmax}$ 是两半球夏冬两季最低和最高月降水量。

表 5 　　　　　　　　　各大洲气候类型陆地面积比例

大洲	气候类型				
	A:赤道气候	B:干旱气候	C:暖温带气候	D:雪原气候	E:极地气候
非洲	31.0	57.2	11.8		
亚洲	16.3	23.9	12.3	43.8	3.8
北美洲	5.9	15.3	13.4	54.5	11.0
南美洲	60.1	15.0	24.1		
欧洲		36.3	17.0	44.4	2.3
澳洲	8.3	77.8	13.9		
格陵兰和南极洲					100

引自:peel 等,2007。

Köppen–Geiger 气候分类模式描述了决定年、月和日不同尺度的降雨和蒸散发/蒸发速率的区域平均气象状况,降雨蒸散发要素的改变会直接影响水文循环过程。区域气候变化会导致水文情势变化产生类似的响应方式,同时水文情势还会进一步受到流域面积、地形、地质、地貌相互作用的调节。在云捕获和地形强迫,植被覆盖,土壤渗透性能,地下水储存水平,融雪等因素的作用下,气象条件和地形特征之间相互作用的区域变化会影响河流径流量和发生时间(Snelder 和 Biggs,2002;Poff 等,2006;Sanborn 和 Bledsoe,2006)。不同气候区河流有着特定的区域特征(由于干旱区降雨的高度变异性,该区域河流径流呈现出高度的变异性特征)(Young 和 Kingsford,2006)。

融雪区、赤道区和暖温区河流径流都呈现出各自对气候、地形和影响因素的响应特征。一些大河汇海前会流经许多不同的气候区,尼罗河流域由 8 个比较大的子流域组成,每个子流域都有着不同的地理、气候和水文特征,其中埃塞俄比亚高原(青尼罗河和阿特巴拉)和维多利亚和赤道湖泊群(白尼罗河)是两个主要的气候水文区。由于中非维多利亚和阿尔伯特的湖泊群,以及苏丹的淡水沼泽稳定的水量补充,白尼罗河全年维持着相对稳定的径流量,很少有季节性变动。青尼罗河—阿特巴拉水系体现了埃塞俄比亚高原的夏季多雨和冬季干燥的降雨模式,沿着尼罗河从大拐弯一直延伸到阿斯旺的广袤区域均受到季风洪水的影响。

2.2　流量情势描述

(1)河流水文情势

依据监测的水文数据,可以通过很多的水文统计指标来描述一条河流的水文特征。河流水文情势以及其他方面的变化特征,需要结合相应站点长期的监测数据来反映。生态学家认为自然水文情势变化包括具有生态学意义的 5 个方面特性:强度,频率,发生时间,持续时间和水流条件的变化率(Richter 等,1996;Poff 等,1997),从这 5 个方面可以完整地表征整个水文情势变化过程, 包括对维持河流生物和河流生态系统生态功能的特定的水文事件(如洪水和低流量)。此外,通过这 5 个方面来表征河流水文情势,生态学家就可以直接地量化特定人类活动导致的水文情势变化程度及其相应的生态影响。这里只是简要描述了河流水文情势变化的 5 个方面的特性及其生态相关性(见图 2 和图 3)。河流水文情势变化 5 个方面的生态作用及其差异性将会在第 4 章详细阐述。

流量强度是单位时间里通过过流断面的流体体积(见图 2a),它可以用不同的单位表征(例如:m^3/s、ML/d 和 GL/a)。强度能够反映一条河流的流量的绝对量或与流量多少有关的特性,如:提供维持鱼类在溪流浅滩中洄游所需的足够水深的水量,或者淹没洪泛平原。不同气候区的降雨过程以及流域面积的差异会导致河流流量的最大值、最小值、平均值和中值等特征值差异明显。

发生频率指的是某一给定流量情形在一定时间段内的发生次数(见图 2b)。流量的发生频率可以利用流量持续曲线来表示，流量持续曲线能够展示出低流量事件发生频率远大于能够引起洪水的大流量事件(见图 2b)。一个 100 年一遇的洪水事件定义为平均 100 年可能出现 1 次等于或大于给定流量的洪水;或者用另一种说法,等于或大于某一给定流量洪水的频率是 1%。两次洪水的重现期也可能间隔很短,间隔时间取决于所在区域的气候和降雨条件,但是,从长远来看,每 100 年,大洪水的出现次数不会超过 1 次。大洪水的流量中值会有 50%的概率出现。洪水的频率决定了洪泛平原的淹没状况,影响依靠洪水信号刺激的鱼类的繁殖活动,影响河滨带植物的生长和种子的传播。

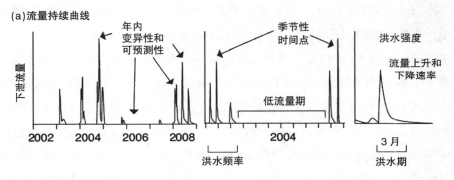

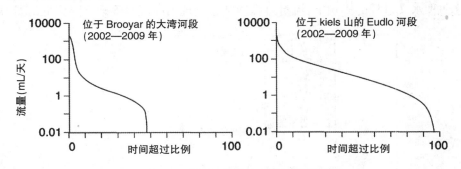

图 2　澳大利亚昆士兰 Mary 河的流量情势图
(数据由澳大利亚昆士兰环境资源管理部提供)

持续时间是某一特定流量事件的时间跨度,例如,一场持续时间长的洪水,能够持续淹没洪泛平原几周甚至几个月时间, 而一些持续时间短的洪水, 只能淹没洪泛平原几天(见图 2a)。生态学家需要知道某一特定流量事件无间断的持续时间,例如,无流量事件的持续时间,这段时间通常也叫作干旱期(用天、月或者年表示)。另外一个有用的统计参数就是一年中没有表面流的中等流量的持续时间。这些参数都可以从流量持续曲线上得到

(见图 2b)。但是,持续时间在这里的意思和干旱期持续时间是不同的,因为在流量持续曲线上读取的任一流量强度的持续时间可能不是连续的,它是一个加和值,代表的是流量等于或者大于某一流量值的所有天数之和,不考虑它是不是连续发生的。流量持续曲线可以用来比较不同类型的流量情势的差异,并且能够用来核算土地利用变化、取水、大坝以及围堰导致的水文情势的变化程度,当然,流量持续曲线也可以用来支持环境流的评估。

流量的时间和可预见性代表着两种不同的流量特征, 时间是指某一特定事件会发生在某特定的月和季节的特定流量,例如,鱼类的洄游和产卵。可预见性指的是洪水或者干旱事件在时间上有自相关性,经常存在年尺度的循环。可预见性的流量事件同样还和其他的环境信号存在自相关性(如季节性的热量极值)。许多热带河流的洪水(如湄公河)有可预见性的年洪水脉冲,这能维持许多鱼类的洄游和产卵活动(Welcomme 等,2006)。干旱地区的洪水发生通常较难预测, 这些地区的洪水频率和发生时间受到许多区域的气候因子和其他外在的诱导降水/径流变化的事件的影响(Puckridge 等,1998)。

流量的变化率或者叫"瞬变",指的是流量从一个强度转化为另外一个强度的速率(见图 2 和图 3)。瞬变河流流量有非常迅速的上升或者下降变化速率,而稳定流量的河流有着非常稳定的流态,流量变化发生得比较慢。在许多流域,降雨渗透进土壤中,蓄满产流需要很长的时间,这种情形下,即使长时间没有降水,通常也能够维持河流的低流量(基流)。还有一种降水能够迅速产流的叫作快速流或者暴雨径流,主要取决于降水事件(如瞬时的暴雨或者融雪)和流域的特征(Burt, 1996)。降水能够诱导河流的高流量事件。在基流和快速流这两种水文过程的影响下,流量过程通常会呈现出高流量逐渐下降到低流量,被几段

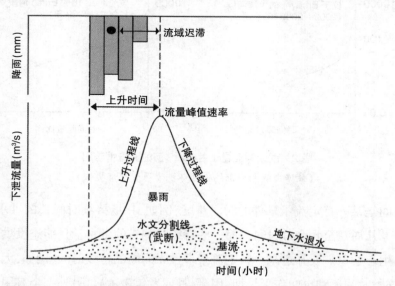

图 3　基流(地下水)、暴雨(快速流)和降雨产流的上升下降过程的水文情势示意图
(根据 Burt, 1996 中的图 2.2 绘制)

14

长时间的低流量分割高流量的状态(见图2a和图3)。这些水文过程的流量变化速率的差别通常是区分稳定流态和瞬变流态河流的主要手段。

河流水文情势的5个方面特征(强度、频率、发生时间、持续时间和水流条件的变化率)结合在一起,能够给生态学家对这个河流系统的水文特征一个概括性的了解。从生态学角度出发,无论是暂时性水流河流(只有在大暴雨后会形成水流的河流),间歇性水流河流(在雨季或暴雨后才有水流的河流,雨季主要靠地下水补充),或者是常流河(一年四季都会有水流的河流),季节性的流态和流量强度(如夏季或者冬季的洪水,干旱期的发生时间),以及不同时间尺度上的流量的总的变化和可预见性等都是非常重要的流量情势特征指标。

流量情势的这些特征结合在一起决定着河流生态系统的物理和生化过程,流量情势是影响河流生态系统的"主变量"(Power 等,1995),是"河流生态系统这个交响乐队的总指挥"(Walker 等,1995)。自然的河流水文情势是维持河流生态系统健康和生物多样性的关键要素,自然水流体制理论已经成为全球河流保护、修复以及环境流管理的理论基础(Poff 等,1997;Bunn 和 Arthington,2002;Naiman 等,2008)。在第4~8章将详细阐述河流水生生物对水文情势5个方面特征变化的响应规律,这些水文情势变化通常是由于大坝或者人类活动干预导致的。

由于气候背景和许多其他因素的影响,世界上的河流在流量强度和流量过程上有非常大的差异。对河流水文情势的区域差异性研究由来已久,许多研究致力于在全球、洲际或者区域尺度上尝试对河流水文情势进行划分归类(见 Pusey 等,2009;Olden 等,2011 的研究综述)。水文分类是根据河流的水文情势,将具有相似水文情势分布特征的河流归类的系统排列过程。许多不同的流量指标(包括以上提到的5个方面的统计指标)被用来进行水文分类,流量指标的选取主要取决于研究的目的(Olden 和 Poff,2003)。指标的选取、有数据站点的地理分布、数据时间跨度以及参比序列的时间重叠都会对水文分类结果产生影响(Kennard 等,2010a,2010b)。在下面的讨论中,列举了全球、洲际和区域不同尺度上的河流水文情势主要特征及其异同点,为后面章节阐述河流水文情势的生态作用,以及土地利用变化、大坝、围堰和流域间调水导致的水文情势变化产生的生态影响奠定基础(见第4~8章)。

(2)水文情势类型及分类

全球最早的水文分类研究之一划分了13种不同的流量情势,这个研究是基于66个国家的969个水文站点的32年的径流时间序列分析获得的(Haines 等,1988)。每个站点的平均流量情势定义为32年中每个月的平均值,通过这种方式可以有效地消除流量情势的年与年之间的差异。这种划分方式能够识别不同流量情势类型的季节差异,以及不同流量情势类型所处的气候和地理区域(见表6和图4)。这种分类方式对很多研究有启发作用,包括环境流评估(如第11章的Benchmarking Methodology)。

表6　　　　　　　　　　　季节流量情势类型,特征及案例(全球66个国家的数据库)

流量情势类型	特征	案例
第1组:平稳型	没有季节流量峰值	黑海
第2组:春季中段及末期型	春季最后两个月出现峰值,约占全年流量的40%	明显的融雪径流模式,美国西北部和加拿大
第3组:春末夏初型	有5~6个月的长时间寒冷季节,流量峰值出现在春季最后一个月和夏季第一个月	斯堪的纳维亚到俄罗斯堪察加半岛
第4组:极早夏型	迟滞的春季融雪产生超过60%的年径流量	有6个月处于零下的区域,以及第三组中欧亚大陆的北方区域
第5组:早夏型	初夏月份出现较长时间流量峰值,晚秋、冬季和早春迅速下降到低流量	非洲南部,南美,和东亚的热带到极北地区,可能伴随冬旱
第6组:盛夏型	晚夏或者初秋出现流量极值,伴随冬季低流量,夏季强降雨导致夏季流量极值的出现	南非、南美和亚洲的热带或亚热带区域,高纬度地区会出现特例(挪威)
第7组:极晚夏季型	典型的季风流量情势,晚夏有强降雨出现,50%的流量出现在晚夏,冬季和春季会出现较长时间的低流量	热带地区,尼泊尔和阿根廷的受融雪影响地区
第8组:晚夏型	晚夏出现流量峰值,影响冬季降雨形成稍高低流量,一般会是冬季的小峰值	亚热带,主要集中在澳大利亚的昆士兰南部、新南威尔士的北部
第9组:早秋型	与第7组类似,但是会有流量峰值出现在早秋,而不是出现在晚夏	热带、亚热带,主要集中在非洲和亚洲
第10组:中秋型	在夏季均值后,中秋会出现一个流量峰值,冬季和春季会出现低流量	主要出现在热带和亚热带的区域,中美和南美的南端部分地域也会出现
第11组:秋季型	秋季出现较广范围的流量极值,一般会伴随着晚春的流量小峰值	热带地区的岛屿或半岛地区(巴拿马和马来),澳大利亚的东部和欧洲的大西洋海边也会出现
第12组:冬季型	较广范围的冬季和早春流量峰值,夏季流量非常低	全年雨量均匀的潮湿温带地区
第13组:极冬型	冬季和早春会出现流量极值,在夏季逐渐下降到极低流量	美国东部
第14组:早春型	和第12组类似,但是冬季流量很小,在早春和春季中期出现流量峰值,融雪导致春季流量峰值,夏季逐渐下降	温带地区的大部分区域
第15组:春季型	与第11组类似,没有明显的低流量期出现,融雪导致春季的高流量	北美、南美和南非的温带区域

引自:Haines等,1988。

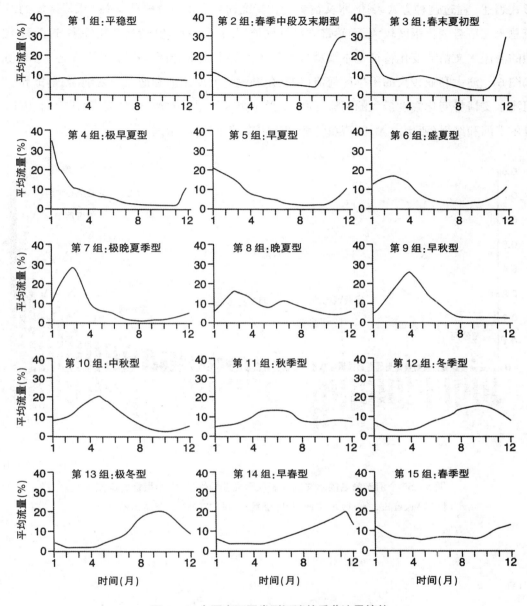

图 4 66 个国家不同类型河流的季节流量情势

(根据 Haines 等,1998 中的图 3 绘制,获得 Elsevier 的许可)

在全球河流水文情势分类研究集中考虑流量变化的时候,Puckridge 等(1998)利用23
个水文指标来对 52 条大河的水文情势进行划分,这些水文指标涵盖了水文情势中与生态
相关的 5 个方面信息。选取了从 5000km² 到 100000km² 的不同流域,以减少流域大小而导
致的水文情势差异,同时利用能够获取的最早的 20 年水文数据来减少大坝和流量调控对
水文情势变化的影响。流量变化程度通过年和月的原始数据计算获得,以分位数/中值的

形式表述。通过这种方式表述，水文情势变化特征通常和世界气候区有关。干旱区域的河流总水文情势变化幅度较大，而热带雨林气候类型的河流总水文情势变化较小，这两种类型的河流水文情势变化特征基本上就勾勒出了世界上大部分河流都存在的情况（见图5和图6）。澳大利亚较大的干旱区河流(如艾尔湖盆地的库珀河和迪亚曼蒂纳河)是世界上河流水文情势变化幅度最大的河流，而流量差不多大的尼日尔河、湄公河、奥果韦河、因迪吉尔卡河和红河(亚历山大)的流量情势变化幅度较小(可以预测)。

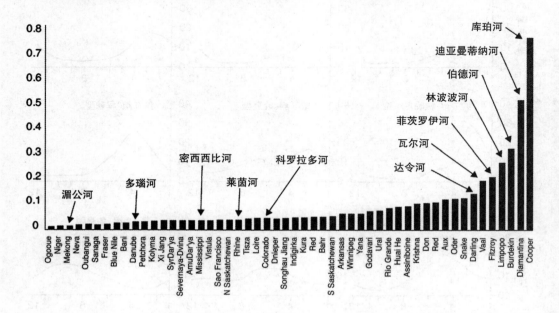

图5　52个河流命名的水文站的表征水文变异性的23个指标的均值
(根据 Puckridge 等，1998 中的图 4a 绘制，获得 CSIRO 出版集团的许可)

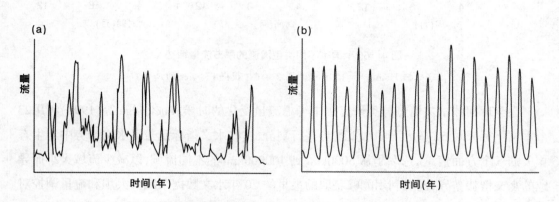

图6　高变异性年流量情势(a)和可预见性(b)的年流量情势

基于澳大利亚、新西兰、南非、欧洲和美国463个站点的日流量数据,通过对洲际间河流水文情势比较进一步揭示了不同国家的河流水文情势的差异性(Poff 等,2006)。澳大利亚的河流通常在最大流量值和上升速率两个指标上有比较大的变化幅度,年际年内存在瞬变现象。新西兰和欧洲的河流具有最低流量值较高、基流指数较高、下降速率变异系数较高和春季流量较高的特征。南非的河流秋季基流较高,最大流量和上升速率的变异系数较大。在这些研究的河流中,水文情势年际年内差异最大的河流基本上都位于澳大利亚、南非和部分美国的干旱区域。

美国河流有着最广的水文类型分布,涵盖了其他四个大洲存在的河流水文情势类型。Poff(1996)基于11个与生态相关的且涵盖了流量的变异性、预见性和高低流量极值等消息的水文指标,划分了10种不同的流量态势(7种常流和3种间歇流态)。其中5种常流态河流充分体现了融雪、降雪和降雨混合、间歇性、瞬变性以及稳定地下水补充不同类型河流水文情势的差异(见图7)。椭圆反映了两类水文分类指标的自然变异范围(洪水可预见性和基流指数——基流与总径流的比值)。融雪河流主要集中在洛基山脉地区,降雪和降雨混合补充河流集中在太平洋西北及北方各州, 间歇瞬变河流集中在沿着森林草原过渡区的中西部地区,间歇性河流主要位于北部和南部的草原区和西南边远地带。

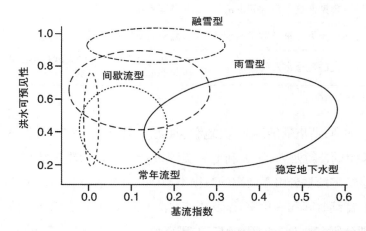

**图7　美国5种主要河流水文情势类型的洪水可预见性和基流指数二维散点图。
图中椭圆(90%的置信区间)展示5种类型河流的两个参数的自然变动范围**
(根据Poff等,2010中的图4绘制,获得John Wiley和Sons的许可)

基于120个生态相关的水文指标,利用贝叶斯混合模型对澳大利亚没有进行调控的溪流进行水文分类 (830个站点数据), 这是澳大利亚首次洲际尺度的水文分类研究(Kennard 等,2010a;2010b)。研究识别了12种不同水文情势类型,体现了流量的预见性和变异性、季节性流态、流量常态(瞬变流或间歇流)以及流量极值事件的强度和频率(洪水和干旱期)的差异性。与主要的水文指标一样,水文情势类型的地理分布差异很大(见

表7，图8)。这些水文情势类型中，气候、地质以及流域下垫面特征等要素都有差异性，这些为流量情势类型的预测和无水文站点的流域水文类型划分提供了基础。

表7　　　　　　　　　　　　澳大利亚流量情势类型及区域分布

流量情势类型	分类描述	区域分布
1	稳定基流	分布广泛，塔斯马尼亚的东南沿海和西南沿海
2	稳定冬季基流	澳洲的南部温带大陆
3	稳定夏季基流	主要在澳大利亚北部，潮湿的热带地区，卡奔塔利亚湾和帝汶海
4	不可预见性基流	广泛分布在澳洲的南部和东部区域
5	不可预见性冬季少量间歇流	东南沿海溪流，Murray-Darling 河的源头
6	可预见性冬季间歇流	典型地中海流量情势，分布在澳洲西南部
7	不可预见性间歇流	东部沿海，温带和亚热带的过渡带
8	不可预见性冬季间歇流	塔斯马尼亚的东南部，Murray-Darling 河东源
9	可预见性冬季常发间歇流	西南沿海的内陆区域和 Murray-Darling 河
10	可预见性夏季常发间歇流	卡奔塔利亚湾和帝汶海
11	不可预见性夏季常发间歇流	东流至 Coral Sea 的大河
12	多变的夏季常发间歇流	印度洋的干旱、半干旱区域，艾尔湖，Murray-Darling 河和卡奔塔利亚湾南部

引自：Kennard 等，2010b。

英国、法国、瑞典、斯堪的纳维亚、奥地利、西欧、土耳其、俄罗斯、南非、莱索托、斯威士兰、坦桑尼亚、尼泊尔、新西兰、澳大利亚和美国进行了大量的流量情势分类研究(Pusey等，2009)。流量情势的划分由于使用的数据类型(年、月或者日)、研究关注的角度(强度、频率、发生时间、持续时间和变化率)以及统计方法的差异，有很大的不一致。如何进行科学的水文情势划分研究见 Olden 等(2011)的研究。

(3)水文分类和环境流

水文分类研究对于科学的水资源管理具有重要的意义，有利于保护河流生态系统健康和维持人类的生产生活。首先，在缺乏生态信息的河流或者特定区域，亟需管理者的决策意见支持先进的环境流评估。在这些情形下，可以利用基于自然流量情势研发的环境流核算技术手段(Stanford 等，1996；Richter 等，1997)。这种方法可以结合科学的监测计划揭示水文情势变化导致的生态效应，从而加深对被管理的水生态系统的理解 (Bunn 和 Arthington，2002；Poff 等，2003)。

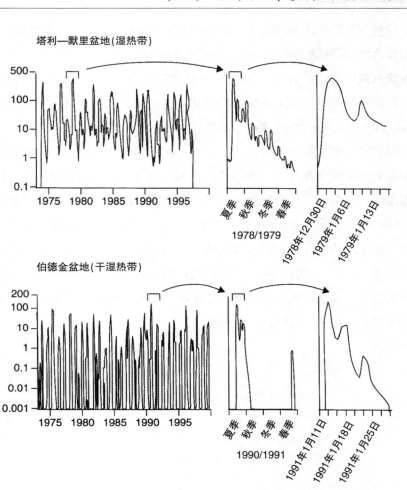

图 8　澳大利亚潮湿和潮湿—干旱热带河流三种时间尺度的日流量
水文情势图:长时间,年以及包含高流量情势的三周尺度
(引自:Pusey 等,2009)

其次,在很大的区域尺度甚至是全球尺度上需要科学合理的环境流评估和水资源管理策略,大区域必然存在很大的气候、自然地理和生态条件的差异性(Arthington 等,2006;Poff 等,2006)。在洲际或者区域尺度上识别相同水文区,有利于开展相同水文情势类型河流的普适性的水生态理论和关系的研究工作。这些关系可以移植到还没有开展研究工作的其他相似水文情势类型的河流上。这种方法可以进一步延伸到给定区域的任一类型流量态势的环境流评估,可以预测未来水文情势变化下的生态响应,甚至提供适应气候变化的策略(Arthington 等,2006;Kennard 等,2010b)。

水文分类为水资源可持续利用和科学调控框架设定提供了理论基础,比较知名的如ELOHA 框架(ecological limits of hydrologic alteration),这个框架是在早期的环境流方法和生态数据基础上建立起来的,目的是建立不同水文情势类型河流水文情势变化核算和自然水文情势变化的生态响应模型，这些相似水文情势的河流假设生态相似，把不同水文情势类型作为"实际管理单位"（Arthington 等，2006；Poff 等，2010；见第 13 章）。

尽管流量被广泛认定为"主变量"，水文情势对生境类型和斑块的影响，溪流网络中水生生物如何在不同时空尺度上响应生境变化，这些过程也会受到许多其他的环境要素的影响（Bunn 和 Arthington，2002；Kennard 等，2007；Stewart-Koster 等，2007）。地貌、河道网状结构、基质类型、水质和河滨带都会影响一个流域的栖息地形成。对任何特定流态类型中的地貌差异的理解和亚分类，为不同河段水文情势的空间差异与水生生物能够实际经历的生境条件之间的信息切换提供了手段（Poff 等，2006a）。流量、地貌以及河流其他特征间存在怎样的相互关系，这些关系有怎样的生态涵义，将在第 3 章重点讨论。

全球气候区域的差异性为河流水文情势及其分类研究提供了广阔的平台，但是，全球气候一直在变，这些变化势必会诱导河流水流和热量情势的变化，从而会对环境流评估、水资源和水生态环境管理的方方面面产生影响。气候变化及其对淡水生态系统和环境流管理的影响将会在第 22 章进行详细讨论。

第 3 章
流域、河网与资源管理体制

3.1 流域与河网

河流与其他淡水系统在蒸发、蒸腾、降水和渗透过程以及水文循环的径流过程中,从雨、冰雹、雨夹雪以及雪中获得水分。水经由其流域或流域盆地(分水岭)注入到淡水系统,上述流域盆地(分水岭)指收集降水并将水排放至一个地形中某个公共点或将水注入到另外一个淡水体的地域。大流域由较小的支流集水区以及常见支流的树状分支组成,由此形成较大的支流,进而形成主要河道,所有这些构成了流域河网。当水流向下冲刷出一系列河道时,此类河网及其相关的淡水栖息地会呈现出不同的形态。

在其他河流演变成曲流时,一些河流会采取相对直接的线路,这些曲流就是指在流水自然冲淤过程中所形成的宽广的循环河湾。通常,如果一条河流演变成蜿蜒河道时,在两条曲流之间的狭窄河段会裂开,会切断曲流并使其变为一个被隔绝的牛轭湖。此类隔绝的湖在美国的格兰德河、密苏里州河和密西西比河岸以及澳大利亚的墨累河岸和漫滩河岸是很常见的,在上述地区此类湖被称为死水洼地(在澳大利亚,"死水洼地"是小溪或洄水的土著名)。

还有一种类型,就是在诸如砾石的粗糙的地质层所形成的网状河,在此类河中,水流的力量不足以移动河流底质,流水会采取另外一种比较顺畅的形式流动,从而形成许多从远处看似辫绳的复杂流道所分割的小岛屿。此类河流在新西兰的南岛和美国的部分地区是很常见的。

河网可以被描述为树枝状的(发枝的),格子状的(在软硬基质层交替的地形上发育而成的),矩形的(在带有垂直的断层或段节的地形上发育而成的,通常见于花岗岩中),放射状的(溪流从一个沙丘或火山锥中流出时所形成的),向心状的(溪流向盆地中心汇聚时所形成的),环状的(软硬基质层的同心带裸露时,在一个穹丘或盆地周边所形成的),平行的(在明显的局部边坡区所形成的),以及分流(在三角洲或河流的冲积扇中所形成的分水渠)。有关河网的更多细节详见 Gordon 等(1992)所述。

从最小的上游源头水泉流向最大的漫滩河流的地表水是大部分景观(包括沙漠在内)

中突出的特色,对景观形态和功能有着重要的影响。河流是从山脉到山谷、海洋或内陆,或到封闭的湿地与湖泊的物质侵蚀、运输和沉积的主要介质。它们输送着沉积物、化学物、营养物和有机物,此类物质从种植物料的微小颗粒到整棵树、原木和处于不同生活史阶段的生物体不等(Nilsson 和 Svedmark,2002)。河流的此类无机和有机传送功能发挥着重要的生态作用,这块内容将在第 4 章、第 7 章和第 8 章详细阐述。

3.2　地貌梯度

从地貌学上讲,溪流与河流可以分为三个中间级纵向区(见图 9)。通常,山沟的水源地有诸如卵石和巨石之类的粗糙基质层,水作用力不会持续太久(Church,1996)。这些丘陵地区形成了侵蚀区(一区)。距离下游越远,河道水流的体积和侵蚀能力会随之增加,并在反复的泥沙冲淤的过程中,冲刷出更宽、更深,并且更为复杂的河道;这一中间的地区被称为"运输"或"传递"区(二区)。大的河流的下游和浅层河段(三区)由较细的基质构成,通常为泥沙(Church,1996)。这些较细的基质形成了沉积区。虽然地下水可能与地表水会沿着河流廊道的长度方向不时地进行互动(见第 15 章),但在大的较为平坦的溪谷中,河道、浅滩和河漫滩蓄水的过程,以及河流与其地下水带之间的互动变得更为重要(Gustard,1996;Buulton 和 Hancock,2006)。

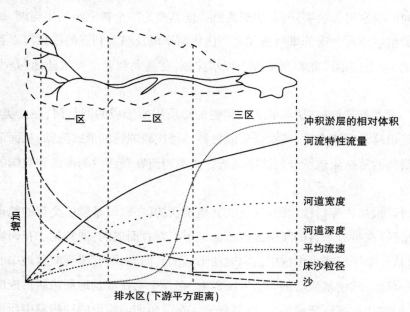

图 9　河道水流、流速、基质特性,河道宽度和深度,以及在一条大河岸边冲积物中所围积的物质体积的纵向变化特征。如本章节中所述的用垂直的虚线区分的纵向一区、二区和三区(引自 Church,1996 中的图 9.3)

在侵蚀区,水通常是清澈、富氧的激流,而栖息地通常是激流(从粗糙基质层上流过的较浅的湍流)、水塘(通常带有旋涡的较深的缓流),以及跌坎、缓流和卵砾石的各种组合体(Downes 等,2002)。在传输或传递区,激流—水塘序列在大部分河段都存在,而且河道会演变成侧向沙坝和河流中部沙坝,或变成网状,或成为与大浮木阻塞、树根以及库岸结构相关的一批更为复杂的栖息地。在沉积或存储区,河流是较大、较深的,并通常为浑浊的河漫滩,而且河流在冲淤过程中流经细泥沙而冲刷出一条小道时,通常会产生明显的曲流。在沉积区,栖息地的结构可能是深水池、较浅的河段、沙坝、洄水和漫滩湿地,而且河道因受圆木阻塞和持久的堵塞(木质残体)而呈现出更深层次的物理多样性。物理栖息地结构中的纵向变异性以及生境类型的多样性,对在维护生物多样性和正常的河流生态系统功能中发挥着重要作用(见第 4 章)。

一条河流的纵断面可以反映出河床高程与落差之间的距离,随着侵蚀区到运送区再到下沉积区的坡度的下降,通常会呈现出一个特有的凹形。这一凹形与下游流量的增加以及泥沙粒度的减小相关联。然而,河流的纵断面会随着淤积量、淤积来源、地形、基岩特点以及河床物质的变化而变化;而且,在地质情况发生变化之处(例如,在瀑布处)或是在另外一处水源进入到河道的支流汇点处,河流可能会出现裂点。裂点和支流汇点会影响到河段和物理栖息地模板的特性,以及河边生物区的分布格局(见第 4 章)。

当水沿着河床纵剖面流淌,并流经三个主要地貌区时,溪流的水位曲线形状会发生变化。纵断面较陡的溪流在其流域发生降水的情况下,会迅速发生变化,并会产生高于纵断面较缓的溪流的洪峰流量(见图 10a)。宽短型的流域比窄长型的流域更容易使水流快速升降,这是由于在宽短型流域中水流时间很短(Gordon 等,1992)。水流经一个长的流域的行程时间,连同非同步的支流流入量和下游河道以及河漫滩蓄水量,都有助于抑制并削弱

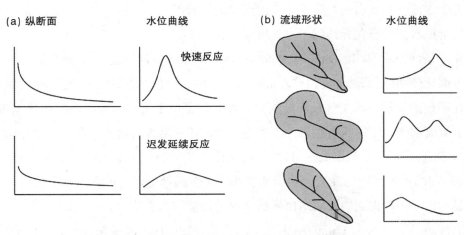

图 10 纵断面(a)和盆地形态(b)对水位曲线形状的影响
(复绘自于 Gordon 等,1992 中的图 4.16,并已经 John Wiley 和 Sons 的许可)

流峰(Poff等,1997)。此类过程会导致河道水流、速度、基质特性、河道宽度和深度、以及囤积于淤积层中物质体积的纵向变化(见图9)。

植物覆盖层和土地利用格局同样影响着水位曲线的形态，这是因为植被影响着渗透速率。相对于树木繁茂的流域而言,水位曲线在草地上会更为流畅,而且在森林大火后植被发育重新恢复后,径流率会上升(Gordon等,1992)。河流流域内复杂的暴雨类型,以及流域特征、河网密度(作为流域面积一部分的河流总长度)、河网结构上的空间分异等都会导致多峰值水位曲线的产生，而此类水位曲线会反映出从河流源头到河口多样性对水流动态性质以及栖息地结构和生态特征的影响。

3.3　河流的水文变异性

随着流域面积的增加,许多河流会流经不同的气候、地质、地形和生物带。此类差异,以及上述相关的纵向梯度,使得单个流域内的河道水流管理体制存在空间变异性。此类变异性会在单个流域内产生不同的水文特征及相关的生态位。表征此类流域内的差异性通常是比较困难的,这是因为许多河流具有极大形态变异性的"自然"流动变化规律(例如,由于沙坝或土地利用变化),同时也是因为小溪流通常很少有水文测量站点。

Poff等(2006a)根据可读的历史流量数据,将此类问题作为在各种气候和径流条件下美国河流流域的一个案例。在上述五个流域的任一流域内,研究人员对取自五个水文观测站的日常河道流量记录进行了分析, 这类日常记录对被测量的子流域的适用尺寸和相关特性予以说明。选取河流流域的气候差异性是从非常湿润(Willamette 河流域)到中性润湿(White 河和 Potomac 河流域)再到干旱的径流(Colorado 河和 Canadian 河流域)。通过对包含五个水流动态在内的与生态相关的流量统计数据进行分析, 他们发现了随着子流域面积的增加水流动态差异性的不一致模式(见图11)。

在三条河流中(Willamette 河、Potomac 河和 Colorado 河),这五个抽样子流域在水流动态方面比较相似,而其他河流(Canadian 河和 White 河)沿着其长度方向,在流量特征方面存在明显的差异。水文气候环境的同质性解释了位于美国太平洋西北地区 Willamette 河的下游流动变化规律具有相似性, 本地区的河流通常为"雨雪混合"或"冬雨"类型(Poff,1996),其特点是潮湿的区域性气候(见第 2 章中图 7)。在 Colorado 河流域,即便是 Colorado 河的主要河道流经美国西南地区非常干旱的低地区, 沿着这条河的五个水位计也都显示出一个由很强的融雪水信号所主导的相似的水文特征, 这一信号源自河流的源头溪流(Poff 等,2006a)。Canadian 河也从白雪皑皑的山区上游源头流经到一个干旱平原,但一路上这条河流的年平均降雨量经历了一个先下降后上升的梯度, 这一降水梯度在沿着 Canadian 河长度方向的水流动态特征中得以体现(见图 11)。

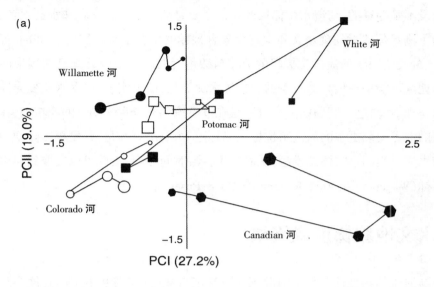

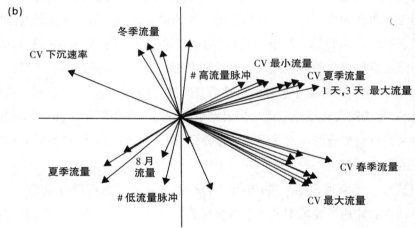

图 11　在二维排序空间(a)以及能最好说明位置分离的流动变量的相对载荷
(b)中 25 个美国计量表(按河流流域划分)的多重性关系。每个流域内
的纵向位置(例如,测量流域面积)通过符号的大小被予以说明
(复绘自 Poff 等,2006a 中的图 4,并已经 John Wiley 和 Sons 的许可)

通过这个案例研究以及对其他几个州河流的水流动态差异性的相似性分析, 我们发现了几个重要的问题(Snelder 和 Biggs,2002;Pusey 等,2009)。首先,单个的河流水位标尺所反映出的、可以延伸至上游或下游的水文特征的空间幅度可能是高度变异的,这是因为子流域间气候、地质和植被覆盖的差异性。其次,多个适用的河流水位标尺所反映出的一条河流的水文特性可能没有捕捉到生态意义上的空间水流动态的差异性。再者,如果溪流与河流的环境流动态是取决于所测的水文特征或是取决于多个河流水位标尺所测得的水

流动态类型,那么上述问题就具有管理涵义。Pusey 等(2009)曾表示,河流水位标尺在空间上的布设不是随意的;河流水位标尺的布设主要是满足水文工作者和水文学者的需要,而不是为了满足那些对发现水文和生态变异有兴趣的生态学家的需要。Olden 等(2011)提出,水文分类受限于河流水位标尺的分布与数量,例如,一个缺乏充足的测量网络的较大范围的地区可能呈现出相对较少的独特的水文类型,而事实上,许多水文变异性在子流域间得以呈现。解决这一问题的一个方案是在没有得到充分水文测量的流域内,在与生态分析有关的地点安装更多的河流水位标尺。另外一个解决方案是,开发更多降雨—径流和其他流域水文过程的水文模拟模型,从而产生径流时间序列,借此可以提取到与生态有关的水文指标(Wagener 等,2004;Kennen 等,2008;Pusey 等,2009)。

3.4　水文地貌梯度或缀块

溪流与河流的物理性质是从河源到河口逐渐变化的(如图 9 中所述),这一总体观察结果使得河流被表征为带有流量和自然状况的连续梯度,以及"沿着河流长度方向的有机物质的装载、运输、使用和储存的统一模式"的中间级线性网络(Vannote 等,1980)。这一被称作是河流连续体概念的模型同时也展示出生物种群（尤其是指具有各种摄食行为的无脊椎动物)不出预料地响应于物理栖息地的连续性,尤其是响应于沿着河流长度方向的主要能源(碳)。有关河流连续体概念的生态细节将在第 4 章予以阐述,而在此我们将从另外一个视角来讨论河流流域中水文地貌的差异性,即河流采取自然连续性的形式,而不是采取不连续的缀块形式。

根据河流地貌学原理,Thorp 等(2006,2008)提出河流生态系统合成是"一个带有描述等级缀块动态的陆地景观模型的生态地貌学的概念合并(即河流地貌学的生态意义)"。河流生态系统合成这一理论是基于 Montgomery(1999)的地貌观点而提出来的,他总结道,一个可预见的自然连续观点(如同河流地貌学中所固有的)只适用于相当稳定的地貌和气候条件下的数量有限的溪流。蒙哥马利提出了基于当地地貌条件和景观扰动重要性基础之上的过程域概念,而这类地貌条件和景观扰动一并导致了一块块可预测的区域的出现,在这些区域内,扰动影响着地貌过程,并决定着物理栖息地的类型、结构和动态。Poole(2002)进一步提出,河流由缀块状的不连续体构成,而在此类情况下,生物群落与河流地质景观的地方特色相呼应。溪流生境分类的层次框架结构(Frissell 等,1986)和等级缀块动态观点(Wu 和 Loucks,1995)也促成了河流地貌学概念的产生。

河流地貌学将所有河流水系视为一个大水文地貌缀块的下游序列(例如,受限制的、辫状的,以及漫滩河道区),此类缀块是因气候、流域地貌和地形、土壤、降雨—径流特征以及植被而形成(见图12)。表征所有水文地貌缀块类型的水流动态和物理栖息地,为每个缀块的生物群落的形成和生态系统过程的划分提供了模板(例如,有机物质动态、养分涡旋、系统代谢和生产力)。河流景观内的水文地貌缀块可能出现在陆地上,也可能出现在水中、河道中、静水区或河漫滩中,或是出现在远洋、海底或潜流(地下水)带和河口三角洲。在当地的空间尺度内,缀块可能通过自养的(与植物相关的)和非自养的(与动物相关的)生物过程而形成,此类生物过程在水文地貌缀块内运作(Thorp 等,2008)。

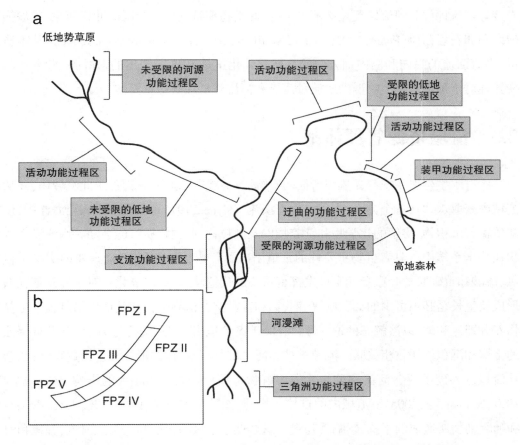

图12 河流生态系统合成(RES)。一个复杂的河流流域的示意图说明了从河源到河口三角洲(a)的各种生态功能过程区。生态功能过程区由大的水文地貌缀块构成(b)

(复绘自 Thorp 等,2006 中的图1,并已经John Wiley 和 Sons 的许可)

河流地貌学提出了17种原则(命题或假设),这些原则一并预测了个别物种分布、群集调节、生态系统过程以及河漫滩相互作用的模式,此类原则预计会随着与因河流网络内水文地貌差异而形成的作用过程区有关的时空尺度的变化而变化(Thorp 等,2008)。许多此类原则与水文地质关系的研究、环境流评估以及水流域管理有着更为广泛的相关性。

在一个河流流域内(或是流经一个地区的河流时),单个水文类型或类别中存在着很大的地貌变异性，Poff 等(2010)提出，一个地貌的亚分类对于充分地说明水流动态在一个特定的自然背景下是如何被转化为河流生物群落的水生生境是必不可少的；例如，"特定级别的水流会产生一个河床移动的扰动，或是一个越岸水流是由诸如河槽形态，河漫滩高度以及河床组分之类的局部特征所决定的。"在一个地貌环境下，同一级别的水流可能不会成为一个重要的生境条件或生态事件及过程，而在第二种背景下，事实却正好相反(Poff 等，2006a)。因此，在物理特性的基础上对河流予以区分，对于发展水文地貌关系以支持环境流评估和河流修复是必不可少的，此类物理特性包括受限的冲积河道，或沙垫层河段和卵石层河段(Poole，2002；Snelder 和 Biggs，2002；Jacobson 和 Galat，2006)。从本质上讲，沿着河流的纵向和横向轴方向的自然差异化正是 RES 所提出的，并同时考虑到此类变异性对于预估水生生物群的水流量需求和河流修复规划是重要的。

3.5　流域资源管理体制

所有水生生态系统都受流域特征的影响(流域或分水岭)，它们位于此流域内，并从此流域内获取水。"在各个方面，山谷支配着溪流"(Hynes，1975)。水向下流入至海洋中，侵蚀和传输着沉积物、溶解的化学物和营养物以及微粒物，此类物质可能会随着水流流经或沉积在淡水系统中。具有生物重要性的常量阳离子有钠、钾、钙和镁，而重要的阴离子包括氯、硫酸和重碳酸盐。微量元素也发挥着重要的代谢功能，如二氧化硅对于硅藻细胞壁的形成及生长是必不可少的，而铁、锌、铜、钼和锰影响着植物生长和其他生物过程。主要植物养分即氮和磷，以溶解态的形式源自丘陵地区的地表水流和地下水流，或与源自侵蚀岩的土壤和沉积物颗粒相关联。流域植被和河岸带，以及植被的形成和生长过程，可能会对从流域进入到溪流、河流和分水岭的溶解物与颗粒物料产生很大的影响 (Gregory 等，1991；Naiman 等，2005)。流域内的自然干扰，譬如风暴和飓风、山体滑坡、火灾、以及昆虫和哺乳动物所造成的干扰，影响着物料配送至抵达水域的速度和水平。河流、湿地和河口是流域内生成的化学物与物料的最终受体。因此，它们深受人类对土地、景观的利用和修复的影响，诸如森林开采和伐木、放牧、耕作、盐碱化和城市化(Allan，2004；Dudgeon 等，2006)。

水流动态或水文状况是管理所有水生生态系统的结构和运作的五个动态环境机制之一。与流水的交互作用是沉积物和有机物质、化学物和营养物、光、影及温度的环境机制(见图 13)。每个动态环境机制的重要性可能因水生生态系统类型的不同而有所区别，正是此类时空上的驱动因素的交互作用说明了所有淡水生态系统的动态性质 (Baron 等，2002)，并在很大程度上对河口及相关的海滩湿地的特性予以说明。

河流的水流动态限定了降水进入并在河道、湿地、河漫滩以及相互连接的地下水系统内循环的速率和路径,以及水在河流水圈的地表水和地下水隔室内的滞留时间。大部分由水流输入的沉积物和有机物为创建和维护物理栖息地结构、避难所、连接路径,以及维护营养物存储和供应提供了原材料(Nilsson 和 Svedmark,2002;Pinay 等,2002)。光热管理机制调节着有机体的新陈代谢、活动等级和生态系统的生产力,而化学特性和养分特性调节着水生植物、动物和人类(Baron 等,2002;Olden 和 Naiman,2010)的重要的酸碱度值、生产力和水质条件(如溶解氧、浊度和污染物)。

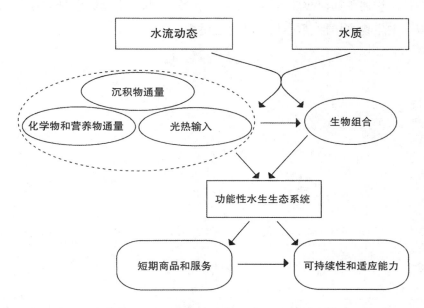

图 13 五个动态环境驱动因子的概念模型,此类环境驱动因子用以调节水生生态系统的结构和运作
(复绘自 Baron 等,2002 中的图 1,并已经美国生态学学会的许可)

在未被人类活动改变的自然河流生态系统中, 每个环境驱动因子都有一个自然的变异性范围,此变异性取决于流域、气候状况和局部因素的地貌特征。所有五个环境驱动因子会随着气候条件的季节性变化而呈现出自然的年际变化,譬如降水、温度和昼夜长短;而且随着气候状况的变化,它们在不同程度上也呈现出年际和长期的变异性(Baron 等,2002)。河道水流、沉积物、化学物质和通量以及光热条件的自然历史变异性为生物的进化提供了基础,而此类生物适应流水和静水、河漫滩、湿地、地下水系统以及互连的河口或终点湖的环境条件(Lytle 和 Poff,2004)。水生和半水生生物的生态系统与其在流域时空内的物理和化学环境相适应。

考虑到每个环境驱动因子都有一个自然的变异性范围,机体过度应激(例如,在被调控的河流中持续的低流量,营养物富集)、栖息地的丧失,以及受损的河岸带功能都可能超越其短期的自然季节周期和年际功能的限制,淡水生态系统发生功能性改变(Baron 等, 2002)。由于改变得太快以至于超越其限制,生态系统失去了其自然弹性,最终退化且不能支撑其生物组合并在短期内提供重要的商品和服务, 而且可能会到达一个临界阈值或临界点(Gladwell,2000)。自然水文状况的过多变化导致其不能支撑特定的水生生态系统及其生物类群, 这是环境流评估和用于支撑淡水生态系统管理中的一个中心主题(见第 9~13 章)。而且,气候变化预计会影响现有的自然资源管理体制,此类管理体制支撑着淡水和河口生态系统,这也会在环境水和流域管理中被予以考虑(见第 22 章)。在下一章中,流水生态系统的概念讲述了如何改变自然水流体制,特别是源自于流域或源头的淡水水流,这些水流可以影响生物多样性、群落模式和生态过程。

第4章

河流生态学、自然水流体制和生态水文原理

4.1 河流生态学的概念

(1)河流四维概念

流水的方向性对于纵向、侧向、垂直流向流水的物理系统结构,以及河流生态系统中的生态联系至关重要(Poole,2002)。河流生态系统通常被看成一个纵向、横向、垂向以及时间尺度的四维系统(Ward,1989;Ward 和 Stanford,1995)。依据不同地貌区域划分河流类型(见第 3 章)衍生了基于生态的纵向区划方案。早期的方案将河流沿上游到洪泛平原划分成 3~4 个区域,每个区域都由特定的底栖生物和鱼类构成 (Illies 和 Botosaneanu,1963;Hawkes,1975)。鱼类区域化方案偶尔应用在欧洲和其他地方(Santoul 等,2005),但是在很多其他河流系统中没有那么明显的生物区域化,这个概念逐渐被其他关于从源头到末端的按组织特征划分的理论所代替。

(2)河流连续体概念

河流生态学家一直意识到流水生态系统的连续性,并认为从上游的诸多小溪直至下游的宽阔河口组成的河流系统的物理环境和生物过程是一个渐变而不是突变的过程。在河流连续概念(RCC)中,这些纵向的变化特征被认为是连续的而不是一系列不同河流区域构成的(Vannote 等,1980)。连续性(见图 14)从河源区域开始,源区的河流会受到河滨带树叶和其他植物部分的遮蔽影响。这些物质会以粗颗粒有机质(CPOM)形态进入溪流,CPOM 会进一步受到嚼食性无脊椎动物处理(如物理分解)和水生微生物(细菌、真菌和藻类) 的生物降解作用。被处理过的树叶和其他的植物碎屑将会以稍细有机质形态流向下游,接着会被另一种无脊椎动物摄食消化成非常细形态的颗粒有机质(FPOM),最终能够被滤食性和漂浮水生无脊椎动物利用(如石蛾和蚋)。在河流连续这个概念模型中,可以依据无脊椎动物的摄食习性,预测沿着河流连续系统处理河滨带有机物质的无脊椎动物群体结构。碎食者主要分布在上游有粗颗粒有机质可以摄食的区域,过滤性摄食者是下游有细颗粒物摄食区域的主要类群(Vannote 等,1980)。尽管河流连续概念中没有侧重于描述水文情势对生物的多方面塑造作用,但水流是这种理论不可或缺的组成部分,因为水流是

河流连续系统中物质和能量传输的主要动力。

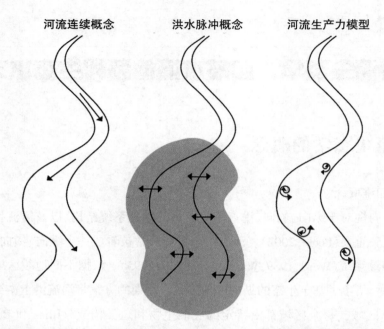

图14 河流连续概念,洪水脉冲概念和滨河生产力模型空间及生态过程示意图,直线代表河流系统的纵向(河流连续)和横向(洪水脉冲)的生化交换,圈线代表生产力过程(滨河生产力)

很多生态学家认为河流连续概念是流水生态系统中的核心理论,河流连续概念被广泛应用于许多河流,在应用过程要特别注意支流汇入和淹没等因素的影响(Ward,1989)。如 Winterbourn 等(1981)研究发现在新西兰的没有树木的峡谷河流中有机质主要是FPOM而不是 CPOM。生态学家同时也强调将河流连续概念应用到大河时需要作相当大的修改(Davies 和 Walker,1986;Sedell 等,1989)。Townsend(1989)认为斑块动态概念在流水生态系统中有更大的应用前景。Pringle 等(1988)认为斑块动态概念与河流连续概念以及营养盐循环概念是兼容的,愈来愈多的观点集中在斑块物理模板概念以及其对生态过程的描述,而不是可预测的连续性,这促进了第 3 章讨论的河流生态系统综合体概念的提出(Thorp 等,2008)。

河流连续概念关注水生—陆生的相互关系,尤其是河滨带区域,以及流水河道中地貌和物理状态对溪流无脊椎动物群体、能量来源和食物链中能量传输的影响。河流连续概念对水生脊椎动物的考虑较少。关于影响鱼类的生态过程研究,更多地强调河流和河滨带之间的横向联系。

(3)洪水脉冲概念

热带渔业研究和许多温带、干旱区域洪泛平原河流的近期研究,都证实了洪水在维持河流和洪泛平原之间的物理和生态联系中发挥重要作用（Walker 等,1995;Winemiller, 2004;Tockner 等,2008)。从可预测持续时间较长洪水的热带洪泛平原河流的研究中,Junk 等(1989)总结提出了洪水脉冲概念(FPC)(见图 14)。

根据洪水脉冲概念，没有受到人类活动干扰的洪泛平原的生态系统状况完全由年尺度的洪水周期脉冲调控。洪水脉冲维持河流生态系统中的有机体和生态过程对洪水脉冲的升降速率、强度、持续时间、频率、规律响应的动态平衡。在洪水期间,随着水生生物栖息地面积的大幅度扩增,营养元素补充更新以及初级和次级生产力的增加。淹没的洪泛平原的栖息地呈现多样性, 生物繁殖周期循环以及许多迁徙鱼类在洪水期间能够获得最大限度的食物和庇护场所,并将后代繁殖在洪泛平原上,这些生命历程都会受到洪水脉冲的影响(Welcomme, 1985;Lowe-McConnell, 1985)。能够预测的持续时间长的年洪水脉冲,以及相关的洪泛平原初级和次级生产力,是世界上一些最具生产力的淡水渔业的鱼类产量"巨增"的核心要素(Craig 等,2004;Welcomme 等,2006)。在洪水脉冲概念中,河道的主要功能就是提供迁徙路径和疏散系统(如快速通道),能够满足水生生物在河流生态系统获取资源和栖身之所。

洪水脉冲概念来源于可预测年洪水脉冲的热带洪泛平原河流的研究, 大洪水不是每年都能发生的,这个概念进一步扩展到河道流量脉冲的生态作用上(Puckridge 等,1998; Walker 等,1995)。干旱区和半干旱区的洪泛平原河流生态系统的研究不断揭示洪水的重要性,在这些区域洪水很少发生且很难预测,长时间的低流量或无流量(几个月到几年)以及河道栖息地的减脱水穿插在洪水周期重现期中。在间歇性的大洪水期间,隔断联系的水体间的陆地重新被淹没,从而恢复联系,营养元素得到更新补充,在更大尺度上鱼类的繁殖和交换活动得以进行,淹没的洪泛平原的渔业生产力能够重新"巨增"(Bunn 等,2006; Balcombe 等,2007)。这些洪泛平原的生态过程在洪水退水后,能够维持随之而来的旱季洪泛平原和河道水体中有一个多样、丰富和健康的鱼类群体构成,从而最终增加鱼类和其他的水生生物在长时间不利环境下的存活几率(Walker 等,1995;Arthington 和 Balcombe, 2011)。

(4)流态水文系统

河流连续概念(侧重于流域、河滨带和上下游的联系)和洪水脉冲概念(侧重于河道和洪泛平原交互影响)的结合,促进了维持河流生态系统健康需要维持纵向和横向的水文连通性这个概念的提出 (Heiler 等,1995)。该思想进一步总结和发展形成了流态水文系统 (Petts 和 Amoros,1996),即一个不同时间尺度的水文、地貌和生态过程交互影响的三维系统。这个概念侧重于河流廊道及其附近的洪泛平原(水生、湿地和陆生栖息地的多样化), 以及串联这两者的水流。在这个概念中,生物分布受到可预测的环境梯度影响,这些环境梯度受生态过程(生物间竞争、捕食、定植、繁殖、灭绝)调控,主要的环境驱动因子是那些关系到流域特征的水量、沉积物和水质。

(5)垂向纬度

河流的垂向包括表层水体和地下水体之间的联系, 水体中溶解性和颗粒态物质的迁移,以及潜流层生物群体的动态过程(Boulton 等,1998)。潜流层水体的上涌会影响到表层水体的水质、初级生产力沉积物中微生物活动和有机物质的降解。河流和河滨带廊道的差异程度取决于地下水调节这些交互作用的强度, 这些调节过程也是沿着河流廊道呈现较大的差异性(Boulton 和 Hancock,2006)。关于潜流水体的自然属性和生态作用,潜流水体动态系统随时间变化规律,及其对人类活动干预的响应,诸如地下水开采和污染,将会在第15章中详细讨论。潜流层的生物群体对水分的需求将会在第16章中讨论。

(6)时间纬度

Ward(1989)提出的河流第四维度,即时间维度,是"叠加在三个空间维度的时间层次结构"。Ward 认为生态研究、环境影响研究、水利工程和受调控河流的管理都需要考虑过去的生态环境本底状况,生态过程的时间尺度和人类活动的干预。了解流量、温度和其他环境驱动因子的历史和现状, 对于河流管理和环境流策略的制定至关重要 (Petts 和 Amoros,1996)。人们意识到河流生态系统在时空尺度上动态变化特性,这激发了下一个概念发展。

4.2 自然水流体制

自然水流体制特别强调河流和溪流中水流情势动态过程的重要性(Poff 等,1997),自然水流体制认为"流水生态系统的完整性取决于其自然动态特性",以及"流量与河流的水温、河道地貌形态和栖息地多样性等生物化学过程息息相关,它们是一个'主变量',影响着河流生物的分布和丰度,能够调控河流生态系统的完整性"。自然水流体制的核心思想是"流量的自然变动,创造和维持着河道内和洪泛平原中对于水生生物和河滨带生物至关重要的栖息地的动态过程",以及"河道内和洪泛平原栖息地种类的多样性,推动了能够利用水文变化过程所形成的栖息地中新斑块物种的进化"(Poff 等,1997)。使河流生物适应这种环境的动力"能够使水生生物和洪泛平原物种在极端恶劣的环境下生存,如能够摧毁和重建栖息地的洪水和干旱"(Poff 等,1997)。

河流的水文情势可以通过 5 个方面特征来描述:强度、频率、持续时间、发生时间和流量的变化速率(见第 2 章)。理解这些特征的多样化的生态作用是不容易的,因为它们之间存在很多不同的互动方式,并呈现出一系列的独立的流量信号。单独从上述特征的每一个方面出发,是理解不同配置中流量的生态作用中相对容易的第一步。Poff 等(1997)侧重于对很多河流生物生存至关重要的瓶颈要素——高低流量事件。表 8 至表 12 总结了各种不同流量强度的生态作用,涵盖了常态和干旱水平的低流量、河道流量(河道脉冲)和溢出河道进入洪泛平原的高流量。表中还总结了特殊流量事件的发生频率和时间、水文情势的季节性以及水文情势的变化速率的重要性。

表 8　　　　　　　　　　　　　　　高低流量特征及其生态作用

流量情势	生态功能
低流量(基流)	正常水平:维持合适的水温、溶解氧和水化学条件;提供水生生物足够的栖息地;保持鱼卵和两栖动物卵的悬浮;提供鱼类觅食和繁殖的区域;维持水位,提供植物生长所需土壤水分;岸边带动物的水分供应 干旱水平:提供避难的栖息地;将食物集中在有限的区域中,以利捕食者;利于某些洪泛区植物、特定的无脊椎动物、鱼类的更新;清除从水体、河岸带引入的入侵物种
河道内高流量	河道地形再造;防止河岸植被侵占河道;长时间低流量后恢复正常的水质状况;冲洗污染物;防止淤积;为无脊椎动物和鱼类提供合适的栖息地;保持河口适宜盐度条件
大洪水	河道和洪泛区栖息地再造;提供鱼类的迁徙和产卵的路径;诱导无脊椎动物的生命历史阶段;使鱼产卵于河漫滩栖息地;提供幼鱼给成年鱼类捕食;提供植物幼苗生长所需的土壤水分;河岸植物的果实和种子的迁移;冲洗有机物质和木质残体进入河道;清除外来入侵物种;保持河口适宜盐度条件;向河口提供营养物质和有机物质;刺激河口生物群的产卵和更新

引自:Postel 和 Richter,2003。

表 9　　　　　　　　　　　　　　　流量频率的特征及其生态作用

流量频率特征	生态作用
流量频率	流量事件的发生时间,或可预测性,是至关重要的,许多水生和河岸物种的生命周期定时发生需要刺激; 自然的高低流量提供鱼类生命周期的刺激信号,例如,产卵,孵化,生长,移动到洪泛区繁殖,或迁移到上游或下游; 洪泛区或湿地之间的生产期路径连通,解释了鱼类群落组成的年度变化; 河岸植物生长繁殖适应时间变化的洪水或干旱环境胁迫作用,有助于保持洪泛平原森林的物种多样性; 岸边带林的生产力受流量事件发生时间的影响,生长季节短时洪水可以增加生产力

引自:Poff 等,1997。

表 10　　　　　　　　　　　　**流量持续时间的特征及其生态作用**

流量持续时间特征	生态作用
流量的持续时间	特定流量的持续时间往往决定了它的生态意义； 河岸植物对长期洪水、水生无脊椎动物和鱼类对长期低流量耐受性的差异，让这些物种产生优胜劣汰； 能够进入洪泛平原对于某些鱼类的更新是至关重要的； 在干旱区河流枯水期的持续时间会影响鱼类的生长繁殖

引自：Poff 等，1997。

表 11　　　　　　　　　　　　**流量季节性发生时间的特征及其生态作用**

流量特征	生态作用
流量的季节性发生时间	自然的高低流量提供鱼类生命周期的刺激信号，例如，产卵，孵化，生长，移动到洪泛区繁殖，或迁移到上游或下游； 洪泛区或湿地之间的生产期路径连通，解释了鱼类群落组成的年度变化； 河岸植物生长繁殖适应时间变化的洪水或干旱环境胁迫作用，有助于保持洪泛平原森林的物种多样性； 岸边带林的生产力受流量事件发生时间的影响，生长季节短时洪水可以增加生产力； 季节性的流量状况变化能够防止外来物种入侵

表 12　　　　　　　　　　　　**流量状况变化速率的特征及其生态作用**

流量特征	生态作用
流量状况的变化速率	暴雨导致的流量变化速率会影响物种的持久性和共存； 美国中部和西南流量快速增加是土著鱼类产卵的刺激信号； 流量状况的渐变、季节性变化速率调控水生生物的忍耐性； 三角叶杨(Populus spp.)等干扰物种在冬—春季洪水后，一个狭窄的"机会"窗口出现时，能够萌发； 一定的洪水衰退率是白杨幼苗萌发的关键； 非土著鱼类缺乏行为适应性，会被洪水冲到下游

引自：Poff 等，1997。

4.3　水生态原则

　　自然水流体制和诸多区域尺度的研究揭示了流量强度，洪水频率、发生时间和持续时间，低流量以及水文情势其他方面的生态作用。愈来愈多的普适性的水生态理论促进了水流生态作用的概念化和量化，为环境流评估框架和方法的构建奠定了基础。明确水生态原则和概念性模型是从《Environmental Management》期刊在 2002 年刊登了一系列文章开始的,河道内的生物多样性(水生植物、无脊椎动物和鱼类),河滨带植被和氮素的迁移是首要主题,第 4 篇文章总结提炼了此观点(Naiman 等,2002)。接下来的内容阐述了对很多河流和溪流生态系统都适用的水生态原则,尽管由于气候、生物、地形、流域植被和水文情势类型的差别可能会存在一些特例。这些首立原则为环境流量评价设置和实地研究提供了基础(Arthington 等,2003;Forslund 等,2009;Hirji 和 Davis,2009;Jiang 等,2010).

(1)水文情势与水生生物多样性

Bunn 和 Arthington(2002)提出了四条指导性的水生态原则,阐明了自然河流和洪泛平原的淡水生物多样性,以及水文情势变化对水生生物多样性的影响。四条原则如表 13 和图 15 所示,流量变化诱导的生物和生态影响将会在第 7 章和第 8 章阐述。

表 13　　　　　　　　　　控制水文情势和水生生物多样性关系的原则

原则	描述
1	水流是栖息地的决定因素,从而决定生物组成,流量变化会造成生物物种组成的时空变化
2	水生生物的生活史策略是对自然流态的一种响应。水文情势塑造水生物种的生活史策略,流态变化可能导致物种更新和本地物种的生物多样性损失
3	保持河流自然的纵向和横向连通对于河流的种群活力至关重要。纵向和横向连通由于工程设施的隔断,会导致鱼类和其他水生生物的灭绝
4	流态的变化会决定物种入侵的成功与否。流量调节和大型人工湖影响引进物种的生长繁殖。跨流域调水可能导致流域间的昆虫输移

引自:Bunn 和 Arthington,2002。

三个简单的年水文过程图(见图 15)呈现了河流流量在强度和水文过程形状上年际之间是如何变化的。水文情势变化的很多其他特征也可以综合到这个概念模型中,任何河流系统的生态响应状况可以通过扩展和填充这四个携带所调查的河流和物种信息的原则获知。这个过程是很多环境流评估方法的基本的起始步骤(如 Building Block Methodology、Benchmarking Methodology 以及 DRIFT,见第 11 章)。

(2)水流、物理栖息地和生物多样性

第一个河流的水生态原则认为水生栖息地不是巧合,栖息地是水生生物从生到死整个生命历程中获取物理、化学资源的场所。充分理解物理栖息地如何形成、维持和河流廊道不同时空纬度的栖息地变化,对于环境流管理和河流修复至关重要(Bovee,1982;Bond 和 Lake,2003)。

景观斑块间的水流,水流对河道形态、尺寸和复杂性的影响,河汊和三角洲的形成,急

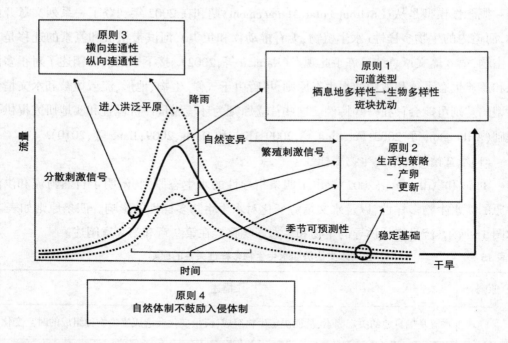

图 15　阐述自然水流体制如何影响河流和洪泛平原生物多样性的四种水生态原则的概念模型
(根据 Bunn 和 Arthington,2002 中的图 1 绘制,获得 Springer—Verlag 的许可)

流、浅滩、深潭和洄水区不同类型栖息地的分布,小尺度基质斑块的稳定性和多样性,主河道、河滨带、潜流层和洪泛平原之间的联系,这些要素的相互作用在很大程度上决定了河流物理栖息地的结构。溪流和河流中的物理过程会受到流量强度(基流、河道流量、洪水)、频率、持续时间、流域地貌和河滨带交互作用诱导的流量变化等因素的驱动作用。河流和洪泛平原的生物不断进化并适应河流系统中这复杂的、时空尺度不断变化的栖息地(Lytle 和 Poff,2004)。相应地,水流和物理栖息地之间复杂的交互关系决定了溪流和河流生态系统中微生物、藻类、水生植物、无脊椎动物、鱼类和脊椎动物等水生生物的分布、丰度和多样性(见表 14)。

表 14　　　　　　　　　　　　　　　　流量、栖息地和生物多样性

生态组分	与流量关系
水生植物	水生植物受水动力、基质组成及稳定性、干扰强度及频率、湍流、剪切应力、冲刷等因素的影响。由于这些因素的空间变化,水生生物呈现斑块状分布
无脊椎动物	洪水及低流量扰动决定了无脊椎动物群落结构的时空分布,不稳定基质河流一般生物多样性较差,适应多变环境的物种才能够生存
鱼类	鱼类会出现在特定的偏好栖息地类型中,如:深潭、浅滩和激流,栖息地的多样性会导致鱼类的多样性

引自:Bunn 和 Arthington,2002。

(3)水流和生活史策略

自然水流体制的季节发生时间和可预见性非常重要，许多水生生物的生命循环过程会在特定的时间段进行，以避免或利用特定的水流条件(Poff 等，1997)。此外，热量状况的特定成分会给某些淡水生物的整个生命过程带来影响(Olden 和 Naiman，2010)。许多生命周期过程与温度和日照时间同步，这使得其在早期发育的敏感阶段获得栖息地和食物资源会很不容易。水流对水生植物、无脊椎动物和鱼类的生活史过程和策略的重要作用如表 15 所示。

表 15　　　　　　　　　　原则 2：流量和生命史过程

生态组分	与流量关系
水生植物	沉水植物的生长繁殖受河流流量的影响，水位变动速率、洪水的干扰频率和强度影响水生植物的生长速率
无脊椎动物	流量情势多变的河流会出现生活史类型多变的无脊椎动物，在洪泛平原的河流中无脊椎动物会对水位的上升作出响应
鱼类	鱼类的生长繁殖与水流情势紧密相连，许多鱼类会对水流的上升或者洪水导致的流量和热量的变化作出响应

引自：Bunn 和 Arthington，2002。

(4)水流及其连续性

Bunn 和 Arthington(2002)认为许多水生生物物种个体的生存能力很大程度上取决于在溪流网络中能否自由的移动。生物的迁移进化成一种对日、季节和年尺度上的自然环境变异的适应策略，生物群落、生命周期中的栖息地回访和长距离的迁移成为无脊椎动物、鱼类和脊椎动物的迁徙模式的重要特征 (Pringle，2001；Fausch 等，2002；Lucas 和 Baras，2001)。虾、鱼和河豚等不同水生物种能在不同时间利用不同的栖息地，纵向迁移成为生活史中必不可少的一部分，尤其是为了繁殖的迁移(Welcomme 等，2006)。纵向迁移发生在溪流和河流网络中不同的空间尺度上，维持着河流—湖泊—海洋的循环过程(Dudgeon 等，2006)。鲑鱼溯流而上繁殖是研究最多的生态运动现象(Enders 等，2009)。河道、洄水区、洪泛平原以及地下水之间的水流连续性塑造了洪泛平原栖息地的时空异质性，形成了洪泛平原生物多样性的特征(Tockner 等，2008)。在较大的热带洪泛平原河流中，年洪水脉冲期间的洪泛平原栖息地的横向延伸，为无脊椎动物、鱼类和脊椎动物营造了重要的产卵，育苗，以及觅食区域(Junk 等，1989)。河道和洪泛平原之间的横向联系和交换，对于依靠洪泛平原生存的水生无脊椎动物、鱼类和脊椎动物(如海龟和水鸟)的生命历程极其重要(King 等，2003)。横向连续性驱动养分和有机质的迁移，这会对生物群体的摄食关系(食物网)产生影响。水文连续性对于水生植物、无脊椎动物和鱼类的重要性如表 16 所示。

表 16　原则 3:流量和连续性生态作用间的关系

生态组分	与流量的关系
水生植物	水生植物的生物组分和种子的输移,受到水流和洪水导致的纵向连通性影响。水传播(种子或植物的其他部分传播依赖水)可以涉及整个植物组分;许多植物繁殖体如根茎、匍匐茎、块茎、石芽和种子
无脊椎动物	河流和洪泛平原间的横向连通导致的养分元素的输移,会影响迁徙类无脊椎动物的生命史过程。个体较大的迁徙无脊椎动物,如虾和蟹,是热带和亚热带的河流的重要的生物组分,因为它们直接影响生态系统的水平过程,以及底栖藻类和无脊椎动物的群落组成。河道和淹没的河漫滩之间的横向连通对于水生无脊椎动物生命史过程至关重要,利用洪泛平原生长繁殖,横向连通也驱动有机物和营养物的转移,有助于生物群落的捕食关系和相互作用(食物网)维持
鱼类	在像湄公河这样的大洪泛平原河流系统中,在时间和空间上鱼类的栖息地和产卵区的分离,促使大部分鱼类往上游迁移。季风洪水淹没后的柬埔寨洞里萨河和湖泊系统,有一个漫长的旱季(11 月至次年 3 月),从柬埔寨平原往下游迁移到越南,在这期间,许多洄游鱼类被渔民捕获。横向连通的频率和发生时间,洪泛平原与主河道的周期性分离,是决定洪泛平原河流鱼类种群结构的关键

引自:Bunn 和 Arthington,2002。

　　第四条原则描述了水文情势改变和各种类型的水流改变倾向于使外来物种优于本地物种。水流改变和河道蓄水对本地水生生物的影响将会在第 8 章讨论。

4.4　水流和氮循环

　　河道内、河滨带和洪泛平原形成和维持着水生态系统中水质状况,自然的水流体制对这些区域的生化过程,以及来自上游和坡面的氮素迁移转化能力影响深远 (Pinay 等,2002)。淡水生态系统中的氮循环备受关注。Pinay 等(2002)界定了河流生态系统中驱动氮循环的三个指导性原则,同样,它也可以应用于其他养分元素的循环。调控氮元素迁移转化的原则如表 17 所示,图 16 呈现了流域尺度上的氮传输路径和过程。不同气候条件下氮的迁移转化过程差异很大,如温带和湿热区域的硝酸盐通量非常稳定,异地硝酸盐在河岸带附近几米之内的迁移后,就会被完全除去。而相反,"大陆干旱气候下的河岸带对氮输入的截流效率非常低,部分原因是暴雨期间的溢流使水和氮很快穿过河滨带表层"(Pinay 等,2002)。但是,关于河流和河滨带中氮调控的驱动力的三个基本原则,还是在陆地和水资源管理中有普适性。可持续的管理实践需要依据影响评估:"①氮在河流生态系统中的运输模式;②水体、土壤和沉积物三者之间的接触时间;③洪水和干旱的发生时间、强度和持续时间"(Pinay 等,2002)。水流情势变化对氮迁移转化过程的影响将会在第 5 章讨论。

表 17　　　　　　　　　　　　调控流域尺度的氮素输移和循环的原则

原则	受水文情势控制过程
原则 1：氮素输移模式影响生态系统功能	在森林流域，颗粒有机氮在河岸带主要以固氮凋落物和其他植物输移到水生生态系统中。通过降解和循环，颗粒氮输入通过地表和地下通道转化为溶解有机氮。岸边带树林也通过截留，循环，并将大量的沉积物和营养物质输入至河流。河岸带利用和截留往上游迁徙动物体内携带的氮，如鲑鱼尸体。洪水持续时间、频率和幅度，调节营养物质输送，创建一个营养丰富的地貌斑块，从而影响河岸带植被的演替发展
原则 2：水土界面接触增加能提升氮素的截留和生化过程	水土界面的接触面积与河流、河道内、岸边带以及洪泛平原生态系统中的氮保留和利用效率呈正相关，潜流区是养分循环高度活化的场所，它扩大水和沉积物之间接触表面。河岸湿地提供较大水和土壤之间的接触面积，从而促进氮的保留和转化，调节岸坡和河道内氮通量
原则 3：洪水和干旱会影响氮素循环路径	水文情势通过控制好氧和缺氧阶段及氨化作用和反硝化过程的持续时间，直接影响冲积土壤上的氮循环过程。水文情势还通过改变土壤结构和纹理间接影响洪泛平原土壤的养分循环。洪泛平原洪水过程中氮素循环和移动分选土壤有助于氮通量调节

引自：Pinay 等，2002。

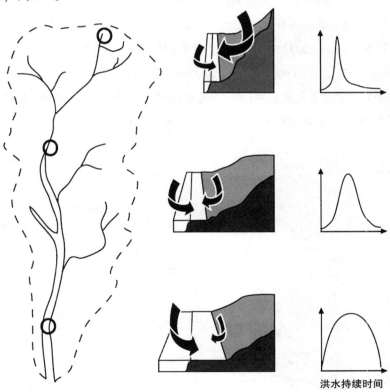

洪水持续时间

图 16　偏好的水分和养分的输移(箭头)，通过集水区域内(深灰色)河流(浅灰色)的河岸带(白色)功能定位。沿着小溪，大部分的水及所携带营养物质流通过河岸带从集水区高地输入河道，而在较大溪流中，主要流动方向是洪水期的溪流输入洪泛平原

(根据 Pinay 等，2002 中的图 1 绘制，获得 Springer-Verlag 的许可)

4.5　水流体制和河滨带植物

河滨带系统是陆生和水生系统之间的过渡带，是陆地景观和河流之间的网络结构。河滨带区域包括高低流量标志线之间的消落带和在高流量标志线上的陆地景观构成，河滨带的植被会受到该区域的土壤持水能力和水位上升或者洪水的影响（Nilsson 和 Svedmark，2002）。溪流及其河滨带区域为很多不同适应习性的植物提供了栖息地，这些植物可以分为四大类：入侵植物（能够产生大量种子，借助风和水的传播，成为河滨带的优势物种），耐性植物（茎或根由于洪水的淹没破坏或者被部分掘食后能够重新萌发），抵抗植物（能够在生长季节抵抗数周的洪水淹没、适度的火灾，或流行病），逃避植物（缺乏适应特定类型干扰的能力，在不利的栖息地没有生存能力）（Naiman 和 Decamps，1997）。流域的特征（气候、地形、地质、土壤及其他要素）是河滨带植被系统生存发展的基础，河流与周边的湿地、洪泛平原系统间的联系和连通调控着河滨带植被系统的输入和输出。

河流的水文情势，尤其是洪水，决定了河滨带区域的廊道功能、生物构成和生物多样性。Nilsson 和 Svedmark（2002）提出了水文情势调控河滨带植被状况的三个基本原则（见表 18），表 19 至表 21 总结了每个原则所包含的生态过程，图 17 描述了洪水强度与河流和河滨带中物理化学因子之间关系的一个简单模型。高强度洪水能够影响较大尺度的地貌特征，而常发的小洪水只能在单个生物体尺度水平上产生影响。

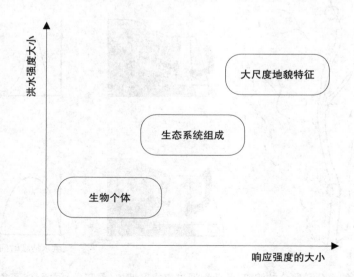

图 17　表明洪水强度与河流和河岸带的物理和生物变量之间大小关系的简化模型。罕见的高强度的洪水影响大的地貌特征，小而频繁的洪水会在植物个体水平产生影响

（根据 Nilsson 和 Svedmark，2002 中的图 1 绘制，获得 Springer-Verlag 的许可）

以上阐述的河滨带三个基本特征和生态过程会受到水文情势变化的影响，这都需要特定的管理策略去维持它们的功能，包括保护、修复、植被再造和替换(Naiman 等,2000)，这些问题将会在第 11~13 章讨论。

表 18 水文情势和河岸带植被调控关系的原则

原则	水文情势控制过程
1	水文情势决定河岸植物群落和生态过程的演替演变
2	河岸带作为一个有机和无机物质输送路径,影响河流沿岸植物群落分布
3	河岸系统是水陆生态系统之间的过渡区,与周围生态系统比较,有着较为丰富的植物种类

引自:Nilsson 和 Svedmark,2002。

表 19 原则 1:水文情势和河岸植被群落

定义	水文情势调控过程
水文情势决定河岸植物群落和生态过程的演替演变	河岸植物群落一般沿海拔梯度变化,形成不同生长形态的区域(森林,灌木和草本植物)。横向和垂直梯度的水供应和流态扰动调控岸边植被的分布、丰度和多样性。繁殖和物种更迭速率是由物理干扰的幅度频率调控,特别是高幅度洪水影响大地貌的形成(例如,新的渠道或三角洲)。中度洪水在斑块尺度上调控河岸生态组分,更频繁的小洪水会在物种水平上产生影响

引自:Nilsson 和 Svedmark,2002。

表 20 原则 2:河岸带作为一个有机和无机物质输送路径,影响河流沿岸植物群落分布

定义	水文情势调控过程
河岸带作为一个有机和无机物质输送路径,影响河流沿岸植物群落分布	水的运动重新分配河岸带土壤中几乎所有的组分,河流沉积物再分配是侵蚀和沉积过程之间的相互作用。密集的河岸植被通过覆盖土壤,高流量期降低流速以及通过根系生长稳定底层土壤,有助于减少水土流失,流水产生的干扰和定植形成河岸群落斑块的时间和空间变化。淤泥掩埋导致的局部窒息会扰乱河岸带植物的生存过程。水流是水传播的关键因素,种子的平均和最大扩散距离随流量加强而增加。季节性的繁殖体传播发生时间也部分地依赖于水流条件,但受植物的繁殖体释放时间影响更大。在小溪和河流中随水流输送的大型木质残体,可以通过积累和阻塞影响整个渠道流形态,从而形成深潭和落水,影响渠道的宽度和深度。大型木质残体存在有利于细粒沉积物和有机物沉积,为早期演替物种提供基质,这些过程影响河岸带植被演替模式。水生生物生境结构和多样性也受大型木质残体导致的水动力和覆盖物变化的影响

引自:Nilsson 和 Svedmark,2002。

表 21 原则 3:水生态原则和岸边植被的多样性

定义	水文情势调控过程
河岸系统是水陆生态系统之间的过渡区,与周围生态系统比较,有着较为丰富的植物种类	河岸带有助于河流生态系统的生物多样性的形成,因为它们与周围生态系统比较,有丰富的植物物种。水文生态学原理能够解释这种丰富的植物形态形成。不同强度和频率的洪水与地貌特征相互作用形成一个具有不同干扰历史、不同植被演替阶段且植物多样性的地形斑块。此外,大部分地区的植物可能在各种河流系统的河岸带收获。各种不同程度的干扰会对河岸走廊产生影响,包括火灾,山体滑坡,泥石流,和取食,为物种在空间和时间的多样化进一步制造机会。河岸植物具有沿河岸走廊传播它们的繁殖体的有效机制,水传播是植物传播的最重要的手段,其次是由风和动物携带扩散。最后,河岸带容易受到外来植物入侵影响,入侵影响会随水文情势的改变提升,从而增加或减少土著植被的多样性

引自:Nilsson 和 Svedmark,2002。

第5章
流域变化和河流廊道工程的影响

5.1 人类足迹

每个环境流评估都有一个带有特定"人类足迹"的流域环境作为背景(Sanderson 等, 2002)。环境流评估重点通常在于坝下水流的变化对地貌和生态所产生的影响,但许多流域尺度的人为干涉拦截加剧了地表径流,并且影响了溪流和河流、湿地以及河口的水文状况。流域活动不仅改变了地表水和地下水的水文状况,同样也改变了其他流域资源的动态,包括沉积物、营养物、有机物、温度和光。这些改变对水生和河岸生态系统有很大影响,并且它们频繁的交互作用会形成破坏性的组合压力源。

人类通过对水文过程的直接干涉和间接通过土地覆盖变化、河道工程、湿地排水、水生生境的丧失来改变全球水循环,同时,造成的污染使水土资源的综合管理成为必需。近期观点是环境流实践者应该采取将整体与多个驱动方式相结合的水循环方法(Baron 等, 2002;Hirji 和 Davis,2009);而且,这样做的前提条件是必须充分认识到水生生态系统也是许多干扰的受害者,而不仅仅是水文状况的改变。最终的目标是水资源综合管理,即"在不影响关键环境系统可持续性的情况下,水、土地和相关资源的协调开发和管理,实现经济和社会福利的最大化"(Global Water Partnership,2011)。

本章关注的是相互作用的压力源范围和多样性,以及它们是如何单独影响河流并相互作用,进而使得所有水生生态系统发生退化。许多例子进一步证明了这样一种观点,即如果未能减轻流域内其他威胁,那么环境流评估和水资源管理可能是无效的。

5.2 威胁的类别

由于气候循环、环境制度的变化以及灾难性的灭绝事件(例如,6.5 亿年前使得恐龙和多达 85%的物种灭绝的白垩纪第三纪灭绝事件),数千年来,水生生态系统的生物群和生态过程已经缓慢地发生了改变。物种种群已经不断进化,并逐渐被新的物种和遗传品系以及不同的生态系统取代(Dudgeon 等,2006)。叠加在这些自然历史进程及遗产上的影响是由统治地球的物种——人类活动所造成的(Vitousek 等,1997)。随着人类社会的兴起,水生生态系统及其五个自然的驱动因子已经被改变,即从原来极少受到干扰,到经过 1 万年发展后,人类的干扰越来越频繁(Worster,1985)。农业土地的土壤侵蚀"在大雨袭击后由史前人原始耕作的第一道犁沟就已经开始了"(Bennett 和 Lowdermilk,1938)。现在,在全球范围内,超过 83%的地面已经深受人类足迹的影响,而且这一比例在一些国家和地区甚至更高(Sanderson 等,2002;Vorosmarty 等,2010)。

对水生生态系统和生物多样性的威胁始于其流域内水文循环和水传输的物质发生改变,而且这些威胁通过河岸和河流廊道到地表水和地下水系统内的最小栖息地而形成网状(Hynes,1975;Naiman 等,2008)。对于压力源的许多物理、化学和生物效应而言,水是一个十分有效的载体,以至于世界上很多地方的淡水和河口网络发生了显著的改变。这充分证明,极少的水体没有受人类活动影响而发生不可逆转地改变(Leveaue 和 Balian,2005)。它们在景观中的位置使得湖泊、湿地和河流不可避免地成为径流中携带的废弃物、沉积物和污染物的受体,"而且河口和海洋同样也是如此,内陆水体通常缺乏开阔海洋水域的容积,这也限制了它们稀释污染物或减轻其他影响的能力"(Dudgeon 等,2006)。

在流域范围内,对水生生态系统最主要的威胁来自土地利用变化(森林砍伐和植树造林、农业发展、土地和湿地排水、防洪和城市化)。河流和河漫滩廊道范围内的活动,从广义上被称为"廊道工程"。对河流廊道的干扰包括河岸植被的移除、渠道化、疏浚和开采、河漫滩工程、航海和交通运输通道的改变、娱乐活动、大坝和堰的屏障效应、大坝的流量调节、取水和地下水开采,以及流域内和流域间水的转移(Boon 等,1992;Vorosmarty 等,2004)。

流域和水生生态系统的自然运作所发生的变化可以被分成五个相互作用的威胁类别(见图 18),即水污染、流量改变、栖息地的破坏或退化、外来物种的入侵以及过度开采(Dudgeon 等,2006)。其中,栖息地退化及外来物种的入侵通常被认为是导致包括鱼类多样性在内的淡水生物多样性丧失的重要因素(Jelk 等,2008;Magurran,2009)。

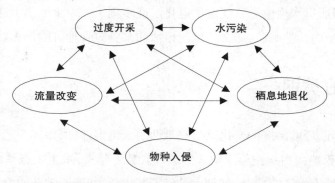

图 18　五个主要威胁类别及其对水生生物多样性确定的或潜在的交互影响
(复绘自 Dudgeon 等,2006 中的图 1,并已经 John Wiley 和 Sons 的许可)

5.3 流域土地利用变化的影响

(1)流域紊乱综合征

对河流和湿地进行的森林砍伐、木材采运、农业发展、城市化、地面排水,以及防洪所累积的地貌、水文和生态的影响已经被广泛记载(Welcomme,1985;Davies 和 Walker,1986;Allan,2004)。由于流域和河岸植被的移除或减少,径流和地下水补给模式的改变,土壤侵蚀和沉积的加剧、营养水平的提高以及农业化合物的汇集,导致仅仅农业用地就可能会对淡水生态系统造成不利影响(Gregory 等,1991;Matson 等,1997;Allan,2004)。因为这一系列影响会出现在由大坝供水灌溉的农业景观中,故被称为"灌溉综合症"(Petts 和 Calow,1996)。对于许多未蓄水的河流和湿地而言,正是土地利用是影响生态系统的主要因素,而非大坝(Poff 等,1997)。

(2)森林开伐和农业

森林自然植被的移除以及退林还耕或退草还耕通常会减少土壤渗透,并会加剧地面水流、河道切割以及河道河槽的溯源侵蚀(Poff 等,2006)。加之湿地的大量排水或过度放牧,此类土地利用方式减少了水在流域土壤里面的滞留,取而代之,水将快速地流向下游,从而增加了洪水的规模和发生频率,减少了干旱期间的基流级(Leopold 等,1968;Poff 等,1997)。此类变化增加了非生物因子的时间变化,并使得水和溪流生境质量退化(Campbell 和 Doeg,1989)。更多不可预知的瞬间洪水情况、更为突然的水位升降以及更低的旱季流量都可能会对已经适应特定的水流变异模式的无脊椎动物和鱼类中很多物种造成不利影响(Welcomme,1985;Pusey 等,1993)。

木材采运后,有机残体和土壤淋滤出的溶解营养物通常会增加,而溶解氧消耗量也可能产生于残留的植被和其他腐烂的有机残体(Campbell 和 Doeg,1989)。随着时间的流逝,特别是当动物牧食导致植被的消失和破坏从而使得河岸带也丧失了其功能时,这些影响会使得水生生物栖息地生境退化。高泥沙负载是许多流经人口密集区域河流的共同特点,在这些地方,不当的农业行为和森林开伐已经剥蚀了土地,从而加剧了径流和土壤的流失。

泥沙通量的增加使得自然侵蚀和自然沉积过程恶化,而自然侵蚀和自然沉积通常会维护河漫滩系统的动态平衡,这一不稳定的升级会对水生植物群落、无脊椎动物和鱼类造成不利的影响(Welcomme,1985)。悬浮沉积物(浑浊度)间接干扰光透射度并可能降低浮游植物的存在深度,或遮蔽沉水和漂浮水生植物和丝状藻类;初级生产者和植物生物质的损失可能使得为水生生物群提供的庇护和食物减少(Bruton,1985;Wood 和 Armitage,

1997）。植物生物量的减少会使得食草性鱼类和其他物种减少（Henley 等，2000）。悬浮物会减少中上层食物资源对鱼类的可见性，并可能影响捕食性物种，特别是视觉食鱼动物的摄食率和集群结构（Rodriguez 和 Lewis，1997）。

沉积物会覆盖底栖生物基质和产卵场，并阻塞诸如鱼鳃、鳃耙和鳃丝等的精细结构。这些通常会影响到鱼类的成功繁殖、卵与幼虫的存活和生长、种群规模和年龄结构（Bruton，1985）以及鱼类群聚的多样性和构成。

（3）城市化

城市化以及与流域内人口增长有关的城市发展造成了大面积不透水表面的出现，而此类不透水表面将水从地下通道引入至地面水流、排水沟和就近的溪流或湿地。雨水道和雨水管是许多城市化流域的特色，而此类管道通常会将大量水从不透水面层直接引入至溪流而绕开河岸带。因此，溪流的流速会增加，变得更加突变和不可预知，而且洪水的频率与强度会增加（Walsh 等，2005）。所谓的溪流侵蚀或"下切侵蚀"，是因为在流域内的农业活动或住宅建设期间，水冲刷导致大量沉积物堆积而产生的（见图 19）（Groffman 等，2003）。

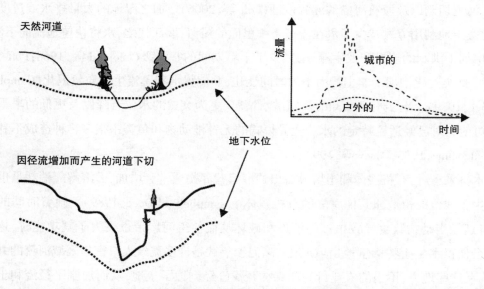

图 19　相对于草木丛生的的流域而言，城市流域下切河道和河岸地下水位下降的概念图
（复绘自 Groffman 等，2003 中的图 3，并已经美国生态学会的许可）

非渗透性城市高地内的河流侵蚀和渗透的减弱会降低河岸地下水位，并影响土壤水分含量、土壤类型、有机物含量以及河岸生态系统的结构和功能，譬如，河岸带调节从高地流域到溪流的氮通量的功能会受到影响（Pinay 等，2002；见第 4 章）。Groffman 等（2002）观察到，对位于浅层地下水位的草木丛生的河岸土壤而言，位于深层地下水位的有氧的、城市河岸土壤剖面中存在高含量的一氧化氮、硝化作用和低效率的反硝化作用。地表水和地下水水文状况的变化反过来影响着河岸带的植被,也影响着河岸带在调节光照、遮蔽度和溪流温度中所发挥的作用。食物资源(落叶层、花和花粉、昆虫类)被输入到溪流食物网,而木质残体被用以创建溪流生境(Bunn 等,1997;Pusey 和 Arthington,2003)。

许多城市河流的河岸带布满了屋主扔弃的花园和绿地中的外来草种、灌木、葡萄藤和树(Werren 和 Arthington,2003;Bunn 等,1997)。外来的水生植物群落(诸如牧草和浮叶植物)生物量的增加会改变流量、河槽形态和水质,使开放水域以及鱼类和无脊椎动物的河岸栖息地退化,并干扰整个水生食物网(Arthington 等,1983;Bunn 等,1997)。与河岸带有关联的动物和鸟类同样也受到河岸带丧失、破碎化和成分变化的影响(Groom 和 Grubb,2002;Marzliff 和 Ewing,2008)。

在一些骤涨的河川径流中,很可能会出现更多的无脊椎动物漂移,而底栖生物的多样性和鱼类的饵料资源也会减少。城市开发的累积效应在河流及其漫滩的下游,以及城市、大都市和产业发展的最佳地盘上显得尤其明显(Davie 等,1990)。流经硬化底质的水流的增加,以及来自房屋、街道、加油站和工业的城市污染物的输移都使得溪流、河流和河口出现严重退化。有毒(盐、营养物、金属、农药、其他有机化合物)和二次处理的(或未经处理的)污水的复合效应会对河流生物群的多样性和丰富度产生严重的影响(Arthington 等,1983;Allan,2004)。

流域土地利用和渠道化的变化会改变一条溪流或河流的能量预算和热容量及其水流动态,这两个过程具有协同效应。在一般情况下,溪流和河流是均匀混合的、湍急的,因此,它们在大气温度条件下随时会发生变化,并可能会变暖(Kaushal 等,2010)。流域植被和河岸覆盖层的丧失使得溪流暴露于日光、暖气和夏季高温中,而夏季的枯水量会随着水温的上升而加剧(Nelson 等,2009)。超出流量或温度差异性的正常范围的变化可能会对水生生物种类和生态系统功能带来严重后果,这取决于相对于物种适应能力的温度或流量的变化率(Olden 和 Naiman,2010)。

5.4　河流廊道工程的效应

(1)扰动综合征

对河流廊道进行直接的物理干预,其目的是为了进行食品生产,改善排水、导航和通道(桥梁建筑和走道),提供各种产业和经济发展机会,并创造娱乐机会(机动划船、游泳和钓鱼)。廊道工程意味着在一定程度上对河川径流、河道河槽和河岸形式予以控制,这种改变涉及廊道的阻断,被堰和水坝横切,或是被防洪堤、堤岸护坡、堤坝和其他结构物纵切

（Welcomme，1985）。它也可能涉及加宽、拉直和加深河流廊道，以及清理大型木质物残体（Brookes，1988）。

（2）渠道化

水坝和水流改道影响着几乎所有的大小河流，土地利用效应在河流上段集水区和河流源头尤其明显，而低地的河流会受到切断河道—河漫滩联动的更多的影响（Poff 等，1997）。洪水控制工程已经缩短、减小、固化了许多河流系统，并切断了河道与其河漫滩之间的连接（Welcomme，1985）。在世界范围内，河流渠道化历史悠久，在英国至少有 2000 年的历史，而对于许多沿河建立的早期社会而言，这一历史会更久远。

例如，密西西比河及其支流的河道已经被至少 27 个闸坝所改造，其堤防、护岸和疏浚也是如此，主要目的是为了方便通航（Smart 等，1986）。浅色鲟鱼是密西西比河流域里第一个被列为濒危物种的鱼类种类，其数量减少的主要原因是砾石沉积物和用于产卵的缓慢移动的侧槽的丧失。举另外一个突出的例子，美国陆军工程兵团对位于佛罗里达州欧基求碧湖上游的基西米河进行了渠道化，主要是因为这个恢复方案恢复了湿地生境和生态价值。这条带有河漫滩的弯曲河流，最初长 166km、宽 1.5~3km，后来经过连续五次的蓄水，被改造为一条 90km 长的运河，这使得河道栖息地及相邻的河漫滩湿地严重丧失功能（Toth，1995）。

（3）堤坝河岸

防洪堤是为了预防河道水流流至其自然河漫滩，因此，对于被限制流至狭窄的流道的河流而言，通常会开凿更深的河道，以使水流更加顺畅。筑堤的河流易于受到偶发的但也是不可避免的巨大洪水的侵袭，巨大洪水很难阻挡，并且会最终淹没用于农业活动和人类聚居的河漫滩。巨大洪水对社会产生了巨大的损失和灾难成本（Freitag 等，2009）。例如，密西西比河的主河道及其支流因防洪堤而变窄受限，在 1993 年河边大规模洪涝而产生大部分的损失均是由于决堤所致。2008 年，密西西比河上游发生的另外一次大洪涝造成了 20 亿美元的损失。在 1993 年洪涝后，即使建筑物从成千上万亩的河漫滩中迁出，为洪水开辟了漫溢的空地并确保了湿地复原，同时修建了新的防洪堤，但随着新的开发和建设的进行，决堤也会再次发生（Freitag 等，2009）。

切断河流河漫滩缩短了沉积物侵蚀与堆积的过程，而此类过程调节着河漫滩地形的多样性。强度和频度不同的洪水与地貌特征交互作用，形成了受到不同干扰的地形的多样性（Nilsson 和 Svedmark，2002）。这一多样性对于维护河漫滩物种的多样性是至关重要的，在此种情况下，土地高程相对较小的差异会导致年洪水量和土壤湿润状态出现较大差异，这也调节着不同阶段的植被演替和植物多样性、分布和丰富度。

在大型热带漫滩河流中，在可预测的持续时间长的年度洪水脉冲期间，河漫滩栖息地的横向膨胀为无脊椎动物和许多鱼类及其他各种各样的脊椎动物提供了重要的产卵、哺育和觅食区(Junk 等,1989)。减轻河水泛滥的程度并缩短其持续时间,或是彻底切断河漫滩通道,对维护热带、温带和干旱区河流中河岸植被、鱼类和野生生物的多样性和生产力有着重要的意义(Welcomme,1985;Kingsford 等,2006)。

(4)河岸带廊道的降解机制

一个健全的、多样化的河岸植被廊道通常被认定为溪流和河流正常运行的关键因素(Cummins,1993;Naiman 和 Decamps,1997;Nilsson 和 Svedmark,2002)。河岸植被廊道及其高度多样化的植物群落的丧失,会导致其缓冲作用的丧失,并加剧因侵蚀以及对能量流和食物链这些重要生态过程的干预所导致的岸堤失稳(邦恩等,1997)。在河岸带的过度放牧,尤其是大量动物的长时间放牧,可能会导致河边地带植被的退化,特别是地被植物,并造成践踏和土壤压实不稳、河道坡岸侵蚀、高养分和土壤输入,以及外来杂草的蔓延。这些通常会对河流产生一定的影响,包括河道和河岸带内水质的恶化、沉淀的加剧、水坑的淤塞、粗糙的河流基质层的填充、水量的减少, 以及栖息地的丧失 (King 和 Warburton,2007)。

河岸植被和湿地区带来一个大的天然水土之间的接触面,这有利于氮的储存和运输,并借此调节从高地流域到溪流的通量(Pinay 等,2002)。河岸带调节氮通量的效率不仅仅是河岸带表面区域的一个功能, 更是河岸带和高地流域盆地之间连通的水文长度上的一个功能(Haycock 和 Pinay,1993)。在高水位期间,浸湿区域从溪流处横向扩展,并延伸至上游更远处,而在低水位期间,浸湿区域在上游处变得狭窄。相对于大河边的河岸带而言,与高地小溪流有关的河岸带带来了一个更为紧密的湿地—高地界面, 也更有效地减轻了流域面源污染(Peterson 等,2001)。

在高地流域内的植被清理, 河岸植被的清除, 以及渠道化减少了浸湿区域的空间幅度,降低了渗滤速率,并缩短了河岸带土壤饱和的持续时间(Worrall 和 Burt,1998)。清理河道、疏浚河床和细粒沉积物间隙空间的堵塞,也缩减了河底生物带的面积,并减少了其与地表水的转换速率, 由此影响着溪流的营养物循环能力和许多其他与河底生物带相关的过程(Boulton 和 Hancock,2006)。因此,由人类所带来的改变通过减弱河流网络的能力而有效地减轻面源污染(Pinay 等,2002)。

河岸植被数量和类型的改变会影响到遮阳、水温、光照和溪流初级生产力(Bunn,1993)。在草木丛生的源头流域,通过微生物和无脊椎动物对陆地能源的生化过程,河岸凋落物为水域食物网提供了能量(使粗颗粒有机物变为细颗粒有机物)。河岸能源的损失会因为河流连续体内的无脊椎动物和鱼类群落而反弹(Vannote 等,1980)。在更远的下游处,食物网通常会更依赖于藻类和植物所带来的溪流初级生产力, 而这些藻类和植物易受流量改变、沉积、遮阳和营养物富集的影响(Bunn 等，1997；Groffman 等，2003)。

(5)大木质物残体

大木质物残体源自河边的的树和灌木，其沉积速率的改变影响着无脊椎动物和鱼类，这些物种依靠这些原木和木质物残体作为避难所，以躲避极端高温和食肉动物，同时也可作为安全的产卵地(Pusey 和 Arthington，2003)。在大木质物残体被清理后，鱼类和水生无脊椎动物的数量通常会减少，而在放入了大木质物残体的地方，其数量会相应地增加(Lyon 等，2009；Howell 等，2012)。将大木质物残体从河流中清除以改善河流运输和贸易的通航，这对许多国家的河流生态系统而言，是一个悠久的但具有毁灭性的历史。例如，在俄勒冈州长达 55 米的威拉米特河中清理 5500 多根直径为 5~9 英尺、长度为 90~120 英尺的漂流的树木，此条河流后来被工程师设计为只有一条河道(Maser 和 Sedell，1994)。今天，在美国西部和加拿大的很多地方三文鱼强化项目中正取代木材，这一做法是通过直接地再次引入大木质物残体或让大树沿着河边生长，以便今后为水道提供木材。

在 1870 年到 1970 年的澳洲，数百万条大木质物残体被清理出墨累达令河系统，以方便内河船的通航(Phillips，1972)。这一时期结束时，水务管理局清除了沉在水里的腐木，以期望改善输水和河流灌溉的效率(Gippel 等，1996)。再引入木质物残体以恢复鱼类和无脊椎动物的栖息地，这对澳洲河流而言，是司空见惯的做法，而这些河流在过去是"水中多障碍的"(Erskine 和 Webb，2003；Brooks 等，2006)。

第6章

治水和大坝影响的历史

6.1 治水历史

数千年来,人类活动改变了河流、流域、湿地、河滩和河口的自然水文过程及生态过程(Boon 等,1992)。早期的狩猎群体将河流、河滩、河岸廊道及周边地区的自然资源都作为水、食物和栖息地的来源(Freitag 等,2009)。因此,捕鱼和狩猎活动与气候、河流流量的季节性循环以及适应这一自然循环的动植物密不可分。同时,捕鱼器具如渔网、石器、渔轮、鱼叉和鱼钩等,以及用于捕捉野生动物以获取食物、兽皮及兽骨的捕猎器具也应运而生。

狩猎群体在打猎时通常也善用火来驱散群居动物,同时还开辟森林,将草食动物的草场栖息地占据。这种行为带来的最重要的影响之一无疑是对沿岸森林和河滩植被的破坏(Di Stefano,2001)。还有一些狩猎群体自制简易的独木舟,利用河流和河口进行运输、狩猎、通讯,甚至与其他狩猎群体进行贸易往来。除上述这些活动范围外,其它的河流流域、河流沿岸及水生资源所受影响相对较小(Freitag 等,2009)。然而在世界的某些角落,在人类开始定居和狩猎觅食的同时,一些大型爬行动物、哺乳动物及鸟类开始逐渐消亡。在一定程度上,导致这些动物消亡的原因是气候变化(例如,10000~12000 年前最后的大陆冰川消失)还是疾病传播,或是受大量狩猎影响,这点依然饱受争议 (Stringer 和 McKie,1996)。

在北美灭绝的动物中,河狸是其中的一种(Freitag 等,2009)。这种动物用牙齿能锯断生长于河岸的树及树枝,并以枝干为食,甚至能横穿河流筑坝,在河堤洞穴中挖渠筑堤等。由于筑坝形成的阻隔物造成地表和地下水位变化,影响到水质,更影响了当地河流及其河滩的自然演变(Andersen 和 Shafroth,2010)。毫无疑问,许多地区河狸的出现和消失都对河道的特性和河岸景观造成了影响,以至于当地为恢复河狸种群并为满足其对环境流量需求做了许多努力(Shafroth 等,2010)。

6000~8000 年前,早期的人类文明就出现在底格里斯河、幼发拉底河、尼罗河和印度河的沿岸及河滩地带。人类所具备的取水和水资源利用能力,对满足大规模群体进行的农作物和纤维作物耕种活动至关重要。这种"水利社会"(Worster,1985)逐渐开始构建相应的社会及政治机构,为早期的城市定居打下了基础,位于幼发拉底河上的城市乌尔就是一个例子。底格里斯河、幼发拉底河共同孕育了美索不达米亚(这两条河流之间的狭长带)古老而文明的文化。由于美索不达米亚南部河滩降水少、气温高,灌溉系统对于确保农作物产量是必不可少的。最早期的灌溉系统可能并不是水渠,而是通过拦截农田附近集水区的水而实现。直到河流附近的土地及农作物不能再满足不断增长的人口要求时,用于输送河水的水渠才被建成。一些古老的渠系遗迹至今还依稀可见。

相关史学家认为,美索不达米亚地区的灌溉系统也是早期人类文明衰落的标志,因为常年的灌溉不断为冲积土表层增加盐分,而且这种盐分一直增加到不能再继续种植农作物为止。之后人们又开始用更耐盐的大麦来代替小麦,然而该尝试最终也成为泡影(Ghassemi 和 White,2007)。

生活在中东、中亚和北非干旱地区的小型社区,很早就开始开发利用地下泉水系统,以浸润丘陵地区及低洼地区的村庄和农田(Pearce,2007)。这一泉水体系(起源于闪族语系中"挖掘"一词)是由一连串通过人工挖掘的水井组成,水井底部与直通于丘陵地区地下泉水母井的地下通道相连。部分通道长达 45km,通过缓坡从水源地自流到农田、村庄。如今的伊朗就拥有 22000 条暗渠,地下输水通道超过 25 万 km,能同时满足全国 75% 的淡水供应需求。在阿富汗、巴基斯坦及中国西部地区,类似的通道和水井系统被称为"坎儿井"。

罗马人建造的输水系统是由陶土和铅制管道构成,这些管道与他们城市附近高地的地下贮水系统相连,主要是将水输送至公共喷泉、澡堂及少数居民家中。

大约在公元 312 年,罗马人首先运用了渡槽将水输送到罗马,用来将污水冲至台伯河(Tiber river),他们同时也开挖了大量运河,并使之与湖泊、湿地相连,用以浸润富饶的土壤。

在中国,由于旱灾和洪水频发,促进了黄河流域水利工程技术的开发,因为从青藏高原滚滚而来的水中含有极多的泥沙。毁灭性的洪水摧毁了黄河沿岸数以万计的居民生活,因此,千百年来如何抵御灾难性洪水已成为中国历史上众人关注的焦点(Jiang 等,2010)。2500 多年前,人们在黄河的小支流上筑堤防洪,而且还运用了一些堤防将水引入敌人村庄,形成一种"水战"(Cech,2010)。为了控制洪水,人们不断将堤防加高培厚,以至形成了河底高出地表以上达 10m 的"悬河"(Leung,1996)。

早期的水利工程技术很多,包括挖简易水井、地下通道、管道、贮水器、暗渠、不断扩宽的运河及渡槽等。同时,人们也通过利用沟渠、堤坝以及将泥土、岩石、原木和野草堆积成拦河坝来改变水流流向,以达到防洪和引水灌溉的目的。逐渐地,大型堤坝最终演变成一项根本性的水资源管理技术,用以调控或在干旱季输送雨季贮存的雨水、为人类的各种活动供水、发电、防洪、建尾矿坝、养鱼和保护野生动植物,以及用于休闲娱乐等。

6.2　大坝及其数量统计

尽管大坝对人类发展作出了巨大贡献,但它对生物多样性、生态系统及人类社会所需生态产品和服务带来的影响也越来越受到人们的关注(WCD,2000;MEA,2005)。1935 年,在美国内华达州拉斯维加斯科罗拉多河上建起了世界上第一座大坝——胡佛坝。坝前 Mead 水库也成为当时美国最大的人工湖。湖面水域(集水面积)壮观,美国大约有 10%的内陆河水全都排入 Mead 水库。大坝基岩以上高 221m,水库库容达 367 亿 m³,是科罗拉多河年径流量的两倍多(Cech,2010)。随后,大坝越建越多,几乎每个陆地上都建有大坝。1989 年,据河流研究人员统计,每年约有 500 座高坝(>15m)建成。仅在欧洲,每 1.65 年就建成一座高于 150m 的大坝(Gore 和 Petts,1989)。1992 年就有 28 座超过 200m 的高坝在施工或规划中(Boon 等,1992)。世界上大多数主要河系都建有大坝,包括 20 条最大的河流,以及 8 个生物多样性最丰富的河流,即亚马逊河、奥里诺科河、恒河、布拉马普特拉河、赞比西河、阿穆尔河、叶尼塞河和印度河,而只有位于北极空旷的冻原、北方森林和寒带针叶林区的大多数河流,才鲜有大坝的痕迹(Pearce,2007)。世界范围内的一些大河,例如埃及的尼罗河、美国的科罗拉多河、中国的黄河、澳大利亚的墨累达令河,以及其他成千上万的小河流,很少因流入海洋或因流态改变而使其河口和三角洲的生产力严重下降(Postel 和 Richte,2003;Pearce,2007)。

20 世纪下半叶,世界银行给全世界 92 个国家注资 750 亿美元用于修建大坝。最新的估算显示,世界范围内约有 5 万座高坝正在运行 (Berga 等,2006),水库累计蓄水量为 7000~10000km³,相当于世界河流总水量的 5 倍(Vorosmarty 等,2003;Chao 等,2008)。此外,许多小水库和农用小坝也用来为牧场和灌区取水供水,仅在美国,这样的小坝就有几百万座。如今,北半球水库蓄水量规模巨大,已经造成了地球自转和引力场中可测量的地球动力学变化(Chao,1995)。

Postel 等(1996)预测,在 2025 年之前,70%河流的可用径流量都将被人类利用。在 1996 年作预测时,人类对河流的开发程度为 54%,但在人口激增、生活水平上升、城镇化剧烈膨胀的压力下,令人震惊的 70%河流径流量的可利用率甚至还有上升的可能。此外,导致淡水需求量增加的另一个因素是全球气候变化所带来的影响。降水量与降水形式、蒸发量和径流变化,以及更多难以预测、极端多变的洪水及旱情,催生了人们为确保安全用水而采取的更多治水方面的策略(Vorosmarty 等,2004;Palmer 等,2009)。某些权威管理机构相信,即使目前有许多取水、储水和管水的方法,但依然不可避免地要建更多的大坝或扩建现有工程(见第 19 章和第 20 章)。

6.3　大坝影响的分类

建在河中的堰坝或水闸,对河岸生物区和水生生态系统的功能会产生三个方面的主要影响:上游影响、坝阻隔影响和下游影响。与大坝相关的一般物理、化学和生物变化概念,已根据历史数据、资料核查、整体性数据分析及局部有关大坝变化的记载得到了很好的印证(Ward 和 Stanford,1979,1983;Davies 和 Walker,1986;Craig 和 Kemper,1987;Petts等,1989),(Boon 等,1992;Poff 等,1995,2008),(Nilsson 等,2005;Poff 和 Zimmerman,2010)。在本章接下来的部分,作者将根据第4章中所论述的水文生态原则对大坝上游和大坝阻隔影响进行具体描述,大坝下游的影响将在第7章和第8章中探讨。

（1）大坝对上游的影响

大坝和改变的流态在不断变化的空间尺度上改变着生境,影响着许多物种的分布及水生生物群落结构和多样性(Bunn 和 Arthington,2002)。上游地带天然河流和河岸生境受到的影响,代表着大坝对生境的一种重要影响。在一些新淹没的上游区域,河岸生境被类似湖泊的生境所取代,这种湖泊似的生境面积、水量、集水形状及其他特征主要由集水区形态、坝高和蓄水特性决定。

人们通常认为,因修建大坝而破坏的河流生境能被新形成的湖泊生境所弥补,其实不然。天然湖泊和湿地在功能上往往与河流蓄水极不相同(Bunn 和 Arthington,2002)。在湖泊和湿地中,大多与初级生产力(生态食物链中的第一环)相关的碳和养分会出现在沿岸地带(Wetzel,1990)。大坝运行的水库水位通常并不是恒定不变的,很大程度上要根据水库的用途进行调节,可分为日调节、季调节甚至年调节,因此,沿岸地区的多种生产性区域很少能持续。此外,蓄水水位通常明显高出天然河床层面,淹没了部分陆地和水生分界面,并形成新的沿岸带,其特征为河岸陡峭、水生生境相对单一,给水生动植物形成了一种独特的物理化学条件(Walker 等,1992)。水库水位对水底生物、固着生物和水生植物的生活方式有着直接影响。在水位上涨时,被淹的茂密植被可能会临时增多供给鱼类的食物,而当水位大幅降低时,鱼类会大量集结,给捕食者创造了更多的觅食机会。

在澳大利亚南部墨累河下游,众多的堰坝将河流变成了一系列的梯级闸坝和扩展的蓄水段水域,取代了大多数原水塘式的河岸栖息地环境(Walker 等,1992)。该河岸生境遭到巨大破坏,已影响到墨累河小龙虾(Euastacus armatus)的分布,目前该物种已被列为濒危物种。同时,一些河流及湿地的蜗牛种类也相应地减少,有的可能濒临灭绝。而相对稳定的水位促使缺乏正常干湿循环的河流和湿地中的芦苇 (Typha spp.)、凤眼莲(Eichhornia crassipes)及其他外来植物物种的入侵(Kingsford,2000)。

新的水库要不断向库中投入鱼种,以维持其繁衍和提供娱乐的垂钓。从长远来看,鱼种的引入也并非总是有利的,由于这些被收集待投放的鱼种通常都是外来物种,对河流生态系统及土著物种群都将产生不利影响(Canonico 等,2010;Strayer,2010)。如果是以其他用途引进的外来鱼种和无脊椎动物物种,以及从水族业逃出来的物种,同样能在水库中大量繁殖。例如,在非洲、斯里兰卡和澳大利亚等国的大坝水库中,就有大量外来的莫桑比克口育鱼和罗非鱼(橙色莫桑比克罗非鱼)(Arthington 和 Blühdorn,1994)。这种罗非鱼对栖息地和饮食没有苛刻的要求,并能在严酷的环境中通过自身较小的躯体进行早期繁殖,产卵后进行亲代抚育,这样,外来种群的数量就必然呈上升趋势并可能向其他河道蔓延(Canonico 等,2005)。考虑到橙色莫桑比克罗非鱼可能会对脆弱的澳大利亚肺鱼构成威胁, 所以政府最近已决定终止曾规划的昆士兰玛丽河特拉温斯特大坝工程的建设(Arthington,2009)。

大规模外来物种严重影响土著物种生存的案例不胜枚举 (比如维多利亚湖中的尖吻鲈;欧洲的淡水螯虾瘟疫;南半球湖泊和河中的鲑鱼等),且预计外来物种对土著物种和生态系统过程的影响, 以及它们与其他水生生态系统中的复杂因素的相互作用会越来越严重(Strayer,2010)。例如,科罗拉多河受到上百座水库的调节,而且这些水库水面面积相差甚大,在高海拔的上游源头地带,水面面积还不到 1hm²,而在低海拔的河段,水面则超过650km²(Standford 和 Ward,1986)。科罗拉多河 1/4 的河段变成了湖泊似的生境,使适应于河岸浑浊栖息地的鱼类受到重大影响。此外,大量具有强势竞争力的外来鱼种(50 种以上)引入水库后,在被控制的河段中大量繁殖,导致科罗拉多河土著鱼种灭绝,且大部分河流土著鱼种也濒临消亡(Stanford 和 Ward,1986)。在河流的上游源头地带,由于科罗拉多河中鱼类的恶性竞争,使得原有的鲑鱼(大麻哈鱼)只剩下仅有的几个孤立种群,几乎所有的土著鱼种都在剧减。

由于生物体和土壤有机质的浸泡和腐烂,造成水库排放二氧化碳和甲烷等温室气体,这些现象近来也受到关注。温室气体排放率取决于水深、滞留时间、温度、流域地带有机质的流入、水体内的初级生产力、水库的龄期及其运行模式等(McCartney,2009)。

(2)大坝阻隔对鱼类的影响

横跨河流建坝,水库蓄水,中断了河流的连续性(Ward 和 Stanford,1995),同时也不可避免地造成水流纵向(通常也包括横向的)连通性的缺失(Bunn 和 Arthington,2002)。虽然针对大坝阻隔影响采取了一些工程上的对策(如旁通过鱼设施、闸控过鱼、鱼梯和过鱼升降机等),但它们很难帮助流域河网生物群落恢复到自由流动的原有状况(Lucas 和 Baras,2001)。况且热带地区修建的大坝,通常都未布设合适的鱼梯或鱼道,或者仅为鲑科鱼类量身定做了一些鱼道,但仍阻碍着不同游速鱼类的洄游及其他行为能力(Roberts,2001)。

　　鱼类及其他水生生物(从河虾到江豚)在不同时期会选择不同的栖息地,而纵向洄游可能是其生命史中必不可少的旋律,尤其是与繁殖有关的洄游更是如此。纵向洄游可能出现在一条河中,或者从河流到海洋或湖泊然后再返回,也可能是从海洋或湖泊再返回到河流(Dudgeon 等,2006)。长寿且繁殖率低的物种,可能最易受到大坝的影响(Carolsfeld 等,2004)。例如,达氏鲟(*Acipenser dabryanus*)和湄公河巨鲶(*Pangasianodon gigas*),因大坝阻隔和过度捕捞而受到威胁(Hogan 等,2004;Wei 等,2004)。大坝的阻隔作用,可能导致种群隔离、无法繁殖、基因流动减缓和土著生物种群灭绝等(Hughes 等,2009;Northcote,2010)。河海洄游性鱼类,主要是在河道和大型支流中长距离地洄游,但由于大坝的阻隔,可能妨碍其生命周期的完成,所以它们对纵向河道上的阻隔尤为敏感(McDowall,2006)。大坝对洄游性鱼类所造成的影响,已导致世界范围内重要的商业性和娱乐性物种种群骤减(例如鲑鱼,鲟鱼,匙吻鲟和鲱科鱼等)。诸如鲱鱼、七鳃鳗和鳗鲡等洄游性物种,已从法国罗讷河及西班牙瓜达尔基维尔河中消失。表22给出了两个关于大坝对鱼类洄游产生影响的例子。

　　大坝对洄游性鱼类的影响随河系中河流的蓄水位置不同而改变。位于河流低洼部分的阻隔,会造成物种隔离或上游大部分甚至所有洄游物种的灭绝。生物生命周期中某种具有海洋习性的物种,要求它们在一定时期往返海洋,若此过程受阻,河流上游的物种便会受到潜在影响。例如,在溯河性鲑鱼洄游过程中,这种潜在影响表现为营养成分输送的破坏,而在通常的开放性海域,它们能获得 95%以上的生物量 (Naiman 等,2002;Pringle,2001)。

表 22　　　　　　　　　　　大坝对北美洲鱼种洄游路径的影响

物种	影响
美洲西鲱	美洲西鲱(*Alosa sapidissima*)的习性为溯河产卵,范围从加拿大 St. Lawrence 河到佛罗里达州的 St. Johns 河 (Limburg 等,2003),St. Lawrence 河的种群在 Scotian Shelf 州地面过冬后,每年春季洄游大约 2000km 到达魁北克省蒙特利尔附近一带产卵。自 19 世纪后期,这一种群大量减少,主要原因是由于春季洄游期间人类的开发活动及在渥太华河和蒙特利尔附近一带建了多个水电站大坝。在 20 世纪的大部分时间里,这一种群分布量较低,从这一点看,现在所建大坝上游的主要产卵地可能已丧失,而为人们所知的只有两个产卵场(Daigle 等,2010),根据魁北克关于受到威胁及濒危物种的法规,美洲西鲱被列为 11 个脆弱性物种之一
大鳞大麻哈鱼和虹鳟	在 20 世纪 70 年代,随着联邦哥伦比亚河电力系统(FCRPS)的开发与运行,在斯内克河的春夏季,大鳞大麻哈鱼(*Oncorhynchus tshawytscha*)和虹鳟这些种群明显减少。根据美国濒危物种法,这两个物种被列为受到威胁的濒危物种。幼鲑鱼和虹鳟从斯内克河产卵后,再洄游到海洋,必须通过 8 座大型水电站大坝和在静水中游 522km。水库中水流流速缓慢,加上小鲑鱼洄游至河口的迁移速率,面临的各种后果是:洄游期间温度高、捕食难、体能消耗增加、初次从河口入海的生理状况和早期在海洋生活期间环境条件不适等。因此建议通过对 FCRPS 的调节,改善小鲑鱼洄游至河口的条件,包括溢流过大坝、提高库水流速等,减少小鲑鱼到达河口的行程时间(Petrosky 和 Schaller,2010)

从河口与淡水交汇处为起点,沿大型河流下游段以一定的间隔修建梯级大坝,就可能逐段过滤掉洄游的种群。而在河流系统的源头修建大坝,就可能影响整个河流的流态,由于改变了鱼类洄游过程中的路径特征及适合过鱼的水深和流速,当鱼类游至坝壁处时就会变得晕头转向而无所适从。在建有多座坝的较密集分隔的河流中,只有曾是大规模、强生命力的小部分种群才能得以延续生存。而阻隔在较短河段中的鱼类,如遇到随时可能的恶劣环境事件(如严重干旱)时,则该种群告别此河的几率就会增大(Rieman 和 McIntyre, 1995)。因此,即便是某一物种在河道整治后仍能再现,但相对于土著灭绝的物种来说,它们可能会变得更加脆弱(Renöfölt 等,2010),同时由于生境破碎,独立的环境可能使其无法从有历史渊源的河流中再度迁徙(Falke 等,2010)。

流动生物体受到的阻隔影响还不只是局限于庞大的水工建筑物,即便是溪流中的阻隔,如 V 形挡水坝,也可能阻碍鱼类的洄游,例如澳大利亚西南部丛林溪流中西方南乳鱼(*Galaxias occidentalis*)就是如此(Pusey 等,1989)。

(3)大坝对无脊椎动物的阻隔影响

不仅是鱼类,无脊椎动物也可能因河中的阻隔物而对其向上游洄游产生影响。例如在波多黎各(Puerto Rico,位于西印度群岛东部的岛屿)的加勒比国家森林中,由于输水总管的下游段被阻隔而对虾苗的生存造成了较大的影响。原因是 50%以上的迁徙幼虫被吸入到市政供水管进水口,使回到上游的虾苗面临着无法游向坝下游捕食的严重问题(Pringle 和 Scatena,1999)。夜间是幼虫漂流的高峰,在此期间不取水,作鱼梯维修保养,并维持最小生态流量,可明显减少大坝及其运行的影响。

在淡水系统中,很可能因对多种鱼类洄游的影响而影响珠蚌类分布,因为这些蚌类会生成某种特殊的幼虫(glochidia,钩介幼虫),即鱼类的特异性寄生物(Strayer,2008)。一旦此寄生虫附着在鱼身上,就会寄生在体内而变成幼体,并在体内持续数天到数月,这段时间便是流动的鱼类传播给其他物种的主要时机。由于人类活动给鱼类造成的障碍,使鱼类运动超出了自身的能力范围(见第 8 章),可能极大地影响到与特有物种相依存的蚌类的分布(Strayer,2008)。有种种理由表明,珠蚌类被认为是比其他大多数淡水生物更受到威胁的物种(Strayer 等,2004)。

(4)大坝对河流输移机制的阻隔影响

河流作为水路运输的走廊,对水、泥沙、有机物、化学物和有机生物的输移,从种子到大量木质物残体、甚至整个树的输送,都起着至关重要的作用 (Nilsson 和 Svedmark,2002)。在汛期自由水面的河流中,浮水植物繁殖体可迅速地输送到下游。而当建有大坝时,这种正常的河流路径被中断,水媒传布的植物被驱散减少,植物群落也可能变得七零八落(Nilsson 等,2010)。例如在瑞典,由于大坝和地下通道的阻断,13 条主河道中有 9 条变为湖泊似的水体阶梯(Oansson 等,2006)。在两坝之间的河段,由于上下大坝的阻拦,河湾岸区的维管束植物物种比天然河段的要少得多,如果不消除大坝影响或拆除大坝,这种情形很难得到改善。

由于河中大坝拦蓄,水流流速往往较低,浮水植物繁殖体要么沉至水底,要么被风冲上岸(Oansson 等,2000),这种情形就打乱了种子的正常传播距离,使沿河岸带的物种分布发生改变。少数植物繁殖体通过水轮机或溢洪道而过坝,所以长时间漂浮的种子过坝至下游的成功概率更大。假如世界各地的大部分河流都受到大坝调节,那么河岸走廊的植物破坏现象可能就是全球性的(Nilsson 和 Svedmark,2002),并可能对河流生物种群和生态系统功能造成多方面的生态影响(Pusey 和 Arthington,2003)。

第7章

大坝对泥沙、热量和化学物质的影响

7.1 大坝运行及对下游的影响

大坝对河流具有最直接明显的调节作用,因为它能以多种不同的方式蓄、放枯季和洪水期的流量,并能改变河流的整个流态。天然流态的调节对河流泥沙的动态特性、河床地貌、营养物转化及其他化学状况、河流热状况、栖息地结构和世界各地河流中水生与河岸物种的恢复都有极大的影响(Poff 等,1997;Naiman 等,2008)。在一条特定的河流中,生态系统对河流流态的变化响应, 取决于河流流态的五大基本要素是如何随着这条河的天然流态而变化的(Poff 和 Ward,1990),以及特定的地形和生态过程是如何对这种变化作出响应的(Arthington 等,2006;Graf,2006)。由于河流流态在河流中的变化(见第 2 章和第 3 章),不同地区同样的人类活动可能会使该地区发生不同程度的变化,因此造成的生态影响也不尽相同(Poff 和 Zimmerman,2010)。

7.2 大坝运行

每座坝都会根据当地的气候和流域状况、目的、设计和运行模式,以其特定的方式蓄水和泄水。从 20 世纪 50 年代以来, 用于灌溉的大坝接近全球所建 50000 多座大坝的50%。剩下的众多大坝中,有的用于水电站发电和休闲娱乐(划船、钓鱼等),有的用于生活和工业供水以及防洪。许多情况下,单一的大坝具有综合利用效益(ICOLD,2003)。

例如,早在 20 世纪 60 年代就在尼罗河上建起了阿斯旺高坝,从 1979 年到 1988 年,为埃及约 250 万 hm^2 的农田提供灌溉用水,为埃及的持续干旱排忧解难,并分别于 1973 年和 1988 年拦蓄洪水,极大地缓解了严重洪涝造成的影响。水库还为埃及近 8000 万的人口提供生活和工业用水,为居民供电,并支撑当地的水产捕捞业。

在美国共有约 75000 多座高 2m 以上的坝, 另有 137 座大坝 (每座坝蓄水 1.2km³ 以上),这些坝使每条河流都发生了各种变化(Graf,2006)。按平均计算,每一座坝减小年洪峰流量达 67%(有些坝达 90%以上),减小年最大流量与平均日流量的比率(一种流量变化的测算方式)达 60%，减小日流量变幅达 64%，增大循环流量比率为 34%。在国家层面上，水位日上升速率比未调节的河流小 60%，大致能反映天然洪水陡增的衰减作用。同一座大坝也能改变年最大和最小流量的季节性发生时段，甚至可调节发生时段达 6 个月之久(Graf,2006)。

大坝对河流流态影响也因地而异，反映出流域年均产水量的蓄水能力，因此针对不同的河流水文状况，对水库蓄水和控制程度就不同。当蓄水量与产水量之比大于 1 时，大坝可蓄 1 年以上的来流，和蓄水量与产水量之比小于 1 时相比，其对下游流量的影响要大得多，而对年入库流量控制也小得多。对于后者，即使大坝对下游水文状况影响不大，但仍然会拦截泥沙，对下游地貌、河床特性和河滩水生栖息地也会造成影响(Graf,2006)。

美国绿河上的 Flaming Gorge 大坝是美国西部最大的大坝之一，而绿河是犹他州科罗拉多河的一条主要支流。科罗拉多河蓄水工程借助于蓄水水库，为科罗拉多河流域上游进行配水和发电。弗莱明水库是一个可供钓鱼和轻潜水(自携水下呼吸器的潜水)的极佳休闲娱乐地，从大坝可沿绿河的急流漂流而下。在 1963 年弗莱明峡谷大坝建成以前 (Lytle 和 Poff,2004)，河流曾多次发生春汛(来自雪融水)和秋冬(10 月至次年 3 月)干旱。大坝建成后，由于削减了洪峰，旱涝频率大为降低，发挥了防灾减灾作用(Lytle 和 Poff,2004)。罗拉多河成为了发挥大坝作用、改变河流流态的具有良好生态效果的范例。

建坝的主要目的是防洪，设计标准为区域性的最大可能洪水(Cech,2010)。防洪限制水位通常尽可能地低，以保证有足够的库容容纳最大洪水，也就是尽可能地减少暴风雨或融雪时期地面径流带来的入库流量。水库泄水主要根据预先的调度计划，结合水库的其他目标来实施。

灌溉水库通常都尽可能地蓄满，以满足下游农作物灌溉用水需求。因为灌溉需要而进行的大量蓄放水，通常会打乱河流天然流态所固有的季节性模式，即在极端情况下，汛期几乎所有的大洪水和可能的洪水都被拦蓄，而在降水少农田又需水的旱季则大量向下游泄水。在 20 世纪上半叶，生活在澳大利亚墨累河流域的移民们，由于其用水需求越来越大，便于 1934 年修建了 Hume 坝、1939 年修建了 Yarrawonga 坝、1978 年修建了 Dartmouth 坝。这些堰坝冬春季蓄水，夏秋季放水(Maheshwari 等,1995)，有效地反转了天然河流的季节性水量分布(见图 20)，同时也抬高了河水水位，在许多情况下，会形成相当稳定的高水位。在许多农业区域，人为地将旱季水量增大的现象称为"抗旱"(McMahon 和 Finlayson,2003)。对于河流而言，旱季可以获得更多的水，这好像是作出了有益的贡献，但实则对水生生物和河岸物种及生态系统功能一般都产生了各种不利的影响(Pof 等 1997；Bond 等,2010)。

水力发电的大坝对天然河流流态会造成不同程度的改变。Renofalt 等(2010)将电站运行的主要问题梳理如下。

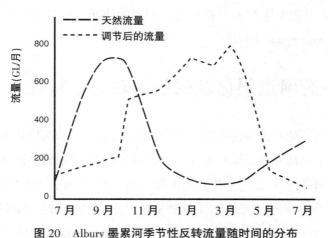

图 20　Albury 墨累河季节性反转流量随时间的分布

(根据墨累河—达令河流域管理理事会资料绘制,1995)

　　建水电站大坝和水库的目的是形成水头, 按与发电需求相匹配的调度方式让水通过水轮机。蓄水库通过季调节和年调节,能帮助实现水库流量利用率和用电需求之间的最佳匹配,对于径流式水电站,来水蓄水量则可满足昼夜电力需求的变化。如图 21b 与 d 所示,在许多河流中,水库和水电站都建在陡峭的源头河段,而在下游区段没有建大坝,这就使得下游区很长的河段完全受上游大坝的影响。图 21a 与 c 所示河流从源头到河口有一连续的坡降,可能在整条河上建有梯级水电,沿河的急流险滩都被淹没,因此,大部分河长范围内均为流动平缓且为人工调节水面变化的湖泊型水库。

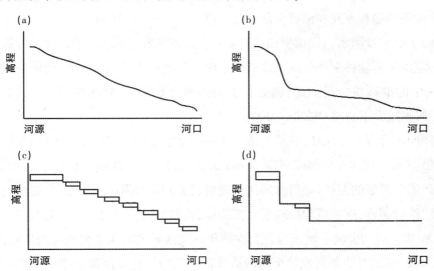

图 21　两种类型的河流纵剖面(a 与 b)及其水电开发示意图(c 与 d)

(引自 Renöfalt 等,2010 中的图 1,经 John Wiley 和 Sons 许可)

水电站大坝对其下游河流生物群和生态系统过程会产生独特的一系列影响，其影响程度如何，主要由可能形成与天然速率完全不同的快速日流量变幅运行方式决定（Poff 等，1997；Bunn 和 Arthington，2002）。

7.3　大坝下游河道渠化及泥沙的动力学特性

修建大坝后，河道的水流条件将发生改变，涉及河道形状和河床特性的地貌也会随之有相应的调整，通常包括河道减缩和退化、平面形状改变及伴随着稳固河床活动而发育成的内河沙洲、岸滩和岛屿等。这些衍生而来的变化形式繁多，取决于大坝坝址、规模、用途、地貌环境、河流特性，大坝泄水策略和流量调节方式、河流泥沙特征及其利用率、后期蓄水时的泥沙输移及特定的水流动力等（Gregory，2006）。大坝的这些影响可能会因河道对流域和河道内的其他地貌环境的响应而变得复杂，如森林砍伐、河岸植被清理、河床中原木清除、放牧、城镇化、渠化、筑堤、排水沟渠布设、清淤排沙填沙、设置桥洞和桥涵、机动游船娱乐、外来水生植物的侵入及捕捞等（Gregory，2006）。

大坝具有拦沙作用，而且拦住的都是输向下游的细沙，最终，这些泥沙逐渐淤填水库。早在 20 世纪 20 年代，坝前水库淤沙就是一个公认的问题，直至 20 世纪 60 年代，人们才开始正视这一问题，在水库设计时设置死库容来存放泥沙，延长了水库的预期寿命（Petts 和 Gurnell，2005）。例如，胡佛坝形成的米德水库，下面有 78m 深的库容划为死库容，用来存放泥沙（Cech，2010）。在许多情况下，推移质的减少量超过了 70%；例如在尼罗河，因建有大坝，水库泥沙输移率在坝前就全部终止了（Vorosmarty 等，2003）。

水库向下游输沙泄水，视坝型和用途而异：防洪和发电水库要泄放大部分水库中的水，腾出一定的库容输移泥沙。在大多数用于灌溉和城市供水的水库中，河水一般会大幅度减小，库中的推移质也是如此，例如在美国的科罗拉多河，河水减少了 100%，在 Rio grande 河，河水减少了 96%（Walling，2006）。

水库中的水含有大量泥沙，会给下游河段和栖息地结构带来许多严重的后果，且这种影响可能沿河流一直到三角洲或河口（Vorosmarty 等，2003；Walling，2006）。清水下泄，也可能带走河道中更细的泥沙（即清水刷深），造成河道冲刷和河床下切（河床退化）；相对输入河流的泥沙量而言，这一过程反映了水流能量、剪切力或流动力（沉积物输送能力）的影响（Simon 和 Rinaldi，2006）。河流退化会在数年时间内导致河床系统性能的降低，且可能对较长的河段，甚至对此条河或整个河网造成影响，这是"打破河流系统平衡的一种典型特征"（Simon 和 Rinaldi，2006）。

由于大坝下游河槽受到冲刷和下切，相应的支流也难逃厄运，这时支流可能因被冲刷而被迫前移,促使大坝下游的细泥沙荷载增大。例如密苏里河干流上的大坝下游,因河道冲刷,导致 Garrison 坝下游数英里的河床平均高程降低 10 多英尺,而且密苏里河众多的支流都发生了冲刷下切。下切的原因主要归结于主河槽为满足河床高程降低的要求而增大支流的坡降。

大坝下游河道退化,同时也将河流与滩区脱离了联系,因为支流下切后,河水就无法达到漫过河岸的高程,冲入滩区。这样,滩区也就失去了周期性地注入地下水的水源,而且河床高程降低,河流水位下降,减少了对冲积含水层的补水量。为了维持含水层的水量,只得从牛轭湖和湿地中补给。从地下水位来讲,某些物种非常喜爱地下水位高的地方,另一些物种则喜爱低水位的地方,而大坝泄向下游的水位变得更稳定,改变了滩区地下水深范围的天然变幅,使本来能促使滩区植物多样性的特征发生了改变(Nilsson 和 Svedmark,2002)。还有一大影响是,由于河槽冲刷引起河流退化,减少了河道的迁移和迂回曲折地摆动。当河流不再能迁回到其原有范围时,就制约了曲流下移、牛轭湖及其他河槽旁和非河槽中栖息地的发展,这对维持河流的生物多样性造成了影响。例如,在密苏里河 Fort Peck 坝的下游,由于河流水少,造成河床粗化,其年均摆动速率已从每年 25 英尺减小到 6 英尺(Shields 等,2000),而密苏里河支流上的摆动速率也随之减小,造成棉白杨的再生速率下降(Johnson,1992)。

不论在大坝下游和受侵蚀支流下切的泥沙是淤积或冲刷,这都取决于输向河道的泥沙颗粒的粒径和挟沙流的峰值流量(即河流的搬运能力),河道底层泥沙颗粒粒径和流水冲蚀力是影响生物多样性及河流藻类、无脊椎动物、鱼类组成的主要因素。退化河床的粗化,改变了水生栖息地结构,反过来又可能对利用这种河床和孔隙空间作为觅食和产卵场的栖息地的许多水生物种带来影响(Benke 和 Cushin,2005)。河槽冲刷过度,还会减小物种的丰富度,导致少量的物种占优势(Allan 和 Castillo,2007)。

拦蓄洪水和拦截大洪水流量,使得大坝下游河段没有足够的冲刷流量冲走淤沙并恢复河流栖息地。如果淤积的泥沙填满孔隙空间,就可能减少无脊椎动物对地表水—地下水交错带栖息地的利用,减少底栖鱼的产卵区面积(Nelson 等,2009)。在没有足够的冲沙流量的情况下,对那些处于对淤积泥沙敏感(如许多无脊椎动物物种的卵、鱼卵和幼鱼)的生命阶段的物种其死亡率可能会很高 (Poff,1997)。水生植物多样性和植物分布及其丰富度,都可能受到其首选生境中泥沙淤积量增大的影响。潜流带生境结构和栖居的动物也可能由于泥沙淤积而受到影响,潜流层下渗流量的减少使水质、水温和生态功能也都受到影响(Boulton 和 Hancock,2006)。

泥沙沿河道的输移和重新分布,表明冲淤两过程之间是相互作用的,这两过程都可能对岸栖植物造成影响,或是干扰已成形的植物,或是促成植物在萌生期和成熟期小范围的移植(Nilsson 和 Svedmark,2002)。泥沙冲积层可能会在植物叶片和根茎上沉积薄薄的一层,从而减少植物光化合成作用并影响植物生长,而且泥沙还可能大量地沉积,部分或完全地掩埋植物,使植物长期受压而死亡。植物偶然性地生根,繁殖生长,很可能会从淤积的泥土中恢复出现,而局部被水源性泥沙所埋的植物,则会干扰岸区植物的正常发育、定植生长及其存活过程(Nilsson 和 Svedmark,2002)。

7.4　大坝下游水温的变化

河流热状况的特异性与专性的淡水生物,在其整个生活周期中具有生态相关性,而河流热状况的整体性正如天然流态的整体性一样重要(Olden 和 Naiman,2010)。有了大坝,河流调节的热效应就会因坝的地理位置、大坝管理与运行模式、泄水途径和深度以及气候和地理环境而发生改变(Johnson 等,2004)。河流热状况的变化可能会延伸到坝下游较近或者极长的距离,这取决于与大气的热交换、支流在水文方面的补给和地下水补给,以及大坝水库下泄流量的特征(Palmer 和 O'Keeff,1989)。在许多情况下,大坝下游的河流热状况变化较大,尤其是分层型水库温跃层(也即下层低淡水层)以下泄冷水时更是如此,这时往往会发生缺氧情形,且受纳河流比正常情况下更凉。冷水的河流热状况是通过从单一深处下层滞水层出口阀门或出流口(往往与水力发电有关)泄水,或从不同水库深度有选择性地抽水而形成(Olden 和 Naiman,2010)

河流正常的热状况下降往往被称为"热"或"冷水污染",因为在春夏两季,水温一般地要比自然河道中的水低得多。然而在冬季月份,大坝运行一般则有相反的效应,即从上游或水库库面温水层(温跃层以上)向下游泄水,提高相对天然河流状况的水温。

例如,Lessard 和 Hayes(2003)发现,夏季大坝下游的河水温度平均上升 2.7℃,冷水变幅在 1.0~5.5℃。如想进一步了解全世界大坝下游热状况转化的各种实例,可参见 Olden 和 Naiman(2010)。

由于水生昆虫和鱼类接收的是昼长和日长总和同时出现的综合信息,水库向下游泄放较冷的水,就会对无脊椎动物的生活史过程、鱼类的产卵习性及其成功率造成影响。研究表明,河流热模式的改变和昼长信息的变化不仅会扰乱昆虫的出现模式,还会减少群体性的活动。与水电站大坝相关的水库泄放冷水,对某些鱼种来说,产卵期可能会滞后达 30天(Zhong 和 Power,1996)。表 23 列出了水库泄放冷水对鱼类造成影响的两个实例,图 22为澳大利亚新南威尔士河对鱼类养殖的影响。

Olden 和 Naiman(2010)得出了下列结论:大坝下游热状况变化特性及其影响评估对众多的难以评估水文变化的同类问题是一项挑战。还有人做过一项研究,尝试性地探索水流及其热状况变化对大坝下游鱼群潜在的个性影响及其相互作用 (Haxton 和 Findlay,2008;Murchie 等,2008)。

表 23   水库泄放冷水对鱼类影响的实例

水温变化带	影响
奥勒芬兹河	在南非的 Olifants 河,从 Clanwilliam 水库泄放的水温温差,对克兰威廉黄花鱼的成功产卵至关重要。水库的试验性放水表明,湖面温水层新鲜温水(19~21℃)能激发鱼类的产卵习性,促使其向产卵场洄游,而在水库试验性地暴涨后立即泄放下层基流带 (16~18℃)的冷水,则鱼类的产卵活动当即夭折。本研究表明,水温在鱼类产卵后必须持续维持一段时间的温水水平,以支持黄花鱼胚胎和幼体的发育及生长,也就是说,水库下层滞水带向下游泄水,可能会引起大坝下游相当长河段内的易危物种无法适应而消失(King 等,1998)
墨累—达令河流域	在澳大利亚东南部的墨累—达令流域,夏季如果河流水温降低,其效应会延伸到诸如 Murrumbidgee 河,Marquarie 河,Mitta Mitta 河,Namoi 河和 Murray 河等众多江河大坝下游数百公里的范围。在 Keepit 坝下游的纳莫伊河,由于最高水温降低,持续时间延长,造成了淡水石首鱼产卵成功率下降 25%~70%,金鲈相对于建坝前的年份下降了 44%~87%。在类似的研究中也作过预测,即从米娄米塔河上的 Dartmouth 水库向坝下游泄放冷水,则使最小平均雌性种群规模减少约 76%,对墨累河中鳕的产卵后期存活率构成很大的威胁(Preece 和 Jones,2002;Todd 等,2005)

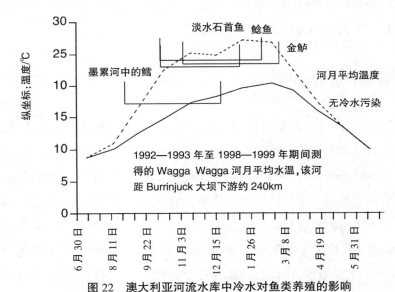

图 22   澳大利亚河流水库中冷水对鱼类养殖的影响

(据新南威尔士初级产业、渔业水产养殖部提供的图重新绘制,2012)

7.5   水库下层缺氧状态和大坝下游的过饱和气体

在大坝下游相当长的河段内水温降低,不仅会破坏河流的自然热状况,还可能影响泄放到下游水的化学成分和水动力特性。大型分层型水库(水体的垂直方向上出现温度分布不均的现象)可能会生成下层缺氧状态的滞水层。缺氧层并不是人们所希望的,因为下层滞水区形成缺氧环境,会制约生物栖息地的利用,还可能导致整个水库和坝下游的水质恶化。大量鱼群的死亡,其主要原因就是水库下层缺氧水泄放到下游。

鱼类死亡也可能是由于过饱和气体(特别是过饱和氮)加上大坝下游致命的鱼类气泡病所造成。水电站设施在泄放或涌出大量含气体水流时,水中常出现过饱和的溶解性气体。人们可以看到,水电站消力池的压力是随水深而增大的,这种压力将大气气体压入水体中,便形成过饱和溶解性气体。水体中的过饱和气体因地而异,在较深的水塘或非紊流河段,有效气体耗散量比浅水处要少,湍急的河段则易于自然耗散气体(Weitkamp 和 Katz,1980)。为此,人们一直在努力解决水电站大坝下游的这些问题。美国环保署于 1977 年制定了一项饱和度为 110%的溶解性气体的水质标准。为达到该标准,人们设计出了各种设施来改变水流的动力特性,降低过饱和气体的水平(Orlins 和 Gulliver,2000;Muir 等,2001)。

尽管诸多坝中都存在这个老问题,但新建的坝也仍持续有这样的问题。随着中国"西电东送"工程的实施,中国已建成和正在建设许多水电站高坝,如紫坪铺坝、溪洛渡坝、向家坝电站、锦屏电站等,而且还有许多规划建设的高坝(坝高>200m,如双江口大坝和白鹤滩大坝)(Ran 等,2009)。中国的开发者们一直致力于新老问题的研究,包括改善气体过饱和的问题,以保护中国西部河流中的大量土著鱼类。

7.6　大坝下游养分的转化

河流沿岸的人类活动常常都是在控制天然氮的流入和转化问题。在水库明显调节了河流流量、减少了洪水事件频率、改变了洪水发生周期的同时,也对洪泛区的天然特性和土壤肥力造成了影响(Pinay 等,2002)。水库拦沙,局部缺沙,抑制了下游河道迂回曲折地摆动和侧向迁移,甚至冲刷下游岸坡达数百公里。结果,河漫滩便从泥沙和营养物汇集带变成了源头,减少了维持营养物及其土壤总肥力的河流生态系统容量(Pinay 等,2002)。大坝的拦沙效应可延伸到下游很远的河段,例如,由于阿斯旺高坝拦住了大量泥沙,致使尼罗河漫滩的淤泥沉积大量减少,由此造成漫滩的土壤肥力丧失,每年需人为增加约 13000t 的硝酸盐肥料(Nixon,2003)。水文情势通过不同的洪水频率、持续时间、发生时间,或通过洪水流量和洪水规模而发生变化,通过有氧和缺氧时段的控制,直接影响到冲积土壤中氮循环。有氧和缺氧情况的交替可通过脱氮作用促使有机物分解和氮的流失(Groffman 和 Tiedje,1988)。洪水通过淤积物及淤积土壤良好的反硝化作用间接影响河滩土壤中养分循环。因此,河漫滩通过分选汛期流动的泥沙和使沉积氮进行再循环,进而调节氮通量(Pinay 等,2002)。总之,河漫滩上自然水位的变化对土壤肥力是一个关键因素,而自然汛情的变化往往也会使河漫滩上的生产力降低。

第8章
大坝对栖息地和水生生物多样性的影响

8.1 坝下栖息地变化

流水创造并维持了多样的栖息地环境,并反映出河道形态和河流水力条件的变化。这种变化可通过栖息地元素进行描述,包括倒塌的树木、植物细颗粒碎屑、悬于水面上或水中的植被、裸露的岩石、河岸以及植物根系系统等(Pusey 等,1993)。这些元素以及水流流态和水深分布共同创造出河流纵向和横向的水生生态栖息地的分区。栖息地多样性(及与之耦合的化学条件)对于维持多样的生态功能是至关重要的:(提供)休憩、庇护、觅食、筑巢、产卵、幼苗扎根、植株发芽、鱼类和无脊椎动物的局部迁移(的场所),以及形成长距离迁徙鱼类的洄游通道(Matthews,1998;Nilsson 和 Svedmark,2002;Chessman,2009)。

由于筑坝和径流调节引起的栖息地改变和丧失有多种形式 (Bunn 和 Arthington,2002)。部分栖息地丧失我们已经在第 5 章讨论过了,例如,由清水侵蚀、河道下切、支流侵蚀、库区移民引起的栖息地改变和丧失。沿河任意一点,河道形貌和栖息地结构始终在自我调整以适应上游的来水来沙,这种调整通过一些局部条件来描述 (Petts 和 Calow,1996)。水流与泥沙的动态变化将对河底有机物产生毁灭性的影响,从藻类和(水生)植物一直(影响)到无脊椎动物、鱼类和滨岸/洪泛平原的植被。

8.2 稳定流的影响

大坝径流调节通常会通过某些方式来影响河流栖息地的斑块性和多样性,这些方式与河段在河流连续体上的位置以及流态的转换方式有关。随着大坝下游(水位)升高,流速逐渐降低并趋于稳定,已经冲刷的泥沙淤积,少部分适应力强的植物种类幸存并四处传播,它们发达的根茎拦截了更多的泥沙,进一步稳定了着床泥沙并增加其抗冲刷能力(Allan 和 Castillo,2007;Mackay 等,2003)。当自然(或调节后的)水流流速降低和泥沙淤积发生时,水生植物将首先进入高流速区域并最终阻塞整个河床;陆生植物也会进入河道。Suren 和 Riis(2010)提出,在这些栖息地中,水生无脊椎动物将减少,而这个系统将逐渐转成一个典型的低流速池塘型环境。在植被茂盛的低地河流中，水中溶解氧的日波动幅度大，(从40%到130%饱和溶解氧)这也将对无脊椎动物产生胁迫。

在Scandinavian河(Rorslett等，1989)以及美国、英国、法国、南非、印度、加拿大、澳大利亚的河流中，径流调节是使大型植物丰度上升的重要原因。夏季洪水的减少和冬季径流的增加(如全年相对稳定的径流)造成了沉水水生植物的过度生长，如由于水电站的径流控制导致挪威河流中灯芯草(*Juncus bulbosus*)暴发。在原始状态下，奥特拉河的河流流态特征为冬季小径流和春/夏季洪水，这样的径流条件将植物暴露在由冻霜、冰冲刷和春季洪水冲刷带来的极端胁迫中(Rorslett等，1989)。径流调节可以改善这样的条件，更加适宜的环境让植物得以在大坝下游河段累积巨大的生物量。在特定水位上的长期稳定流将导致强竞争性植物物种的占优与弱竞争性物种的消失(Rorslett等，1989)，以及生产能力的下降和污染物降解能力的降低(Ellis等，1999)。

在流态稳定的河流中，当水流流态与引进物种原栖息地流态环境相类似时，外来物种的入侵是极其普遍的。这也迫使弱竞争性本地物种适应更加多变的水生栖息地和斑块水生资源。外来陆生植物也能产生间接影响，如在澳大利亚和北美地区，柽柳(*Tamarix* spp.)能改变滨岸土壤中的水流流态进而影响河道径流(Tickner等，2001)。外来植物的出现也会对栖息在河边植被中的本地脊椎动物产生巨大影响。例如，Mazzotti等(1981)观测到在被澳大利亚沼泽千层木(*Melaleuca quinquenervia*)和木麻黄(*Casuarina equisetifolia*)占据的南弗罗里达州，三种本地哺乳动物物种的数量减少。外来橡胶藤(*Cryptostegia grandijiora*)，是一种分布于北澳大利亚且生命力旺盛的河谷入侵物种，由于橡胶藤中栖息的节肢动物种类与本地食虫类蜥蜴有竞争关系，而使本地食虫类蜥蜴受到威胁(Valentine，2006)。而且，橡胶藤叶片与本地的狭长型叶片形状不同，无法提供具有潜在保护效应的合适遮蔽场所。

长期特定水位下水流对于鱼类有破坏性影响。在被调节的新墨西哥州佩科斯河中，因为人为灌溉导致夏季长期出现大流量，这将一种濒危的鲤科鱼类(*Notropis sinius pecosensis*)的漂浮卵带到不适合的栖息地中并导致其无法孵化(Poff等，1997)。

驼背白鲑(*Gila cypha*)曾分布于干旱的美国西南部的整个科罗拉多河系统中。峰值流量被认为对于维持白鲑的栖息地(通过泥沙输移)十分重要，也被认为可能是刺激白鲑产卵的环境因子；但是一年中7~10个月通过大峡谷产生的基流也非常重要。格伦峡谷大坝通过改变流量、水温、泥沙输移和植被动态变化直接影响了科罗拉多河。增大的基流在径流调节下占据了更大的时间比例。这些变化降低了栖息地质量，以至于在由柽柳(*Tamarix chinensis*)提供的边岸栖息地里半成年驼背白鲑的数量多于在自然栖息地里的数量(Conver等，1998)。而且大坝改变了(栖息地的)热力条件以至于土著鱼类的生长、繁殖和生存受到了显著的影响(Bulkley 等,1981)。

根据《濒危物种法案》,在美国西南部河流,事实上所有的土著鱼类种群都被列为受到威胁的物种。而这在很大程度上是由于取水、流量改变和外来物种增加造成的。最后的土著河流鱼类聚集地是那些动态的、自由流动的河流,在这些河流中外来鱼类数量因为周期性的自然洪水冲刷而减少(Minckley 和 Meffe,1987;参见第 4 章)。

入侵鱼类的长期成功更有可能是在一个被人类活动持续改变的水生系统中而不是在一个被轻微扰动的系统中(Moyle 和 Light,1996a),最成功的入侵者是那些适应了径流调节规律的物种(Moyle 和 Light,1996b)。许多澳大利亚河流的径流调节被认为是适于外来鱼类的,如鲤鱼(*Cyprinus carpio*)和东部食蚊鱼(*Gambusia holbrooki*)。这些种类似乎可以得益于季节性的稳定低流量,并可能取代那些适应了多变水流和异质栖息地条件的土著鱼类。相比于受干扰较少的内陆河,在被调节的墨累达令河系统中,其鱼类多样性更低,这在很大程度上是由于调节河段中鲤鱼的大量增长造成的(Gehrke 等,1995)。

8.3　水电站的影响

水电站会引起极端的水位日变化而不是稳定下游流量。在淡水系统中并没有类似的自然情况,因此这种日变化代表了一种存在频繁且不可预测的流量扰动下的极端严酷环境(Poff 等,1997)。在适应了长期性淹没的河流栖息地的底栖水生物种被频繁暴露在大气中时,将会遭受极大的生理胁迫,并具有较高的致死性,这种情况在浅水栖息地中尤为常见(Weiberg 等,1990)。部分水电站的日水位变化幅度较大,其下游调节河段的突出特点是:底栖动物类群的物种缺乏,即只有少量的敏感性物种,生物个体较小,且尚未发育完全(De Jalon 等,1994)。在一些情况下,径流调节将对一些更具适应性物种的繁殖有利,如直突摇蚊亚科的物种(Munn 和 Brusven,1991)。在南非,对小瓦尔河无规律的冬季水流进行调节,使得大量的蚋蛹(Simuliidae)幼虫从冬季幸存下来,它们在春季出现成虫的暴发性增长并带来周期性疫病(De Moor,1986)。研究表明,通过更精细的水位调节,可在一定程度上对这种带来区域性健康风险的有害物种起到控制作用。

与电厂发电同步的间歇性水库流量(变化)将造成鱼类在砾石滩上搁浅或在快速的水位消退期间被困于远离河道的栖息地中。对于滨岸搁浅的敏感性是一种行为性的响应机制,其响应于变化的水流,同时也随着物种、体型、水温、时长、底质特性以及流量下降速率等因素变化(Nagrodski 等,2012)。当具有养育或者庇护功能的河岸浅滩或洄水区(有小型鱼类或者大型鱼类的幼鱼栖息)受到频繁水流波动的影响时,鱼类的数量和物种多样性将下降。在这些存在人为波动的环境中,特殊的溪流及河流物种将被常见的能够适应频繁且大幅度流量变化的物种所替代。尽管少量物种的繁殖率会显著提高，但往往以牺牲其他土著鱼类和系统物种多样性为代价(Ward 和 Stanford，1979)。

8.4　变化流量与生活史影响

生活史策略是种群响应环境波动和变化（如由大坝或其他径流调节原因造成的水文过程变化)的潜在决定因素。流量事件的时间序列和可预测性在生态学上至关重要，因为许多水生及滨岸生物的生活周期都是按照避免或者利用不同幅度流量的原则而进化出来的(Lytle 和 Poff，2004)。部分水生植物种类在人为改造过的环境中无法繁殖，而水位的波动速率、扰动频率(洪水或暴雨)和强度(流速和剪切力)变化能够影响到幼苗的存活率以及植株的生长速率(Sand-Jensen 和 Madsen，1992；Blanch 等，1999)。相反的，在整个南澳地区很多人工改造后的水生栖息地中，芦苇(Typha spp.)数量急剧增长；它们在改变的水流流态下成功存活和生长是多种生活史特性的共同结果。这些特性包括强扩散能力(生产出的大量小型种子经由风进行长距离扩散)，在淹没条件下发芽的能力，较高的幼苗密度，以及种子落地后的快速生长能力(Finlayson 等，1983)。

通过季节性开花、种子扩散、发芽和幼苗生长等形式(总体被称为"物候期")，许多滨岸植被的生命周期与自然水流的季节时序相适应。物候期与随时间变化的来自洪水或者干旱的环境胁迫相互作用，这有助于保持美国南部洪泛平原森林的高物种多样性(Molles 等，1995)。杨树(Populus spp.)在冬末春初洪水之后开始生长，在这段短暂且宝贵的时间里土壤湿润、冲积底质上没有其他物种竞争。洪水退去的速率对于幼苗的发芽至关重要，因为发芽的根部向下生长时必须与水位线保持接触(Rood 和 Mahoney，1990)。当水被蓄滞用于灌溉，峰值流量常常会从春季推移至夏季。这样的推迟阻碍了亚利桑那州主要植被物种——棉白杨(Populus fremontii)的生长，由于峰值水流发生时间滞后于其发芽时期(Fenner 等，1985)。

在墨累达令河流域，洪水的范围、频率、时序和持续时间的变化已经对河边赤桉树(Eucalyptus camaldulensis)的生长和健康产生了极为不利的影响(Di Stefano，2001)。冬季春季蓄水、夏秋季节泄流(Maheshwari 等，1995)，强烈倒置了河道水流的天然季节分配(见图20，第7章)。通常情况下，冬季和春季洪水在气温升高，气候干燥前为赤桉树提供水分，这有助于幼苗的幸存和生长；而延长夏季洪水则抑制了幼苗的生长，对其造成了相反的影响(Di Stefano，2001)。干旱和径流调节在一定情况下也会对成年树木产生严重的胁迫。最根本的原因是地下水流速加快以及盐分在植物根部区域富集造成的洪积平原土壤盐碱化(Overton 等，2006)。径流调节降低了洪水的频率和持续时间，而这些洪水却能够过滤根部区域的盐分并为植物的蒸腾作用提供所需的淡水。有大量的迹象表明，整个澳大利亚墨累达令河流系统中赤桉树的生长状况不断恶化，规模不断减小。

天然的水文变化和可预测性能从地形上对鱼类生活史的诱因进行筛选 (Olden 等，2006)。与河道水流情况相联系的关键性生活史事件包括了诸多物候因素：繁殖、孵化行为、幼苗存活以及与种群繁衍有利的生长模式(Junk 等，1990；Winerniller 和 Rose，1992)。这些生活事件中，很多都与气温和日昼长度相同步，例如，与自然季节循环不相适宜的径流变化对于水生生态系统有负面影响。大坝运行改变了水流的流量和温度特性，将会对局部和区域性的鱼类种群造成长久的影响(Olden 和 Naiman，2010)。

对于自然水流时序或是可预测性的调整能够直接或间接影响水生生物。例如，一些挪威的土著鱼类将季节性的水流峰值作为孵卵信号，而径流调节消除了这些水流峰值，直接减少了这些物种的局部数量(Nsesje 等，1995)。进一步地，整个食物网而不仅仅是单个物种，将被转换后的河流重新调整。在加利福利亚北部的改造河道中，冲蚀性水流从冬季转换到夏季，增加了能够抵抗捕食者的无脊椎动物的相对丰度，从而将本该流向虹鳟(*Oncorhynchus mukiss*)的能量分散到他处，间接地减少了虹鳟幼鱼的生长速率(Wootton 等，1996)。在非改造河流中，冬季大流量减少了这些能够抵御捕食者的昆虫的数量，而更加适于鱼类饵料型物种的生存(Bunn 和 Arthington，2002)。

许多水生物种以水流或者大洪水时序为信号，并会响应于此(Lowe-McConell，1985；Welcomme 等，2006)。例如，水流增加的时间对于某些鱼类而言是一种产卵信号，如 Yampa 河中的科罗拉多褶唇鱼(Nesler 等，1988)和南非西开普省的Clanwilliam黄鱼(King 等，1998)。对于 Clanwilliam 黄鱼来说，在控制实验期间，大坝处上游停止泄流将抑制其下游的产卵行为(King 等，1998)。

对于生活在具有可预测的年内洪水的大型洪泛平原河流中鱼类来说，洪水，而非增加的水流，可能是一种产卵的启动信号(Junk 等，1989；Welcomme 等，2006)。一些关于洪泛平原淹没频繁和受限对于溪流鱼类影响的研究表明，有些种类能够适应并利用洪泛平原栖息地，当洪泛平原利用受限或者洪水缺乏时，这些物种丰度降低 (Welcomme 和 Hagborg，1977；Arthington 和 Balcombe，2011)。洪泛平原的淹没时间对于某些鱼类也是至关重要的，因为迁徙与繁殖行为必须与洪泛平原栖息地的出现相一致。

密西西比河大量的堤坝整治工程在部分地区已经减少了 90% 的洪泛平原面积，影响了河道—洪泛平原系统的正常生态功能。Rutherford 等(1995)发现，许多鱼类的生长速度与"生长季节"(水温大于 15℃)的持续时间成正比。Gutreuter 等(1999)总结道："按照 Junk 等(1989)的说法，密西西比河下游已经不再是具有生态功能的洪泛平原河流了。"

在冲积河谷里，漫滩流量的损失能够极大程度地重塑滨岸群落结构，这种重塑是由于植被干枯，降低生长，排除竞争，低效种子传播或幼苗无法生根导致的。当滨河群落结构与河流失去联系，它们便不再在自然条件下接受或者释放植物幼苗。因此，它们在此地形背景下变得更加孤立并导致多样性降低（Bravard 等，1997）。水流条件的持续改变也会产生显著的生物学效应。河岸带植物对河道脱水响应剧烈，这种情况常见于地表河流改道和地下抽水的干旱地区。这些生物学和生态学响应多种多样，从改变叶片形状到丧失滨河覆盖植被。

洪水的消除也将影响到依赖于陆生栖息地的动物物种。根据 Poff 等（1997）描述，在美国大平原上流量稳定的普拉特河中，河道在几十年时间中已经大幅变窄（高达 85%），这里的多种鸟类受到了影响："这种河道缩窄是由于沙洲植被化促成的，这为受威胁物种笛鸻（*Charadrius melodus*）和濒危物种燕鸥（*Sterna antillarum*）（Sidle 等，1992）提供了筑巢栖息地。这让普拉特河著名的物种沙丘鹤（*Grus canadensis*）已经在河道缩窄最明显的河段繁盛起来了（Krapu 等，1984）。

洪泛平原保障了高物种多样性，并提供了有价值的生态商品和服务，这些功能吸引了人类占据与利用洪泛平原区，而人类利用有价值的生态系统产物的过程，往往也是对生态系统造成伤害的过程（Tockner 等，2008，2010）。在年降雨匮乏（平均值小于 500mm）且年蒸发量较高的干旱/半干旱地区（总体来说是"干旱地区"），洪泛平原的面积占据了超过世界陆地总面积的 50%（Tooth，2000）。它们应该是受到威胁最为严重的河流系统，因为其典型水文特征是高度变化的流量条件（Walker 等，1995），然而人类希望能够控制流量，保证稳定的水量供应。

在自然情况下，大多数干旱地区河流在长时间干旱和间歇性的渠流或大洪水之间变换（Puckridge 等，1998）。相应地，洪泛平原的河流生态系统跟随水文规律变化，在高产时期（与洪水和栖息地扩张相关）和低产时期（随洪水消退，河道干涸和栖息地收缩而来）之间变化（Bunn 等，2006）。在昆士兰西部，洪水也增加了无脊椎动物、鱼类、蛙类、龟类和水鸟的数量，并保证了优质的牧场生产，从而增强了这个干旱流域畜牧产业的活力（Kingsford 等，2006；Ogden 等，2002）。

生产能力兴盛和衰败的交替现象易被人类活动所干扰，尤其是水资源的发展。例如，河流蓄滞、河流改道或是流域转变等改变了干旱地区洪泛平原河流的自然水文特征（Wishart，2006）。在干旱地区洪泛平原的改造河流中，已经观测到了显著的生态影响和鱼类资源丧失，例如，和萨克斯坦和乌兹别克斯坦之间的咸海，Mesopotamian 沼泽，加利福尼亚 Mono 湖，Maequarie 沼泽和澳大利亚墨累河下游沿河洪泛平原湿地区（Kingsford 等，2006）。

8.5 流域间连通性变化的影响

水生生物物种分布的历史规律、局部特异性和种群群落结构在很大程度上取决于流域边界和天然河流中的各种障碍,如跌水和盐水屏障(Hughes 等,2009)。因此,在缺乏人类干扰的情况下,低基因流和局部辐射将引起水系中的丰富的生物多样性和高度的特异性(Dudgon 等,2006)。水生物种和基因族系通过繁殖有意或者无意的运动(如种子,植物残片,卵,鱼类排泄物)或者自然的移动(如飞行昆虫)跨过流域边界传播到其他河网系统中。然而,水流流态变化和水利设施的修建也有助于本地和外来物种在河网间的传播。

许多国家都通过跨流域调水(IBTs)的方式为缺水地区提供优质水,用以支持家用、灌溉、工业用水以及采矿活动,也用作防洪发电(Ghasserni 和 White,2007)。而在泥沙活动、地下水位变化、病虫害传播、自然生物分布特性改变以及依赖于水生态系统输出和输入的原自然河流流态的重要生态过程的破坏等方面,自然流域间进行大规模调水的水利设施可能会导致严重的问题。

Ghasserni 和 White(2007)提供了一个全球目录并分析了每个大洲上数量众多的跨流域调水工程的利弊,并预示出现更多更大规模的国际跨流域调水工程的潜在可能性(如从加拿大调水到美国和墨西哥)。

在南非,橘河—瓦尔河工程,橘子鱼—周日河,以及图盖拉—瓦尔河跨流域调水方案为国际尺度上的河流水利工程提供了范例,在这样的尺度下,显著的人类利益可以被评估并且潜在的严重环境问题也被加以比较(Cambray 等,1986)。主要的问题如土壤侵蚀、水体浑浊、盐碱化、富营养化、藻华、城镇影响和工业污染是可预料的,甚至是显而易见的,而作为各种生物地理学以及实际的原因,特有动植物物种的跨流域转变在数十年前就已经开始了(Skelton,1986)。鲇鱼(*Clarias gariepinus*)从维沃尔德湖通过跨流域调水渠道入侵至大鱼河,并且已经在周日河系统中稳定栖息下来。已经有四种鱼类通过 IBTs 工程从橘河河网中引入大鱼河河网中。令人担忧的是,血吸虫的传播可能由于大坝下游水温的变化而增强,大坝下游的水温变化将影响到螺类宿主的动态分布和寄生虫的数量。即便没有血吸虫,跨流域间寄生虫的传播也足以令人堪忧。蓄水设施的建设引发了双翅目蚋科害虫的暴发(DeMoor,1986)。

跨流域调水可以发生在不同的分离流域间,也可以发生在相同流域内(流域内调水),例如上游水源地到下游河段。根据河流连续体理论(Vannote 等,1980;见第 4 章),河流源头、中段及下游段都发挥着生态学功能,因而跨流域和流域内调水可能会造成一些生态影响。Davies 等(1992)提出了一种以描述 15 种跨流域调水为基本模式的概念模型(见图23)。通过详细说明,基于调水的空间布置和调水模式(持续型、脉冲型、季节型等),这些基本形式可以衍生出 60 种潜在模式。如果跨流域调水以供水流域的大坝或者坝群为水源地,下游河流系统依据泄流规律、水温、泥沙含量以及河流基本特征,将出现可预期的退化。当之前分布在不同流域的物种汇合到一起时,"遗传学中不经意实验"(Davies 和Day,1998)的结果将会是最难预知的。在大多数情况下,可能的结果是生物多样性下降和未来进化潜能的丧失。

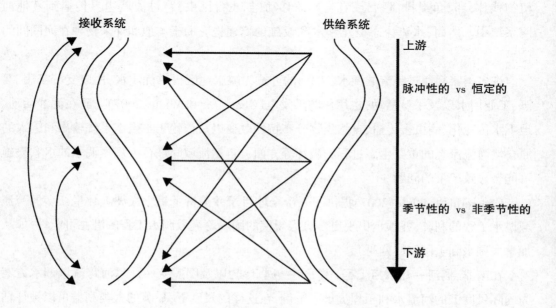

图 23　该图表示沿着连续河流,跨流域及流域内调水可能造成的影响

(重绘自 Davies 等,1992 中的图 1,已获得 John Wiley 和 Sons 的许可)

第9章

环境流方法介绍

9.1 环境流量评价方法背景

相对于社会经济背景和政治背景,环境流量评价(EFAs)可用于不同的管理背景,如多样性的空间尺度下,不同的生物—物理系统中等。这些背景环境与达到预期生态产出的最合适的方法具有很强的相关性。正如许多方法所提到的,没有单一的最佳方案用于决定环境流量。尽管如此,通过设置一些参数,选取适宜的方法是可以确定环境流量的。有超过200种可行的方法,而且新的方法正在不断产生以满足特定的案例需求和特殊的环境需要(Tharme,2003;Acreman 和 Dunbar,2004;Arthington 等,2010a)。

生态学家更倾向于使用"非调控"一词来描述接近自然流量方式的系统,而"调控"意味着在无视结果的前提下任何形式的水流改变行为。在受调控的系统中,天然流量和季节变化规律将会被大型的工程结构干预所改变——跨流域调水、大坝、较大的围堰、较大的明渠和暗渠,以及与水管理相关的水利设施。在这类受调控河流中,水流在流量、时间、频率、持续时间和水力形态上被人为改变。水会从库区分层的指定深度被抽出以减少水质问题(如下游河段的缺氧或者温度差异化)。在没有水管理设施的调控系统中,水流流态将通过土地利用方式改变、农业用坝、堤坝系统、小规模河流改道、渠道脉冲式水流和洪泛平原水流带来的小型峰值、湿地改造(下渗、排水、改道)和地下水抽取等方式,由其天然状态被改造成各种形态。减小这些流态转变的影响可以提高生态产出(如堤岸的移除或是建立地下水回灌体系)。所有这些策略本着对河流系统、地下水系统和洪泛平原湿地系统生态有利的目的,可以帮助部分河流流动特性回到原来的天然状态(Dyson 等,2003)。

不同的环境流量评价方法在尺度上相差很大,从相对简单的调控河流单个河段的河流修复项目到大型流域上包含调控支流和非调控支流的全流域水资源规划(Tharme,2003)。为了考虑更大的空间尺度,评价体系可以进一步扩展,例如,若干个大型流域,生物气候学(尺度)的区域,省级行政区属,或是国家(Poff 等,2000)。空间尺度越大,评价体系就会变得越加复杂。

在整个大流域的尺度上,现有水资源用于消费性使用的发展和执行水平在不同的亚流域之间不尽相同,人类的干预足迹也同样如此。对于提高现有系统管理的策略来说,或许存在着一些提高环境流量预留量的可能性,或者说在方案允许更少的环境流量预留量的流域中,管理目标可以是大幅开发水资源。现存的水利设施在提供环境流量问题上也施加了限制(例如,出水阀或闸门可能太小而无法释放大流量;或是没有多级排水系统),而这些限制经常降低了环境流量的生态效率。所有的水利设施限制都必须实际考虑为评估过程的一部分,而减少限制的方法应当成为实施阶段需要考虑的部分内容(见第 20 章)。

在制定 EFAs 时的另一些变量是河流流域的尺寸,其地质多样性,及其流量过程特征,流量过程可能从间歇性有水到全年有水,或者从季节性可预测到因时间尺度高度变异性而不可预测。在一个大型河流流域的亚流域中,河流流态可能大不相同,并且几乎横跨了更宽阔的生物地理学区域(见第 2 章和第 3 章)。了解一个流域内或者整个大型研究区域内的河流流态的不同之处,以及每种流态如何被现有的水利设施或土地利用方式所改变,或者如果规划出新的水资源发展方式,每种流态将如何改变?这些问题都是每个 EFA 过程的基本方面(Poff 等,1997;Arthington 等,2006;Richter 等,2006)。

在使用 EFA 时,生物物理学的知识体系是其方法措施的重要基础。许多不同的方法和技能可以被运用在水文学与水力学模型、河流地貌学、泥沙运动学、水化学、水生和陆生生态学、基因学和进化生物学等专业领域,也可以应用在需要复杂决策和流域综合管理的专业领域。在这些技术、工具和决策过程发展欠缺的地方,EFAs 针对研究领域引用了更为局限的知识基础,只需要文献中习得的基础知识、简单的工具、专家的意见和决断以及一系列的风险评估方法进行支持即可(King 和 Brown,2000;Poff 等,2010)。社会经济学背景和政治环境确定了知识生产、技能习得和为复杂评估的简单方法所承担和支付意愿的潜能和范围(Dyson 等,2003)。

大约 50 年前,环境流量评估起源于淡水系统,尽管考虑河流流量对下游潮汐系统(河口、海岸湿地、滨海泻湖和近岸水体)影响的评估是近年来开展的(Estevez,2002),但对于地下生态系统(与河流和洪泛平原相关)的关注正在提升(Tomlinson 和 Boulton,2010),这也只能说是相对较近的发展。正式的、被普遍接受的整合水文学和生物地化联系的研究(河流的表面水与地下水部分、湿地和河口)体现了未来环境流量研究的挑战性(见第 16 章)。

由于环境流量的关注点仅仅是流量相关的问题和管理方略,而忽略了其他因素对于河流和地下水生态系统条件的影响,这一点饱受相关科学家和广大群众的批评(Baron 等,2002)。与廊道工程相关的对流域的干扰和威胁并没有被纳入到大多数的 EFAs 之中。对流量的关注将忽略掉原始河流的水质问题(Nilsson 和 Renofalt,2008),流域活动和土地利用引起的边岸退化侵蚀的影响(Pinay 等,2002),或者是与外来物种相关的生态影响(鱼类、无脊椎动物和水生、陆生植被)。通常,这些问题不会被重视,原因是每个区域的管理责任是与不同的管理机构挂钩的,而这些机构通常不愿意、不能或不允许参与到 EFA 中来。Hirji 和 Davis(2009)呼吁新的方法和框架能够出台以解决全流域尺度上衍生出的种种问题。

每个环境流量的研究有一个完整的时间框架,而通常允许的时间相对较短,而新的发展计划又有相对较长的酝酿期。对于应该在每个评估上耗费多少时间,并没有一个强硬而快速的要求;但是,通常情况下可使用的方法控制着它们的时间。简单的水文学方法包含的不仅仅是从参考数据中找出一个指标值,而且其将在单个河流或者多条河修复研究中的水文学分析、野外数据采集和水文生态关系复杂建模过程中耗费若干年的时间(Shafroth 等,2010)。对于理解和量化河流生态系统功能并模拟其如何响应于水文变化,所付出的努力越大,最终的环境流量供应就会越具有抵抗性,它们就越可能产生预期的生态和其他效益。Brown 和 Watson(2007)指出,在大的开发过程中,EFA 的代价低于工程和其他水资源调查代价的 0.5%。

9.2　环境流量评估的起源

Tharme(2003)综述了全球范围内环境流研究方法的发展,观察到美国是最早参与此研究的国家,首次在 20 世纪 40 年代提出了特定的研究方法。在 20 世纪 70 年代,与大坝建设峰值期相吻合,由于新的环境立法的出现和水利规划要求,定量记录环境流量的需求应运而生,环境流快速评估也得以实现(WCD,2000)。20 世纪 80 年代,EFAs 的概念和实际行动在许多国家得到了社会的广泛关注并拥有了一批参与者(如在澳大利亚、英国、新西兰和南非)以及后来的其他地方(如巴西、日本和葡萄牙)(Tharme,2003)。世界的其他地方,包括东欧和许多拉丁美洲、非洲和亚洲地区,正在迅速推行现有 EFA 方法的应用以及他们自己的独有创新成果。欧盟水框架指令是环境管理的驱动性政策框架,旨在实现全欧洲淡水系统中"好的生态状态"(Acreman 和 Ferguson,2010)。中国正在发展从澳大利亚生态系统框架中引入的基于资本的、全面的 EFA 方法(Gippel 等,2009;Jiang 等,2010)。

在早期研究中,环境流量评估的重点是保护经济型淡水鱼类,尤其是美国太平洋西北岸的雪融性河流中的鲑鱼。主要的目标是定义出最小的可接受流量,这种定义几乎完全基于对一种或少数几种鱼类的栖息地偏好相匹配的内流栖息地可供性的预测(Jowett,1997;Acreman 和 Dunbar,2004)。虽然环境流并不总是用于保护目标鱼类种群,栖息地和食物来源,但推荐的流量也能保证其他群体和河流生态系统的维持。这些基础的方法和复杂经验化的创新,着眼于二维或者三维的栖息地模拟,通过空间参考的栖息地制图技术得以实现。通过这些方法,人类获得了新见解,但也产生了新疑虑。尽管对珍稀物种水生栖息地的保护毋庸置疑是重要的，流态和生态系统需求的很多其他方面也应当进行考虑(Poff等,1997;Bunn 和 Arthington,2002)。

在早些年间，当环境流量方法正在发展时，很多河流生态学家，尤其是河流生态修复领域的专家们，开始逐渐意识到流态的多方面因素，环境流量不仅仅是维持鱼类和其他生物栖息地的最低流量。随着自然流态模式的发表并且其作为一种河流修复与保护的范本(Poff 等,1997)，科学家和相关从业者们开始逐渐意识到河流的流动多样性和流态多维性的重要性。到 20 世纪 90 年代末，越来越多的科学家和水管理者们认为，为了保护淡水多样性和保持河流的生态系统服务，就必须保持自然流动的多样性和原样外观（例如，Arthington 等,1992;King 和 Louw,1998）。环境流量科学领域迅速从个别物种转移到生态系统局部—整体的思考方式。Postel 和 Richter(2003)在《Rivers for Life:Managing Water for People and Nature》一书中叙述了这个发展过程。近期,《Freshwater Biology》的一个关注于环境流量科学和管理的特殊主题为大众提供了新视野(Arthington 等,2010)，同时，来自河流生态、生态修复和生态系统科学等广大领域的投稿也帮助这种方法论的成型。

9.3 方法分类

评估环境流量需求的方法从现有水文记录的简单运用到确定最小的冲刷流量，以及将流量变化与物种群落、生态系统规模的地貌及生态响应联系起来的经验过程模型。多种方法有着各自的优势和不足,这取决于以上讨论的情境因素和研究的预期结果。

Tharme(2003)提出了四种相对离散的方法，即水文学法、水力学评级法、栖息地模拟法和整体法(或者说生态系统法)，然而，没有一种理论将多需求 EFAs 的常用方法进行整合，而许多统计技术(在"其他"分类中)被用于分析 EFAs 的输入数据(见表24)。Dyson 等(2003)为 Tharme(2003)的分类引入了新的名称。水文学方法如下所述。第10章包含了水力学评级和栖息地模拟的方法,第11章至第13章描述了整体(生态系统)法研究的特点和案例。

回顾这些 EFA 方法的目的不是为了展示方法，而是强调各种类型方法的优缺点，并说明每种方法是如何进行应用的。以往文献中的评注说明了各种方法是如何被指责和批评，而最简单最古老的方法(表24第1~3类方法)仍然在被使用,而且构成了近70%的可用的环境流量方法。寻找详细设定每一种方法的指导手册的读者可能会失望,因为只有三种方法是过程化的：溪内流递增法（IFIM）和栖息地物理模拟法（也被称作 PHABSIM）(Bovee 和 Milhous,1978;Bovee,1982;Stalnaker 等,1995),标杆指示法(King 等,2000)以及 DRIFT 生物物理模块法(Brown 等,2005)。在代理商和客户的图书馆中、大学办公室中、记忆流域关注小组中，存在大量的不正式的灰色文献和尚未发表的案例研究以及其他有价值的支持文件。许多报告和期刊文章逐步呈现了实际的 EFA 过程，伴随着对于它们优势和局限的评注，服务引导新的研究，就像指导手册那样提供足够的信息。

表 24　　　　　　　　　　　　　　环境流量方法分类

序号	Tharme(2003)	Dyson 等(2003)
1	水文学方法	查表法
2	水力学评级方法	桌面分析法
3	栖息地模拟法	栖息地模型法
4	整体法	功能分析法
5	结合法	
6	其他	

引自：Tharme，2003；Dyson 等，2003。

9.4　水文学方法

每个环境流量评价方法都是基于水文学的，并且是以定量化的形式作为水文建议传递到水管理者那里。方法间的区别在于水文学是基于理论、经验、水文生态学关系的实验证据还是以专家意见和风险分析的总和呈现出来。来自 Tharme(2003)的水文学方法亦被称为"经验法则"、"阈值"或是"标准设定"方法。水文学方法构成了全球应用总方法的 30%(根据 Tharme 2003 年回顾)，且它记录了 61 种应用于 51 个国家的不同水文学指标或技术。

(1)蒙大拿方法

蒙大拿方法 (Tennant，1976) 是全世界应用最为频繁的水文学方法(Tahrme，2003)。Tennant(1976)考虑了三种因子作为鱼类适宜生存的关键要素：水面宽度、深度和流速。在发展这种方法的过程中，Tennant 测量了美国 11 个不同河流，38 个不同流量，三种不同状态下 58 个横断面的物理、生物和化学参数，并对采集自其他 21 个州的数据进行了扩展。他提出，特定的基流保持特定质量的鱼类栖息地条件，从"最优化"栖息地(60%~100%的年平均流量) 到 "最差或最小" 以及 "严重退化"(10%的年平均流量到 0)(见表 25)。Tennant 指出，将单一流量均化分配到调整后的流量方案中有效地忽略了季节的规律因素，因此，他也建议给予两个分块区不同的 6 个月基流流量。他也建议用"冲刷或最大"流量来帮助维持栖息地质量。

表25　时间差异性以年均流量百分比(MAF)的形式被分配用于保持不同水平的栖息地质量　(单位：%)

流量分类/栖息地质量	推荐流量(%MAF)	
	10月至次年3月	4—9月
充沛的流量或最大流量	200	200
最适流量	60~100	60~100
卓越	40	60
优秀	30	50
良好	20	40
较差	10	30
或最小流量	10	10
严重退化	平均流量的10%至零流量	

引自：Tennant，1976。

蒙大拿方法的优势为快速、便捷且易于实施；对数据的要求中等；并且可以在办公室执行，但具有潜在的野外验证属性。Tennant 相信，该方法在美国和其他地方都具有广泛的应用性，但他认为其最适宜山区河流的"初始"流量区。显而易见，如果该流量情况已经被部分地调控了，那么建议的分配方式可能会因为太低而无法达到预期的栖息地条件(Pusey，1998)。

蒙大拿方法同样也具有若干的限制，应当在尝试使用前先进行了解；通常未考虑它们导致了较弱的环境流量供应水平。首先，该方法完全依赖于大量河流流量数据的研究。在全球很多地区长序列的流量记录都是无法提供的，因此，在长序列数据可用的地方，必须选择使用哪个时间片段的流量数据。在逐月或是逐年的自然流量变异性较高，且流量在旱季与雨季之间以若干年为周期进行循环的地区，这些选择都是至关重要的(Pusey，1998)。在其原始形式下，蒙大拿方法只能提供两种"季节性"流量方案，虽然存在着开发干湿年份不同流量供应方式的可能性(Stalnaker 和 Arnette，1976)。尽管在 Tennant 的最初建议中，考虑到冲刷性流量，但它们可能无法获得更大范围的高流量事件所带来的所有好处。

蒙大拿方法的主要局限性在于，其在河流中的应用(而非在其开发之地)可能会向环境流量估计中引入不确定误差，尤其是那些在形貌上与原始验证河流不相似的河流(Stalnaker 和 Arnette，1976)。在没有进行新地貌区和不同河流类型验证的情况下，Tennant 原始河流层级的使用是不具备理论或是经验基础的(Pusey，1998)。此外，在具有多样流量的区域(例如，平均流量与中等流量显著不同)，蒙大拿方法的应用可能会导致水配比需求加大(Richardson，1986)。尽管存在着诸多限制，但以不断积累的智慧，蒙大拿方法仍然适用于没有任何形式的局部条件校准。

(2)流量持续曲线分析

另一套水文学方法直接利用了流量持续曲线(见第 2 章)并经常被称作流量持续曲线分析,或者 FDC 方法。Stalnaker 和 Arnette(1976)建议保持一定比例的流量用于维持特定的生态过程。建议超过 80%的流量用于维持食物生产,40%用于维持鲑鱼产卵和迁徙的必要条件,而 17%用于提供冲刷流量。这些流量百分比的选择是基于美国西南部与流量和鲑鱼栖息地相关的经验数据。

对于此项方法的长期局限在于,当其用于原始地貌区域以外的地区时,该方法需要率定。在美国,已经设计出几种方法来修正 FDC 方法以解释河流尺寸和区域的差异(Tharme,2003),而其他国家也详细阐述了该方法。德克萨斯方法基于已知的鱼类需求,使用不同比例的月中值流量 (Matthews 和 Bao,1991)。其他较好的基于流量持续曲线的方法:25%的年均流量(MAF),7Q10(7 天平均流量的 10 年最低水平),7Q2(7 天平均流量的 2 年最低水平),Q95 (超过 95%流量水平),以及超过 10%的月均流量水平 (Kilgour 等,2005)。7Q10 流量和 Q95 流量是在低流量参数中最常用的(Tharme,2003)。

流量持续曲线分析具有一个重要的优势,它可以详细说明包括任何发生量和发生频率的流量,以适应与特定流量相关的不同生态过程。一些澳大利亚学者的研究建议,在干燥、正常和湿润的年份中加入可变月百分比流量和不同的百分位数,可以维持自然时间模式的内部和年际变化。

英国环境协会在水分配方法上(被称为 CAMS,流域取水管理策略)运用流量持续曲线。这个方法基于四种河流元素的敏感性:物理特性、鱼类、水生植被和底栖动物,定义了目标 FDC 以引导设置取水限制(Petts 等,2006)。一个自然化的 FDC 被生产出来,一系列简化成表格的规定被用于决定所抽取自然低流量的百分比,取决于超过 95%的流量水平(Q95);基于主要的专家专业评判,其他一些流量水平也被推荐,因此在英国的很多溪流中临界水平没有被经验性地定义出来。这些第一水平的流量需求可能受制于所使用的栖息地模拟模型(例如,评价鱼类的 PHABSIM)或其他细节方法,如使用底栖动物作为流水指标等进行更加细致的分析(Extence 等,1999;Dunbar 等,2010)。

在对印度河流流域的环境流量的初始评价中,Smakhtin 和 Anputhas(2006)发展了一些新的 FDC 方法,每个方法都试图实现一个具体水平的水生态系统保护。这些曲线通过将原始的"自然"FDC 沿概率轴向左移动,实现整个流量范围内的流量总体减少以及随着每个生态系统保护水平的下降,流量可变性逐渐丧失。不同的环境保护策略被分配到每一个河流流域中,取决于推测的流量变化的敏感性。输出以环境 FDC 和对应的月均环境流量的时间序列形式呈现。

(3)变动范围法

水文学方法随着变动范围法（RVA）和软件模块的发展向前跃进了一大步(Richter等,1996)。正如自然流态范例中所推荐的那样,这种方法针对流态的生态相关特性,提供了一个全面的统计特征。水文变化的自然范围通过 32 个源自长期日流量观测记录的不同水文参数进行描述。水文变化指标(IHAs)可以通过自然的和变化的流量情况比较产生,并被归类到五个区域,代表了主要的情况特征(月流量变化;变化幅度,频率,高低流量的时序;以及流量上涨和消退的速率)。这些流量统计数据的自然范围被认定用于一段时间的非调节河流,且环境流量规则被设置用于提供具有统计参数（绝大部分在自然值的范围内)的调整流量情况。

RVA 的限制是并没有把许多明确的生态过程引入到评价环境需求中。简单的规则是很容易被误导的。例如,提供了一半的峰值流量的自然幅度并不能输运一半的淤积泥沙,一半的漫滩水流也无法淹没一半的洪泛平原(Poff 等,1997)。水文目标必须得到监测,对特定环境进行校正,以随着时间推移产生改进的生态结果(Richter 等,1996,1997)。

RVA 通常被用于流量方案调整前后的趋势分析,以特征化调整河流中流量相关的变化。在许多近期案例中,水文变化与生态因子联系起来,如鱼类数量及种群结构,水生植物,水质,地貌过程,以及物种栖息地(Pusey 等,2000;Mackay 等,2003;Kennard 等,2007),并补充了物理微栖息地模型的结果。Tharme(2003)建议的 IHAs 的生态相关性的进一步展示,使这个观点迅速被若干生态系统框架所接收（例如, 标杆指示法;Brizga 等,2002)。Scruton 等(2004)认为,需要进一步的研究以决定自然流量情况的相关要素,以及在允许流量改造的条件下,保持基本的河流特征需要什么幅度的流量。

(4)模糊流量法

一项类似的水文学方法正在澳洲起着主导作用, 它也是基于自然流量范例中被控制的水文特性的表现。这种方法被称为模糊流量法(Gippel,2001),它减小了不同季节流量幅度的比尺(使用不同的功能),但同时保持了流量时空变化的相似层级,以生产出一个推荐的调节流量情况。Gippel(2001)认为,该方法具有一定前景,但建议结合更充分的生态和地貌方法进行考虑。Jacobson 和 Galat(2008)描述了一种相似的方法用于设计发展一种更为自然的流量状态以支持密苏里河下游白鲟的繁衍生息。

Tharme(2003)认为,在水资源分配过程的早期侦查阶段,基于历史流量记录的方法具有很大的价值,因为其快速性和便捷性,以及"搭配定额"数量的环境用水的低资源消耗方式。作为一种快速的、便捷的、低分辨率的流量估计方法,水文学方法主要用于水资源发展的规划阶段,或者是在要求探索性流量目标和水资源分配平衡关系时,或者是在较低的保护状态下(Dyson 等,2003)。

第10章
水力学评估及栖息地模拟方法

10.1　水力学评估方法

蒙大拿方法(Tennant，1976)和 FDC 方法(Stalnaker 和 Arnette，1976)都基于一个前提，即河流中栖息地的数量和质量与河流向下输移的水量有关。水力学评估方法试图定义水流体积(流量)和水流经过河道时提供的栖息地的类型和数量的关系。一旦这种关系已知后，就可以定义调整后的流量情况，或保持栖息地的最大适宜度，或在稍低水平上的适宜度(Pusey，1998)。超过 20 种水力评估方法代表了 11% 的全球共有环境流量评价(EFA)方法(Tharme，2003)。

最简单也是历史上使用最普遍的水力评估方法是"湿周或面积"方法。该过程通常包含了将单独的断面放置在最有可能出现相应流量变化的河流位置上。湿周和流量之间的关系是通过测量不同水位深度决定的，此时的环境流量通常被定义为接近曲线断点的流量(见图24)，该方法被认为代表了保护栖息地迅速消失区下方的栖息地的最优化流量。同时也认为，仅仅对一种栖息地类型进行考虑是足够满足生境或其他栖息地类型要求的，并且进一步地认为湿周是其他因子或者控制全局河流完整度过程的有效替代。

多断面方法提供了一种方法来校订与单个断面可信度相关的限制，这是基于假设：更多的断面能够提供更为可靠的河流水力学条件的描述。一项对欧洲、澳大利亚、新西兰和南非 100 个河段的数据分析向 Stewardson 和 Howes(2002)指出，15 个断面在大多数情况下已经足够了，少量的情况下需要更多的规整渠道。在 Gippel 和 Stewardson(1998)的文章中有关于湿周法的进一步信息，他们认为曲线的断点几乎是通用的，但错误的是，被称为"转变"点是通过肉眼在图线上进行识别的，尽管应当使用数学方法对它进行客观的识别。

Davies 等(1995)在评价 Tasmania 地区 Esk 河的鱼类的环境流量需求时，使用了湿周法。调查的目标物种之一是深潭中受到水生植被影响的南方矮鲈(*Nannoperca australis*)。湿周分析被用于决定测试范围内维持水生植物床淹没所需的流量，是作为鱼类流量需求直接测量的替代方法。在科罗拉多，R-2 交叉方法被用于设置地区冷水河流的环境流量(Espegren，1998)；它依赖于水力学模型(R-2 交叉)来生成河流流量和渠道水力因素之间的关系,结合水力学参数和专家意见,从这种关系中推求出鱼类的环境流量。

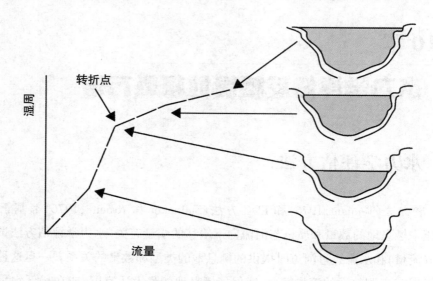

图24　湿周(测量自河流断面)与流量变化对比图

转折点代表了湿润栖息地迅速减少的水深阈值

相对低分辨率的水力学栖息地技术具有它们自己的用处, 尤其是当不能使用更先进的方法来获取资源和数据时。但是,在许多国家,这些方法都被更加先进的栖息地模型超越,或是被嵌入到更加宽广的栖息地模型框架中。例如,Stewardson 和 Gippel(2003)将湿周分析嵌入其推出的流量事件方法(FEM),以从生态上掌握重要的流量事件以及在环境流量情况内这些事件的时间变异性。他们建议环境流量目标可以被具体化为重现间隔的最大允许变化量,或是其他与流量对水力学影响有关的标准(例如,河床干涸,洪泛平原湿地的淹没,或者是一个生态过程)。Stewardson 和 Cottingham(2002)将 FEM 应用到调整Broken 河(维多利亚州)的环境流量评价之中。一个科学小组开发了概念模型,以确定环境流量可以恢复的生态目标(例如,足够的鱼类和水生植物的浅水栖息地),而 HEC-RAS被用来生成相关的水力参数(例如,湿周,浅河床面积)以在代表性河段达到这些目标。FEM 认为,在任何与生态相关的多种流量变量(识别自湿周分析)中,最大允许变化量应当在咨询相关专家的前提下进行推定, 其一般的目标是将重现间隔的变化水平保持在一个具体生态目标的较低风险水平(Stewardson 和 Cottingham,2002)。

10.2　栖息地模拟方法

这种方法策略代表了水文学和栖息地评级方法的一个重大进展。Tharme(2003)识别了 58 种变体,代表了 28% 的全球共有 EFA 方法。溪内流量递增法(IFIM)在这个领域中占有中心地位。IFIM 是科罗拉多美国鱼类与野生动物服务站的合作性服务小组于 20 世纪 70 年代末在北美地区研发的,并且仍然被许多实践者认为是最科学也是在法律上最具可辩护性的一套用于评价环境流量的方法(Gore 和 Nestler,1988;Dunbar 等,1998)。IFIM 最初是用于雪融水河流中鲑鱼种类的保护(Bovee 和 Milhous,1978;Bovee,1982),但自此被应用到了其他很多区域及不同河流中。IFIM 具有可用的入门书(Stalnaker 等;1995),并且也具有一个软件程序的商业扩展包(TRPA n.d.)。

IFIM 的核心元素——物理栖息地模拟平台,也被称作 PHABSIM——已经至少在 20 个国家开始使用了,而许多其他国家使用的是等效的叫作 RHYHABSIM 的河流水利栖息地模拟软件(Jowett,1989)。就其本质的特征和用途而言,两款软件扩展包是相同的。但是,Gan 和 McMahon(1990)比较了 PHABSIM Ⅱ 和 RHYHABSIM,并指出后者在应用上更受限制,并且它还具有水力模型上的限制。PHABSIM 仅仅是 IFIM 的一种形式,全部的扩展包括了合法性/机构性分析、问题诊断、研究目标设计、多参数模型、水文与栖息地联系、替代分析、研讨与解决。

在 IFIM 框架下应用 PHABSIM 有六个主要步骤。

步骤 1 定义了研究目标,即要被模拟的河流区域,以及可能在这些区域内被找到的目标物种(通常是鱼类或是无脊椎动物)。然后它评估了适合于 PHABSIM 模型的栖息地偏好数据的可提供性(见图 25)。Bovee 和 Milhous(1978)识别出栖息地适宜性标准的三个不同的领域。领域 1 标准源自文献信息或是专业经验,并且被认为是价值最低的,当具体地点或是一般性的栖息地信息对于目标生物是不可用的时候,通常会被作为最后一种解决方式考虑(Jowett,1989)。领域 2 标准是基于经验数据的,常被叫作"实用性"功能。领域 3 标准将实用性功能加以利用,并调整其尺度以反映目标物种的每个栖息地类型的可使用性,因此被叫作"偏好"功能。Moyle 和 Baltz(1985)强调了使用系统具体数据而不是多条不同栖息地特性的河流数据来生成偏好曲线的重要性。Tharme(2003)建议宽泛营养级别排列下的物种应当被考虑,以提升 PHABSIM 做出的预测结果的一般性。

步骤 2 考虑了待研究的流域是否处于平衡状态,以及微栖息地条件是否适合着眼于具体某一目标物种的 IFIM 过程使用。Pusey(1998)关注了在执行 IFIM 前,考虑大型栖息地条件的需求,因为如果目标物种并不在模拟河段中经常出现,研究工作并无意义(例如,如果研究河段位于阻碍鱼类迁徙的障碍物上游)。

步骤 3 包括了研究地点的选择,或者说是"参考"地点。伴随着多种湿周分析的断面方法,研究地点在河流中的位置对于确定 PHABSIM 程序的结果和效用至关重要。在选择参考地点的过程中(经常是浅滩或者流水),通常认为它们实际代表了河流的其他部分,因此栖息地中流量相关的变化，可以通过少量的参考地点在一定置信水平内扩展到流域的其他位置。这项研究关注于浅滩/流水栖息地，能够覆盖到其他的栖息地类型（深潭，洄水区），而那些区域对于系统中的很多其他生物也是至关重要的。Halleraker 等(2007)建议，中等栖息地类型(如较深区域)的可使用性的季节性变化，以及保持适宜深潭栖息地或是产生退化深潭栖息地的流量条件，需要进一步作为可持续环境流量的一部分进行研究。

在步骤 4 中,河流断面(横断面)在每个参考地点进行选取,以根据 PHABSIM 水力学与栖息地模拟的要求对河流栖息地进行特征化和测量(见图 25)。King 和 Tharme(1994)建议,应当在最初阶段邀请有经验的水力学专家对断面设置和测量过程提出建议,这项建议被很多案例所采用。对于河段特定物种的适宜性变化的模拟包括了两个独立的过程:水力学模拟和栖息地模拟。PHABSIM Ⅱ模块包含了 240 个独立的程序,包含了深度、流速、底质和覆盖物。模拟通常是基于同一情况采集的断面数据(例如,在一个流量下)以及一系列将流量和水位深度联系起来的测量数据。但是,许多研究采集了全范围流量条件下的栖息地数据,以对栖息地可使用性的季节性变化进行特征化。

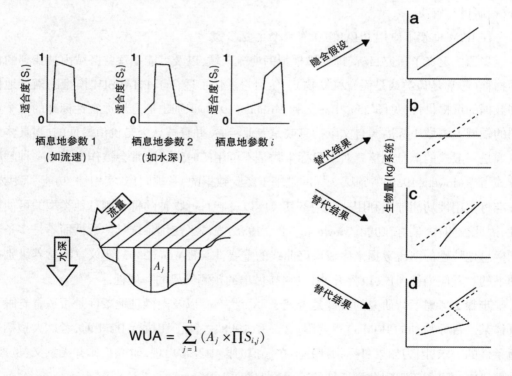

$$\text{WUA} = \sum_{j=1}^{n} (A_j \times \prod S_{i,j})$$

图 25 IFIM 的 PHABSIM 模块的主要特征。栖息地适宜性(S_j)代表了生物对不同栖息地变量的容忍度(速度、深度和底质特征)。将适宜性价值分配到河流亚断面面积(A_j)中以决定鱼类的加权可用面积(WUA)。鱼类生物量与 WUA 的关系经常被认为是现行的(a),但可能会呈现出不同的形式,例如,不存在的(b),非线性的(c),或者是在不同阶段间包含的快速转化(d)。(根据 Anderson 等,2006 中图 3 重新绘制,且经美国生态协会许可)

每个执行过程的精度在很大程度上决定了环境流量评估结果的可用性。Gan 和 McMahon(1990)强调,好的可靠性(90%)只能通过非常精确的考察数据和率定获取。Pusey 等(1993)认为,应当对更为复杂的栖息地元素投入更多的关注,如木质碎屑,大型植物床面,以及枯枝落叶不易被 PHABSIM 建模,尽管在栖息地偏好曲线中通常是包含了覆盖物元素项。Elliott 等(1999)指出,季节性的大型植被的生长会导致在率定 PHABSIM 时出现问题,因为其在给定的流量下增加了水面高度,同时也改变了河流的流速分布规律。Hearne 等(1994)认为,采集 PHABSIM 水力学模型率定的数据系列时,通过保证水生大型植被的生长达到最大值,或者其生长水平与研究的目的保持一致,可以将该问题最小化。

步骤 5 是 IFIM 的主要预测阶段。它将从水力模拟阶段获取的信息和目标物种偏好的物理微栖息地数据结合起来,以评价在不同流量下有多少偏好的微型栖息地可供使用;栖息地以加权有效面积(WUA)的形式表现出来(见图 25)。河段内的物理单元都被赋予了适宜性评级,以每个单元内适于目标物种利用的面积(Gan 和 McMahon,1990)或是 76.5%适宜性的单面数量(King 和 Tharme,1994)进行表示。对于 WUA 概念和解读的详细讨论,参考 Payne(2003)的相关研究,他提出了一个不同的术语——"相对适宜性指数"。

在湿周分析过程中,对 PHABSIM 输出的解读依赖于对断点的识别,在这些断点处,WUA 的变化速率随着流量的减少而突然变化。RHYHABSIM 提供的经验表明,基于 WUA 分析,丰度较大的鱼类群落会产生多样的且并不需要完全适应的流量条件,因为栖息地需求在不同物种间是不同的,在成年个体和幼年个体间也是不同的。一个解决办法是推荐一个流量范围而不是一个单一的流量值。Davies 等(1995)认识到了这一问题,但使用风险分析来处理这一问题,在此方法下,不同级别的风险可以根据所有目标物种(无脊椎动物)失去的栖息地数量,分配到不同可能的环境流量水平。

步骤 6 是许多 IFIM 研究的最后一步。它包含了生成一个 WUA 时间序列图以及分析 WUA 随着时间的变化,该变化是取水或其他过程改变了河流流态的结果。研究河段的月流量记录被转换为 WUA,并画成了"自然的"(非调节的)流量情况和若干取水方案(如调节方案)。这项结果可以被画成图并作为栖息地持续曲线进行比较。栖息地时间序列分析已应用于单个物种,生活史阶段和多个物种。

Elliott 等(1999)使用栖息地时间序列分析,发现在 1970—1972 年间 30%的时间里,取水减少了 Allen 河（英国）代表河段超过 50%的鳟鱼栖息地的自然水平。Navarro 等(2007) 运用 PHABSIM 物理栖息地的时间序列分析识别出威胁到濒危物种胡卡尔鲮鱼(*Chondrostoma arrigonis*)(Jucar 河流域,西班牙)的栖息地瓶颈期。基于连续阈值曲线法(Capra 等,1995),当适于物种的面积下降了 50%甚至更多的时候,栖息地被认为是"受到严重影响"，而高达50%的栖息地减少被称作"胁迫境况"。在两条主要的支流中，径流调节减少了幼年和成年胡卡尔鲮鱼60%~77%的适宜栖息地，而产卵适宜地则减少了73%。这项研究也表明了对成年和幼年个体不适宜栖息地的持续时间和出现频率都在增加。栖息地持续时间分析(Marsh,2003)被用于量化自然流量和条件流量方案间的低流量持续时间的变化情况。

10.3 其他栖息地模拟方法

自IFIM和PHABSIM广泛使用之后，其他的基于河流水力特性和鱼类或底栖动物栖息地适宜性联系的栖息地模拟模型也开始产生。例如，阿尔伯塔省开发的RIVER2D模型包含了IFIM相同的过程(Katopodis,2003)。在欧洲，CASIMIR(电脑协助的内流需求模拟模型)是一种用于河流栖息地模拟的常用工具，由斯图加特水流工程研究所在20世纪90年代开发。CASIMR被应用于检查不同类型的人类活动对河流系统自然过程的影响；例如，模拟了河底剪切应力与无脊椎动物生境适宜性在流动相关和时空模式之间的关系。(Jorde等,2000)。河流群落栖息地评价与修复概念(RCHARC;Nestler等,1998)已经被应用在密苏里河主要干流及美国东南数条河流的河流流量修复规划和影响分析上。

栖息地评价的创新之处包括：用于计算可用体积(UV)的三维(3D)栖息地测量技术和模型，并将其作为比可用面积(UA)更可靠的河流栖息地适宜性的表示方法。Mouton等(2007)描述了一种嵌入微软Excel来使用HaMoSOFT(栖息地模拟软件)的UV方法，该方法能够生成不同流量下断面流速等值线图。在河流流量管理和栖息地修复过程中，HaMoSOFT找到了在复杂3D水力学模型和物理栖息地定量描述实际需求（包括了水深和流速的分布以及相互作用间）的平衡点。

有学者提出了一个功能性流量模型(FFM)用于将水文生态学过程和生态功能整合到物理模型的评估当中，在此模型中，"功能性流量被定义为，与河床地貌通过水力学过程相互作用的流量值，提供服务于生态目的的剪切力条件"(Escobar-Arias和Pasternack,2010)。剪切力代表了能够冲刷河川并且输运泥沙的能力，从而划定了在选定的栖息地单元中支撑特定生态功能的物理栖息地条件和动态过程。一项测试性案例将FFM应用到物理栖息地评价，该栖息地用于大鳞鲑鱼(*Oncorhynchus tshawytscha*)的产卵阶段。该鲑鱼是一种濒危的太平洋西北部鲑鱼种，被认为是生态系统功能性的指示物种。FFM的应用使一系列需要被解读的流量方案成为可能，这些方案主要考虑了其剪切力影响，对鲑鱼的产卵、孵化和哺育有重要意义的河床特性，以及鳟鱼产卵区的河床准备。这项贡献为模型规范化、方案制定和检测，以及成果产出的解读提供了建议。一项后续的研究(Escobar-Arias

和Pasternack,2011) 使用 FFM 评价砾石河川浅滩对于大鳞鲑鱼的功能性，主要考虑了Mokelumne 河的河流修复和 Yuba 河(加利福尼亚州)洪水引起的河道变化。

10.4 中尺度栖息地方法

《河流研究及其应用》的特别议题报道了欧洲水模型工作网(EAMN)在 2000—2005年间的合作性研究活动的发展(Harby,2007)。此书持续地呼吁放大流量栖息地适宜性模型和生态响应模型方法,建议从河段尺度(PHABSIM)放大到中型尺度和大型尺度甚至是流域尺度。Harby 等(2007)描述了一种健全的,具有成本效益的中栖息地评价方法,并应用在 Norwegian 河以进行栖息地类型分布制图,描述基于水深、流速和底质测量结果的水利条件变化。Lamouroux 等(1995),Booker 和 Acreman(2007)已经开发出用于预测河段尺度水深和流速的一般性模型。Parasiewicz(2001)研发出一种 PHABSIM 派生方法,meso-HABSIM,用于进行大量河流断面中不同流量下的栖息地条件分布制图(如河道形态,底质,水深,流速等),以确定每个中栖息地对于优势鱼类种群的舒适度。这些方法确保了评级曲线的发展，该曲线用于描述适宜栖息地相对面积的变化在大空间尺度下与水资源规划流量的响应关系(Jacobson,2008)。

尽管有了这些发展,将基于栖息地的方法联系起来(如 PHABSIM 和水力学过程的新地貌水平分析以及具有生态响应的物理环境的其他特性),仍然还有许多工作要做。Anderson 等(2006)讨论了进一步发展需要做的研究,以期将河流中的种群数量动态模型和大尺度物理栖息地以及生物能量过程整合起来(见第 14 章)。

第11章

流量保护法

11.1 生态系统方法的起源

对环境流的认知从20世纪90年代早期开始出现巨大转变，河流科学家意识到现存水资源配置方法的缺陷(后来被称为"河道内流量方法")，不能仅关注几种目标物种，应当不断开展有更广泛保护目标的案例研究来维持和保护河流生态系统。很多学者的研究结果奠定了这个概念的基础。Hill等(1991)阐述了河道内和河道外水量需求的生态和地形地貌概念。通过澳大利亚和南非的平行开发和合作，综合了自然水文情势的生态相关特征，以保护整个河流生态系统的整体性方法应运而生 (Arthington等，1992；King和Tharme，1994；King和Louw，1998)。Sparks(1995)也同样认为与为少数几种物种优化配置的水文情势相比，尝试维持自然水文情势以保护物种的完整性不失为一种更好的办法。这些早期的整体性(生态系统)方法是围绕水文生态学原理制定的，后来被称为自然水文范式(Poff等，1997)，它们同样也可以作为指导河流修复的普适性原则(Stanford等，1996)。

整体性生态系统方法都有一个共同的目标：保护或修复河道内、地下水系统、洪泛平原和下游受水系统(下游末端的湖泊、湿地、河口和滨海生态系统)中与流量相关的生物化学组分和生态过程。整体性评估中常用的生态系统组分包括地貌和河道地形、水动力栖息地、水质、河滨带和水生植被、大型无脊椎动物、鱼类、脊椎动物(两栖动物,爬行动物,鸟类，哺乳动物) 生存依赖的河流/河滨带生态系统，河口水量需求和渔业问题也会考虑(Loneragan和Bunn，1999)。上述的每一个生态系统组分的水量需求都可以通过一系列现场观测和桌面谈判 (Arthington和Zalucki，1998；Dunbar等，1998；King等，2000；Tharme，2003)、模型、风险分析、理论原则、缺乏量化数据和专家意见(当可用的定量数据很少，资源不足以收集新数据或进行研究时)等技术手段来评估。

通常采用科学小组和研讨会程序来比较和对照个别专家的建议，最终整合小组成员的所有意见，调整研究河流系统河段的流量情势。科学小组在医疗风险评估、生态影响评价和自然资源管理中有过成功应用的先例，它也成为生态系统水平开展环境流评估工作的标准做法(Cottingham 等,2002;Richter 等,2006)。

在 Tharme(2003)的全球环境流评估方法的综述中,她将相似的方法和涉及范围更广的框架归为一类,称为"整体法";而 Dyson 等(2003)认为它们是"功能性分析"方法,因为它们"建立在对水文学的各个方面与河流生态系统之间的功能联系理解的基础上"。在本书中,它们统一被称为"生态系统框架"(Arthington 等,2010a),增强它们解决河流生态系统整个连续过程中的水文生态关系的意图,从河源到入海或其他的终端。在 20 世纪 90 年代,生态系统框架层出不穷,经过十多年的反复试验,最终形成了 16 个常用框架,占全球在用环境流量评估方法的 8%(Tharme,2003)。除了在南非和澳大利亚,这些方法在世界上许多发达国家和发展中国家也得到了广泛应用,加拿大、欧洲、拉美、亚洲和非洲对这些方法表达了浓厚的兴趣。

11.2 生态系统框架的背景

在 20 世纪 90 年代后期出现的生态系统框架两大应用背景,这里被称为河流的"保护""和"修复"框架,严格地说,称为"栖息地恢复"更加贴切,但是近些年这个称谓已经基本被人遗忘了。"恢复"通常意味着局部恢复到生态系统以前相对原始状态的部分特征,不可能完全恢复到原始状态(Arthington 和 Pusey,2003)。

南非和澳大利亚开发的第一个生态系统框架旨在量化坝下的下泄流量情势,维持坝下河道生态系统健康。从水利设施设计的起始阶段,这些"主动出击"的方法就能够协助水资源管理者和大坝设计者解决河道内生态用水和河道外生活用水的冲突问题 (King 和 Louw,1998),限制大流域新的开发意图(Arthington,1998)。河流修复科学在这个时候已经采用了类似的生态系统方法(见第 12 章)。

11.3 流量保护法

常用的两种不同的主动性方法,通常称为"自下而上"和"自上而下"方法(Arthington 等,1998)。自下而上方法是南非和澳大利亚联合开发的,以专家和科学小组形式呈现的一类方法。自上而下方法是发现自下而上方法有明显不足后迅速发展起来的一种方法。自下而上方法从无流量状况开始,通过添加不同量的流量构建一个调整后的流量情势,如不同频率、发生时间和持续时间的基流、快速流和洪水。这些"构建"的环境流量情势旨在维持河流—洪泛平原生态系统处于一个目标状态或 "预期的未来状态"(King 和 Louw,1998)。

这类方法需要不断实施以填补流量—生态关系的知识缺乏，因此，可能无法得到想要的关键流量特征值(Bunn，1999；Tharme，2003)，容易造成即使通过流量情势的调控，也达不到想要的生态目标。自上而下方法能够解决这一难题，这类方法通过自然水文情势和自然河流(变化前)生态系统的结构/功能可接受水平的差异程度来定义环境流量。这类方法能够考虑多种流量情势变化和生态影响之间相互关系的情景，从而有助于选取合适的环境流量实施建议(King 等，2003)。自下而上和自上而下方法已经开始在一些环境流框架中融合(见第 12 章)。

(1)积木法(building block methodology，BBM)

BBM 是最初采用自下而上工作框架阐明生态系统概念的方法之一，这与早期南非的相关研究方法类似(King 和 Louw，1998)。这种方法针对代表性/关键性河段开展环境流评估工作，包括以下三个阶段：

1)准备一个环境流评估工作小组，包括利益相关者咨询、研究站点的选择、河段地貌分析、河流栖息地完整性、社会调查、未来河流状态设定、河流重要性和生态状况评估、水文和水动力分析。

2)基于获得的科学数据，通过识别较短时间尺度上的生态要素流动特征和流量增加量，构建多学科交叉工作小组修正流量情势。

3)利用情景模型和水文分析方法研究不同水资源发展阶段的环境流量情势。

在近期许多的 BBM 应用中，调整环境流量情势旨在获得一个预期特定的河流状况，包括从 A 类(与自然状态差异较小，敏感物种受的风险可以忽略)到 D 类(与自然状态差异较大，耐性差的物种很可能会消失)的各种状况(DWAF，1999)。在工作小组协商的背景下，在基准线无流量值上，叠加每个定义了强度和发生时间的流量组分。首先构建月尺度的基流，考虑一个水文年中雨季和早季的流量差别，在此基流基础上叠加河道内流量脉冲(鱼类迁徙和繁殖的刺激信号)或季节性洪水(见图 26)。依据每个专家提供的水文生态关系数据或使用专家判断，筛选一些特定流量组分。这是一个动态的、具有挑战性的且需要花费大量时间的过程。为每一个河段的环境流评估的每一次尝试都需要一整天的时间，最终的成果是提供一个维持"正常"年的水生生物群体和生态功能的环境流量标准，在干旱年通常很多河段只能提供一个环境流标准。

Tharme(2003)指出了 BBM 的优点：它能够对生态系统组分全面评估，能够侧重于研究河段预期的未来状态(或是整个河流)，具备应用于其他水生态系统的巨大潜力(湿地，河口)，具备灵活性和对各种情形的适应性(受调控河流或自然河流)，它还能为了满足快速评价要求进行一定的简化调整。

BBM 现阶段融合了栖息地流量压力—响应方法 (habitat flow stressor-response

method,HFSR)(O'Keeffe 和 Hughes,2002;Hughes,2004)，有利于在变化流量情势下自上而下式情景评估，并描述在每种流量情势下,生态状况变化所诱发的潜在风险。南非生态保护区法律规定,这个修正模式下的 BBM 需要提供一个中度(2 月)和全面(1~2 年)评估的环境流标准,维持生态系统保护要求和基本的人类需求(DWAF,1999)。HFSR 在大约 10 个大的保护区研究中得到了应用,其中,一个综合性的软件框架 SPATSIM(时空序列信息模型软件)被广泛应用于环境流评估(Hughes,2004)。另一个发展是根据河流水文分组,从许多综合性的环境流评估中获取 BBM 环境流量处方,以提取更多一般性的水文生态学原理,可以指导河流中具有不同水文特征的河流环境流评估。这种环境流评估方法被称为桌面备用模型(desktop reserve model)(Hughes 和 Hannart,2003)。

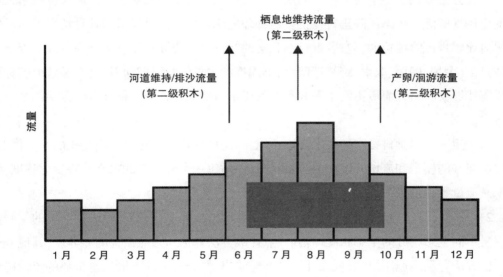

图 26　该图表征了使用积木法建立一个调节流量方案以保护河流的预设未来状态

（版权来自 King 和 Louw,1998 撰写的《南非河道内环境流"积木法"评估研究》。经 Taylor 和 Francis 集团公司同意后再版,www.taylorandFrancis.com）

在昆士兰洛根河的一个澳大利亚—南非合作的 BBM 应用案例中,发现了自下而上方法的许多缺陷,特别是没有一个正式流程来确定目标条件或期望的未来河流系统状态。维持水生生态系统保护和河道外用水的需求之间的平衡是可取的方案, 但是在河流现阶段使用者、保护价值、渔业问题、未来的城市发展规划和工业之间维持什么样的平衡是合适的?谁来决定这个平衡?在这个 BBM 案例试验中,知识缺陷影响了"正常年份"和"干旱年"环境流的制定, 特别是在较大的低地河段淡水—潮水界面的附近,这些地方缺少相关研究,河口的流量需求是未知的。

这个案例后,参与这个评估过程的水资源管理者向河流科学家提出一些新的要求:水生生态系统开始发生显著的变化或严重退化前,河流自然流量情势变化了多少?有没有一个维持生态系统健康的临界值? 如果有,这个临界值和自然水文情势有多大差异? 这个临界值能不能识别? 昆士兰水资源规划者期望得到一个便于评估大流域不同发展情景下的环境流需求的方法 (Fitzro 流域 ,143000km²;Burdekin 流域 ,130000km²;Burnet 流域 ,33000km²),他们非常关心这个能够表征水文进一步变化,界限流量情势的临界值概念("悬崖的边缘")。面对这些挑战,河流科学家提出了标杆方法(benchmarking methodology)(Brizga 等 ,2002)。

(2)标杆方法

标杆方法提供了一个自上而下的风险评估框架,可以用来对整个流域尺度的水文情势变化诱导的潜在生态风险进行评价。这种环境流评估方法是通过与几种情形下河段的状况对比实现风险评价的,包括:近自然状态的"参照"河段和一系列表征现阶段水资源发展情景下(大坝、围堰、取水、跨流域调水)不同扰动水平的"标杆"河段。这些被选取的标杆河段需能够反映研究流域不同水平和类型的流量情势变化特征。标杆方法包括四个主要的阶段。

1)组建一个多学科参与的技术咨询小组,为流域构建一个每日时间步长的水文模型,利用构建好的模型和流域开发前的流量状况,评估每一个标杆点的水文情势变化程度,模拟未来流量管理情景下的状况。

2)生态状况及其趋势评估:构建一个空间参照框架体系(关键和代表性河段的不同监测点),不同生态组分的生态状况评估(三点评级方法评估与参照条件的差异度,其他合适的评估方法)。利用通用模型(概念性模型和经验模型)分析表征不同流量情势的流量统计指标和生态过程之间的关系。

3)构建能够指导评估水资源开发和管理情景的潜在影响的风险评价框架:标杆模型能够通过所有/一些关键水文指标,表征不同水文情势变化情景下对生态和地貌的影响诱导的风险水平。风险水平是通过标杆点不同程度水文情势变化的状况定义的。

4)利用风险评估和概念/经验模型,评估未来水资源发展情景下的状况:不同情景下生态状况和风险水平将会以图的方式展现,能够显示出特定水文变化程度下预测的生态状况(中等影响到较大的生态影响)。

选择关键的流量特征指标是标杆方法实施过程中最为核心的一步。为了形成一个可以运转的框架,至少要选择一批能够表征自然水文情势的水文指标。水文指标包括流量,季节性发生时间、洪水频率和持续时间以及流动变化的模式等水文统计指标。此外,流量过程图(流量随时间的变化图)进一步用来识别不容易通过综合统计指标反映的变化(流量的上升下降速率)。评估生态状况需要利用和解释现有的数据集(标本馆收藏的植物、前期研究收集的鱼类分布及其种群结构数据、无脊椎动物的监测数据、水质数据);许多标杆点会重新进行数据监测收集,能够补充很多其他的信息(Brizga 等,2002)。

根据流域规模,现有水利基础设施的范围,其他水文影响基准的选择以及未来水管理情景的复杂性,风险评估模型的复杂程度可能会有所不同。昆士兰北部的巴伦河的环境流评估实施过程中,评价了三个河流监测点的生态状况,每个点与自然水文情势的差异程度均不同(Brizga 等,2000b,2001),这些标杆点分别位于 Tinaroo Falls(极大的自然水文情势差异程度),Mareeba township(较大的自然水文情势差异程度)和 Myola township(较小到中等的自然水文情势差异程度)。图 27 是针对表征小洪水事件指标的 1.5 年日流量的风险评估模型的风险评估框架。

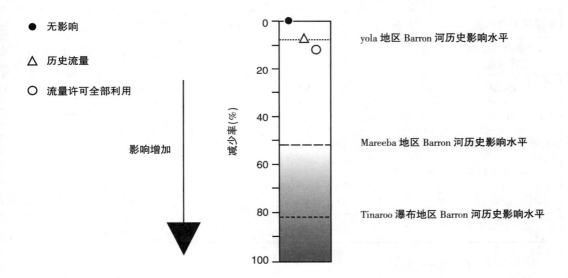

图 27　在澳大利亚北昆士兰地区 Barron 河使用标杆指示法用于假设的流量变量的风险评估模型。三个标杆地点被用于进行生态条件评估:Myola,Mareeba 和 Tinaroo 大坝下游的 Tinaroo 瀑布
(参照 Brizga 等,2001,且经澳大利亚昆士兰州环境与资源管理部门许可)

通过将描述流域其他点在水资源不同管理情景下的流量统计指标叠加到这些图中(交通灯图中,绿色代表生态系统健康,红色代表生态系统退化),来预测生态风险的可能水平。例如, 如果某点在未来发展前景下的水文情势与参照状态的差异程度和受调控的 Barron 河 Tinaroo 瀑布地区状况类似,风险评估模型会认为这个水文变化程度下的生态系统处于较高的退化风险。

许多更加精确的风险评估模型开发应用在 Burnett 流域(昆士兰中部地区),该区域有着非常复杂的水资源开发状况,5 座大坝控制着水流的下泄,还有一些水泵在取水(Brizga

等,2000)。通过 20 多个标杆点的水文指标和生态状况之间关系构建了 2 个风险水平。表 26 列出了 Burnett 流域和 Barron 流域水资源管理规划和环境流风险框架中的水文指标和风险水平。这个风险水平评价框架认为,维持生态系统处于一个低风险水平(处于绿色区域),需要保证大量的河流系统处于自然流量状态(84%~87%的年均流量,86%~92%的 1.5 年重现期的日流量)。此外,这些案例证明了在这两个河流系统中,维持自然的季节水文情势、接近自然水平的日流量变异性和干旱持续时间的重要性。

表 26　　　针对选取的与 Barron 流域和 Burnett 流域水资源规划的各风险水平相耦合的
水文指标所给出的流量变化程度百分比表

水文指标	Barron 河流量改变程度			Burnett 河流量改变程度	
	Myola 河 (轻微到中等影响)	Mareeba 河 (中等影响)	Mareeba 河 (很大影响)	风险水平 1	风险水平 2
多年平均流量	87%	69%	62%	84%	79%
多年平均流量的 变异系数	NA	NA	NA	+/−0.17	+/−0.25
流量等级	NA	NA	NA	无变化	无变化
1.5 年 ARI 日流量	92%	49%	18%	86%	72%
5 年 ARI 日流量	85%	49%	25%	89%	69%
20 年 ARI 日流量	87%	54%	36%	91%	80%
0 流量持续时间	NA	NA	NA	+/−10%	+/−20%
0 流量时间和频率	NA	NA	NA	+/−10%	+/−50%

引自:Brizga 等,2000a,2001。

注:不同的水文指标被分配到这两条河流的研究中(NA);CV 表示变异系数;AARI 表示平均回落间隔。

标杆方法是一个简单但是强大的风险评估方法,它提供了一个能够充分利用可获得数据和有限的现场调查/采样数据的框架。它能够在任何流域任何水利设施和/或取水情景下应用。Tharme(2003)认为这个方法在发展中国家和其他的水生生态系统中(湿地、河口)也可能成功应用。与 BBM 不同,标杆风险模型可以评估任何水文情势变化情景。标杆框架能为监测项目提供指导建议,能通过补充细化研究经验关系,加深对重要问题的了解,为资源规划计划的环境流实施和环境流的适应性监测及调整提供选择。推荐的环境流量实施 10 年后,对由此产生的水资源计划进行审查。

标杆方法在很多方面推动了许多研究工作的进一步开展,尤其是不同河流类型中关键水文指标的可用性和灵敏性(Tharme,2003),以及单一河流流域的标杆值如何应用于大流域的其他区域,甚至是其他的河流流域。从此,有能够对不同流域进行比较和在不同流域开展模型验证的环境流评估框架——水文变化的生态限制法 (ecological limits of hydrologic alteration,ELOHA)将会在第 13 章中详细介绍。

标杆方法为昆士兰的很多滨海河流流域提供了环境流建议,为 Cooper Creek 等内陆干旱河流的水资源计划提供信息。标杆方法指导的生态监测结果,已经验证了几项建议,如昆士兰中部地区的 Fitzroy 河的第一次冬后下泄水能够刺激黄金鲈鱼 (Macquaria ambigua oriens)的产卵,能够促进干旱月份后的生态系统恢复。标杆方法的案例研究中获得的经验为推进 Murray-Darling 流域的受调控河流的环境流评估工作作出了巨大贡献,这个流域中许多大坝和围堰导致了很多生态状况较差的标杆点产生(Kingsford,2000)。遵循标杆方法的原则,出现了一些新的环境流评估自上而下框架方法,如 DRIFT 法和 ELOHA 法。

(3)强制流变化下游响应法

大范围的水利设施运行情景下的水文变化和生态状况,是标杆方法评估未来水文情势变化诱导风险的基础,因此,标杆方法不能应用在没有很多现存水文变化和生态状况响应情景的河流和流量。在这种情形下,需要另外一种可供选择的自上而下方法来预测不同水文情势变化情景下的生态状况。King 等(2003)开发了 DRIFT 法能够满足严格和透明的环境流评估要求,能够评估数据缺乏情况下,满足不同水资源管理情景下的环境流需求。一个 BBM 方法创始人领导的国际团队,在非洲南部莱索托高原的山地河流开展相关研究获取了 DRIFT 法的工作参数,DRIFT 法能够很好地整合现场监测和谈判程序、数据库系统和河流环境流评估的决策支持工具等资源 (King 等,2003)。DRIFT 法主要包括以下 4 个模块(见图 28):

1)一个能够描述生态系统现状和预测不同流量情势变化情景下的河流生物物理组分的生物物理模块,模块中预测的每个预测变化的方向强度都有置信度,并被记录在一个定制的数据库中。

2)一个能够识别河流资源使用者所承受的流量情势变化诱导的风险,量化河流使用者承受的风险与河流产品、服务以及生态系统健康之间关系的社会模块。

3)一个通过生物物理数据库查询、连接上述两个模块的情景设置模块,用来预测流量情势变化的后果(不同分辨率水平下呈现),这个过程用来设置流量变化情景(通常 4~5 个)。

4)一个能够分析不同流量变化情景下环境流配置得失利益的经济模块。

莱索托的 DRIFT 法应用过程中,情景设置侧重于逐渐减少湿季和旱季低流量,降低河道内流量脉冲事件发生频率和改变洪水频率。DRIFT 法中的鱼类组分描述了参与的生态学家如何判断和评估了这些定量水文情势变化的生态影响(Arthington 等,2003)。对鱼类对高低流量变化进行文献综述并列举可能存在的生态响应目录,有助于聚焦这些评估,形成一个环境流组分的"普适性目录"。对于鱼类来说,评估不同流量情景下的栖息地变化状况显得尤为重要,主要通过两个方面来实现:首先,咨询地貌学家和沉积物学专家有关河道地貌、栖息地结构和基质特征的改变状况;其次,模拟研究一系列不同湿周情景下河段水动力栖息地的变化状况,并将栖息地可用性与莱索托河流中每种鱼类产生的栖息地利用曲线进行比较。

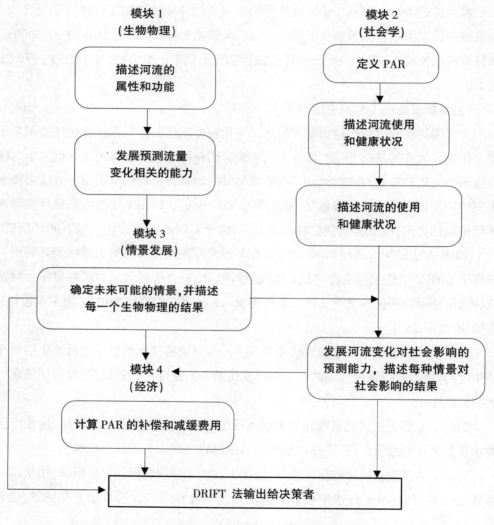

图28　DRIFT 法的四个模块(流量变化的坝下响应法)

PAR 指人类由于流量体制改变所处的生态和社会风险
(引自 JM King 等,2003 中的图 2,且经 John Wiley 和 Sons 许可)

一旦栖息地变化的生态涵义被评估,评估将侧重于生活史的影响,鉴于大部分山区河流的鱼类信息缺乏,这会是一个更加艰巨的任务。支撑鱼类评估的信息来源包括其他流域同种类公布的数据、现场不同季节调查的数据,澳大利亚研究案例中对调查数据统计分析使用的技术手段以及专家判断(Arthington 等,2003)。其他的生态学家(植物和野生动物生态学家)基于 DRIFT 法开发了属于他们自己的环境流方法(河岸带植被的横向梯度分析),构建了一个可以应用于所有环境流方法的置信评级方案。DRIFT 法的数据库和多标准分析协议能够实现不同情景状况之间的比较,从而识别出最小生态影响的水文情势变化状况(Brown 和 Joubert,2003)。莱索托高地河流的 DRIFT 法分析产生了一条将生态条件下降与水坝下方特定流量减少的情景联系起来的曲线(带有置信区间)(Brown 等,2005)。

在莱索托高地河流环境流项目的总结中,King 和 Brown(2010)叙述了 DRIFT 法制定的环境流和社会经济发展前景是莱索托高地发展委员会(Lesotho highlands development authority,LHDA)、世界银行、莱索托和南非政府间协商谈判的基础,最终就调整大坝的出水阀设计和大坝调度规则以满足河流生态系统保护需求达成一致。与流量评估前的坝下流量相比,Katse 和 Mohale 大坝的下泄流量会增加 300%~400%。为了补偿流量情势变化带来的损失(可食用鱼类的捕捉几率下降),沿着坝下河段居住的大约 7000 户居民家庭会得到一定量的补偿金,补偿标准依据工程实施期间(50 年)预测的资源损失情况,2004 年他们获得了第一期约 3 百万美元的补偿金(King 和 Brown,2010)。

许多应用进一步对 DRIFT 法进行了改进,其中有一些还开发了相关的软件:DRIFT-SOLVER 能够优化维持生态系统健康所需要的流量情势(Brown 和 Joubert,2003);DRIFT-HYDRO 能够实现水文序列到生态相关的统计指标间的转化(Brown 等,2005);潘加尼河流流量决策支持系统(pangani flows decision support system,DSS)实现多情景下水文系统模型的输出、流量情势变化和社会经济影响下的生态状况间的数据连接。一个用于综合流域流量评估的决策支持系统正在构建中(Beuster 等,2008)。

第12章

流量恢复法

12.1 水文情势修复需求

河流生境破碎化和大坝对流量的调控是全世界河流都面临的由人类活动诱导产生的最普遍的破坏性变化(Dynesius 和 Nilsson,1994;Vorosmarty 等,2010)。大坝截断了河流连续体的动态、相互连接的地表水和地下水路径,破坏了维持环境异质性和生物多样性的自然水文情势。通常情况下,生物多样性和生物生产力在受调控河流中会改变或下降,导致外来物种入侵(Poff 等,1997;Bunn 和 Arthington,2002)。意识到这些不利的影响,促使人们通过调整水文情势的实际行动来恢复河流的生态特性 (Petts,1989;Stanford 等,1996;Arthington 和 Pusey,2003;Richter 等,2006)。

河流修复研究中产生了众多方法和模型技术(Tharme,2003;Postel 和 Richter,2003)。本章将阐述指导河流水文情势和生态系统修复的基本原则,提出了处理有限技术知识和能力而设计的框架,以及包括大坝拆除在内的先进开发技术。

12.2 调控河流的修复协议

Stanford 等(1996)基于河流生态学理论,尤其是河流生态系统的四维组织结构概念、河流连续概念和序列不连续概念(Ward 和 Stanford,1983),构建了一个指导受调控河流修复的普适性协议(Ward,1989)。序列不连续概念清晰地阐明了河流内在的连续性(河流的纵向、横向、垂向和时间组分),预测可以通过维持受调控河流的水文情势和河流纵向的生物物理过程处在自然状态,削弱大坝和水流情势变化对下游的不利影响。因此,在大坝或大围堰的下游某一点,河流状况将通过恢复到一个相对更加自然的水文情势而"重置",并变得类似于河流连续体中其他地方的功能结构。

虽然认识到这种不连续序列模式的变化以及最终在坝下重置生态系统的可能性,Stanford 等(1996)认为特定流量调控规则下的生态后果很大程度上是能够预测的,因此,流量调控诱导的环境退化强度是能够减弱的。河流修复协议的核心目标是减少人类活动对河流生态系统的干扰程度,使其与河滨带栖息地能保持自然的相互联系,维持河流生态系统多样性、食物网多产性和生物多样性,而其他类型的管理往往致力于解决污染和过度捕捞导致的生物消亡。修复水文情势控制的"规范性栖息地条件"(Stanford 等,1996)是协议的核心,主要通过调控大坝的下泄调度规则和取水方式来实现。

拆除所有的大坝是不可能且不现实的,协议的另外一个目标是使生物迁移的效率最大化,重新实现河流纵向的联系和河流连续过程,尤其是实现破碎化栖息地的自然基因流和生物交流(见第 4 章)。Stanford 等(1996)认为在任何河流修复计划中,要留意到整个流域从源头到入海都是有相关性的,尤其是保护溯河产卵鱼类,需要维持淡水和河口/海洋生态系统的功能连续性。这个协议是基于大量的河流修复案例,以及从中获取的实际建议构建的,它提供了一个灵活的框架,用于规划综合河流修复项目,涵盖了流域规模的生态系统,从源头到入海的整个连续体和多个压力源的生态概念。

Stanford 等(1996)建议采用适应性的管理方法来达到:"一个迭代和逐步的方法,在生态系统背景下汇总所有可获得的信息去界定问题,公众参与目标设定(土著生物多样性的保护和修复),科学研究和同行评议确定有科学基础的管理活动(重新调控),有效的监测和评估管理以及基于科学研究获取新信息而对活动进行适应性调整。"大部分河流修复案例和环境流评估框架都有类似的建议,部分框架的详细信息如下文所述。

12.3　流量恢复法

澳大利亚有很多的河流流量修复框架,澳大利亚东南部许多区域的河流在大坝和流量调控的作用下,河流生态系统严重退化(Kingsford,2000;Arthington 和 Pusey,2003)。框架的主要信息在其他的研究中已经有综述 (Arthington,1998;Postel 和 Richter,2003;Tharme,2003)。本书所述的流量恢复方法侧重于环境流相关的普适性特征,这些环境流致力于修复河流流量情势,至少是坝下河段的流量情势,且能够灵活地综合考虑人类活动诱导的其他河流特征的修复(河道调整、大型倒木的修复),正如 Stanford 等(1996)强调的那样,许多受调控的河流不仅仅受到水流情势变化的影响(见第 5~8 章)。

这个流量恢复方法是在评估昆士兰布里斯班河 Wivenhoe 大坝下游的环境流需求的过程中构建的(Arthington 等,1999;Greer 等,1999)。这座大坝主要是为了蓄存上游布里斯班大峡谷产生的洪水而修建的(1974 年灾难性的大洪水之后修建),这座大坝通过向给水处理站点提供稳定水流,为布里斯班提供了大量的可用水资源 (1999 年平均每天 650ML),同时,Wivenhoe 大坝也能产生少量的水电。这个研究涵盖了许多并行评价:从现阶段流量调控状况下的生态状况恢复到不同目标生态状况情景下的环境流选择,所有调度规则的综述(日尺度的调度和洪水管理),修复鱼梯资源不足的建议,以及评估 Wivenhoe 大坝日尺度发电调度下的潜在生态环境影响。

　　这个流量修复方法主要通过两个阶段实施:第一阶段是一个信息汇总分析的阶段,实现对流域和河流系统状况的初步了解,明晰实施环境流评估所需的新的现场监测数据。第一阶段的最后需要准备一个报告,并为第二阶段的研究构建一个"职权范围"。在布里斯班河流的研究中,第二阶段包括 7 个主要的步骤,这些步骤具有足够的普适性,能够适应任何流量修复研究(见表 27)。大体上,5 个问题需要得到解决:①最初未受调控的河流水文情势如何被改变的?②这些水文变化时河流生态系统如何响应?③考虑流量情势调控的影响,维护流量相关的河流生态系统功能,应该修复哪一种流量? ④给予蓄水河流河道外的用水和大坝运行一定的限制,能否实现这些流量的修复?⑤能否通过其他的方法改善河流生态系统健康,如重构栖息地或者清除外来物种?

表 27　　　　　　　　　　基于布里斯班河流案例的环境流修复方法步骤

步骤	过程	结果
1	选择坝下有监测数据的断面,构建一个日尺度时间步长的情势模拟模型(如综合水量水质模型,IQQM)模拟未受调控时的流量情势	描述调控后的流量情势与建坝前流量情势之间的差异,作为评估流量情势变化导致的生态影响的基础
2	通过实地调查和研究评估关键河段流量情势变化前后的生态环境影响程度	编撰描述水文情势变化前后河流系统流量和生态关系细节的技术报告
3	环境流评估工作组提出坝下的环境流建议,基于可获得的基础科学认识,布里斯班河案例中工作组采用 BBM 方法(building block methodology)重构建坝前河流系统的水生态关系	专家总结提出环境流建议,能够保护河流系统每个组分(水质、栖息地结构、无脊椎动物、鱼类、水生及岸边带植被)维持特定生态状态
4	利用 IQQM 模拟不同环境流情景下生态环境状况,布里斯班河案例中情景设置包括各种流量情景的发生频率的变动	评估每种环境流情景下河流系统的特征、生态系统健康、生物和生态过程的响应状况
5	审核河流系统提供环境流现存和未来所面临的压力,研究可供选择的方法和工程调整以满足环境流的需求	为河流系统中每一种生态组分提供环境流建议,当河流系统限制(如洪水)无法提供需要的环境流时要提出其对生态影响的建议
6	识别非流量要素对河流系统的影响,检查促进河流生态系统健康的修复措施	可能的修复措施如:栖息地结构的修复(沙洲,大的碎屑),外来植被的清除
7	设计监测方案评估环境流带来的生态效益	监测所需的指标和协议,适应性管理建议,相关的研究需要

　　通过比较建坝前模拟的布里斯班河的水文情势和研究站点现阶段的水文状况,获取 Wivenhoe 大坝的水文效应(Greer 等,1999)。例如,图 29 展示了水库调控对月下泄流量强度和变异性(变异系数,CV)的年际年内影响程度。因供水处理造成低流量的人为提升,日、月和年际尺度上的变异性消失,都是导致坝下生态系统退化的主要诱因(Arthington 等,1999)。

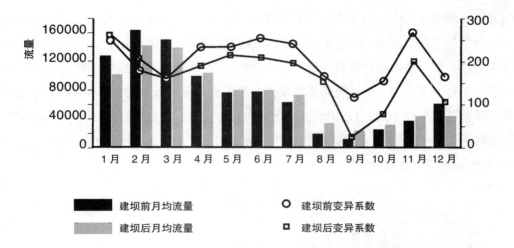

图29 澳大利亚昆士兰州布里斯班河 Wivenhoe 大坝下游建坝前模拟的月均流量、变异系数
与建坝后实测月均流量、变异系数比较

（参照 Arthington 等，1999 重新绘制；流量数据由澳大利亚昆士兰州环境与资源管理署提供）

水位—下泄流量关系能够将 Wivenhoe 大坝下游许多研究站点的浅滩、河岸、岸边植
被带、洪泛平原等特征的被淹没水平转换成下泄流量强度。参与的科学家都能够识别每个
研究站点从低流量到最大下泄流量相对应的水位高度、相关的下泄流量和它们的流量组
分范围。针对每个参与者对每个流量组分范围的流量建议进行整理。例如，需要低流量
（5.17~11.57m³/s→500~1000ML/d）来维持大型水生植物、无脊椎动物和鱼类生存所必须的
浅滩、急流和深潭等一系列河道内栖息地的物理特性；为鱼类和其他脊椎动物提供无脊椎
动物作为食物来源；为鱼类的繁衍和鱼苗成长提供低流量状况。建议维持最大流量范围
（>1157.4m³/s 和>100000ML/d）限制洪泛平原的浅滩和急流处碎石底质的形成及大型水生
植物的生长；为河滨带稍高位置的植被恢复提供合适的栖息地；维持地貌和河道形态结构
的变化过程；维持滨海水质依赖于大体积淡水汇入的冲刷作用；维持河口渔业依赖于季节
性的流量脉冲。这个过程包括利用源自 BBM 自下而上程序重构整个建坝前的水文情势的
生态作用。一旦原初建坝前的水文情势的水文生态关系能够阐述，接着就可以综述流量调
控对地貌和生态的影响，识别需要通过修复哪些水文情势特定的特征能够减轻这些影响。

从布里斯班河流案例中得到的主要经验教训就是水资源管理者应当提供多项流量修
复选择，而不是简单的一个和少许几个流量需求建议，这些建议可能无法涵盖整个水文情
势。如果有很多可以商议的情景，就可以通过模拟得到每种情景对于蓄水、大坝安全以及
其他水资源利用者意味着什么，讨论每种情景所包含的生态涵义，从而能达成一个折中的
流量建议。情景设置认为 Wivenhoe 是一个"半透明水坝"形成的湖泊（容许模拟建坝前水

文情势范围的不同入流情景通过)，从最小流量阈值和流量范围开始，确保每年每月的入流超过这个阈值的水流会被释放到下游形成环境流量情势。不足为奇的是，这种情景会显著减少大坝的无故障收益(随着时间的推移，这种情景几乎会使 Wivenhoe 大坝蓄水量完全泄空)，这种情形是水电管理机构所不能接受的。下一个情景重复这个过程，但是只会容许超过年中每个月的第一个关键阈值范围内的第一个入流情景通过 Wivenhoe 大坝。这种情景能够蓄存更多的水量，但是仍然会显著减少蓄水量。这个过程逐渐减少每月和年的容许向下游下泄的入流频率，每一次减少情景都会增加水库中为人类所用的蓄水量，这个过程的"得失利益"散点图如图 30 所示。

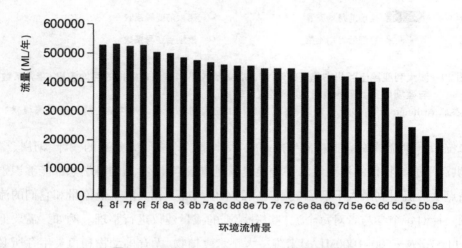

图 30　Brisbane 河 Wivenhoe 大坝环境流情景图

(参照 Arthington 等，1999 重新绘制；流量数据由澳大利亚昆士兰州环境与资源管理署提供)

　　水文模拟能够清晰地展现大坝在蓄水防洪运行和作为布里斯班主要供水源的情形下，哪一个环境流量组分能够或不能够实现。例如，为了满足布里斯班大部分城市人口生活用水需求，每天必须向克罗斯比山水处理设施稳定输送大约 650ML 的水量，不可能要求比这更低的供水量，在旱季时段的自然低流量阶段都没有严重影响到作为城市的主要淡水来源的供水量。在流量范围的另一个反面——高流量，它能够转化成下游的横向洪水，通过下泄大体积入流，可能会淹没布里斯班大峡谷上游的许多桥梁和道路，其他的基础设施也会处于危险境地。在这约束范围内(比自然流量稍高和稍低的流量，但仍然保持自然的月水文情势)，推荐一个折中的季节性流量情势或多或少保持自然流量和时间变异性。此外，科学家要求维持日尺度较大的流量变异性，让一些淹没的浅滩发生深度和暴露方面的变化，从而为水生植物、无脊椎动物和鱼类提供更多的栖息地异质性，为刺激其他的生态过程发生提供变异信号。即使这样，在不同时考虑其他方法改善河流健康的情形下，这条城市河流的修复难以获得成功。这些方法包括自然河道修复取代因低流量上升而淹没的浅滩栖息地、砂石开采导致的河岸河堤结构破坏区域的洪泛平原重构、克罗斯比山围堰鱼道的重建。

本研究以及相关研究的经验为澳大利亚的生态系统环境流的实施构造了一个非常好的实践框架(Arthington 等,1998;Cottingham 等,2002),为几十年后的布里斯班流域和昆士兰东南部摩顿湾地区其他流域的水资源规划作出了巨大的贡献。

12.4　适应性河流修复实验

相对于一开始有着雄心勃勃的目标、数百万美元的预算、复杂的治理管理结构的流量恢复工程而言,许多科学家呼吁流量修复工程应当一开始被建成能够对河流和其他的水生态系统中的水生态关系产生合理认知的长期科学实验 (Stanford 等,1996;Bunn 和 Arthington,2002;Poff 等,2003;Shafroth 等,2010)。建立在适应性环境管理的大框架下的流量修复实验,令人印象深刻的包括哥伦比亚河流域、科罗拉多河、大峡谷、佛罗里达大沼泽地、墨累—达令流域、萨克拉门托—圣华金河流域和加利福利亚(CALFED)三角洲等区域实施的一系列项目。1995 实施的 CALFED 海湾—三角洲项目,是一个 25 个州和联邦管理机构合作的独特项目,其使命是改善加州的供水和旧金山湾/萨克拉门托圣华金河三角洲的生态健康。在 2000 年,CALFED 公布了一个 30 年的远景决策,旨在提升三角洲生态系统、供水可靠性、水质和围堰稳定性(CALFED,2000)。

呼吁加大力度将流量修复研究建立成为科学实验,Poff 等(2003)提出在满足人类和生态系统需求的河流(以及其他淡水区域)修复和管理中要加强科学和社会的作用(见图31)。Poff 等(2003)设想的实验性河流修复策略是一个从项目起始就涉及科学家、管理者和其他的利益相关者相互合作的过程。Poff 和同事们建议项目的启动就应该考虑具有人类价值、感知、行为和风俗习惯知识的社会科学家的意见,并将这些意见融入到能够指导河流修复和管理的知识形成过程中。一起在透明的和问题共同解决的环境下工作,营造一个民主的决策过程, 科学和社会科学能够协同指导更好地实施河流修复和管理(Rogers,2006)。

随着其他减轻河流和流域压力的措施实施,河流的水文情势正常恢复后,河流功能如何响应,独立的流量恢复项目可增加这方面的认知。我们能从这样的项目中得到什么经验? Poff 等(2003)提出协议,建议这些特定案例的背景知识应当整合到更广阔的科学认知中,从精心设计的生态系统试验中提取出来。但是,单独修复案例中存在的独特性和当地人类足迹的单一性,都会限制单独案例向普适化的生态和管理经验转化。新的技术方法有助于整合相互独立的案例发现,以指导生态系统管理,如模糊认知映射方法(Hobbs 等,2002)。

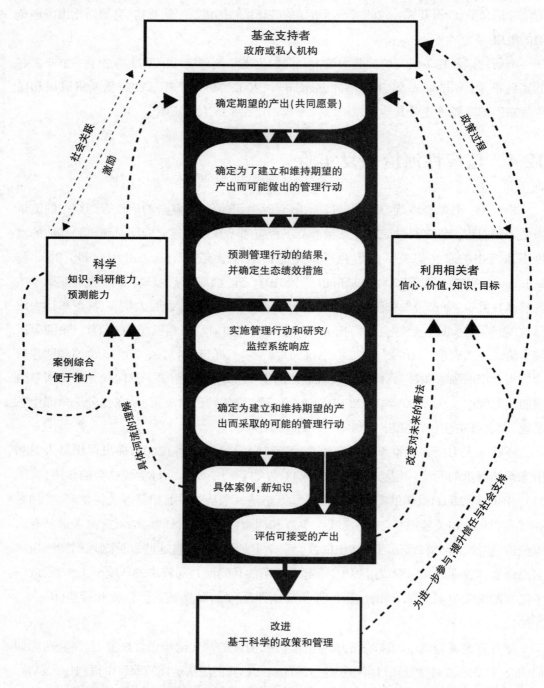

图 31 河流修复研究的适应性管理和大尺度学习性实验的程序框架,体现了科学家、利息相关者、基金支持者在提升基于科学的河流生态系统管理政策过程中的交互与反馈过程
(复绘自 Poff 等,2003 中的图 3,经过美国生态协会的允许)

　　另外一种方法涉及构建贝叶斯信念网络捕获生态系统和人类自然行为的复杂性,从而便于构建基于科学知识和专家判断的预测模型。这种方法能够在不需要大量难以获得的生态细节的情形下提升基础认识(Reckhow,1999)。这种方法在环境流构建和决策制定中的应用越来越多(Hart 和 Pollino,2009;Webb 等,2010),具体情况在第 14 章将会讨论。

　　Poff 等(2003)提出的最后一个挑战是大尺度生态系统实验的资金和机构支持。谁会为这些买单? 创新的融资伙伴关系包括:科罗拉多河流蓄水项目(Richter 等,2003)的主要大坝产生的水电收入,能够支持大峡谷监测和研究中心、科罗拉多河流域上游濒危鱼类恢复实施计划监测机构的运行。来自于大自然保护协会和美国陆军工程兵团的科学家们一起工作,他们在包括肯塔基绿河的很多河流上实施一系列适应性管理实验,旨在通过调控大坝的运行规则改善河流的生态状况(Richter 等,2003)。在南非,联邦水资源研究委员会所有的收入来自于国家水耗收取的税费,这些资金会再分给研究界。Poff 等(2003)评论尽管这些案例都是很鼓舞人心的,但只有极少的河流修复项目是以实验方式设计和管理的,必须要很多年的不懈努力才能够实现河流修复实验的构建和维持。

12.5　协作河流修复项目

　　作为实验性河流修复概念的延伸,Richter 等(2006)较为公正地指出,时间和经费耗费巨大的修复项目基本上都远远超出了许多期望改善河流系统的生态健康的国家、水利部门和地方社区团体的承受能力。Richter 和他的同事们取而代之提出一个适应性、跨学科和基于科学协作的河流修复研究过程,能够依据可获得的知识、时间和资源限制做出相应的调整。

　　这个普适性的过程反映了许多流量修复方法和 Poff 等(2003)提出的协议中包含的内容。这个过程提出包括一个目标性的会议、文献综述和总结报告;流量建议工作小组;环境流实施;数据收集和研究计划,通过反馈循环到另外一个流量建议工作小组并调整环境流策略。这些都是所有适应性管理项目必备的基础步骤(Walters,1986)。

　　这个普适性过程能引起所有开始实施河流修复项目的人们独特兴趣的组分包括:关于目标性会议建议、文献综述范围和总结报告;总结报告中需要解决的问题;不同流量水平提供的生态作用表格(第 4 章中的表 8);一个描述河流流量和生态响应之间主要联系的详细概念性生态模型 (流程图) ;以及展示环境流建议的生态目标的表格和摘要图表。除生态系统环境流评估的常用方法之外, 这个过程会将生态目标以特定的流量组分(低流量、河道内高流量脉冲和洪水)、发生时间和水文年类型(丰、平、枯)的形势展现出来。Savannah 河最终的环境流建议如图 32 所示。

　　Richter 等（2006）指出："一开始，让参与者参与到流量建议工作小组来提出任何可以量化的流量目标是十分困难的。提醒这些参与者他们的建议只是最初的近似值，这些建议在适应性管理过程中会不断地修改，我们发现这些提醒是非常重要的。他们以数据收集和研究需求的形式记录了这些将在未来得到解决的不确定性，而不是让不确定性影响他们对流量目标的选择，旨在使环境流量建议能够更加精炼。"

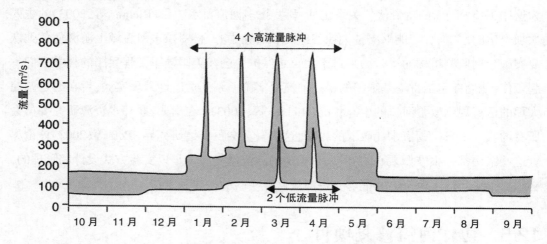

图 32　Savannah 河（佐治亚州）Augusta Shoal 段的环境流量建议，表征出三种不同的水文年份（干旱、正常和湿润）。阴影条带表征了对三种水文年流量建议的结合。在干旱年份，水管理者将按照较低的条带进行管理；在湿润年份，将取条带上限（复绘自 Richter 等，2006 中的图 4，经过 John Wiley 和 Sons 的许可）

12.6　大坝拆除

　　目前为止，我们谈论的流量修复策略绝大部分都涉及大坝下泄模式的调整。一个更激进的过程是拆除这些障碍结构体，让河流系统的流量、泥沙和热状况逐渐地重新形成稳态，以使河流的一些原初的特征和功能能够逐渐恢复（Stanford 等，1996）。20 世纪，美国部分或全部拆除了 467 座大坝（Poff 和 Hart，2002）。美国 2007 年的一个包含 54 座大坝拆除（将要拆除）细节的数据库可以在美国河流网站上查阅（American Rivers，2007）。俄亥俄州自然资源部制作了一个演示小型水坝拆除合理性和生态效益的视频（Ohio DNR n.d.）。

　　拆除的大坝大部分集中在墙高不足 5m 的小型水坝，与大型水坝相比，很多的因素建议应该侧重于拆除小型水坝（产生的库容小于 123000m³），目前为止，少有超过 20m 的大型水坝被拆除（Poff 和 Hart，2002）。小型水坝一般会比大型水坝的运行时间长，会更容易老化甚至是不安全。每一座大坝都会有一个固定的运行寿命，寿命的长短主要受大坝建筑材料的老化速度，泥沙沉积以及大坝蓄水后会减少的大坝的库容、功能和使用率的影响。

泥沙沉积过程很大程度上会受到流域气候、地形、坡度、沟渠密度、植被覆盖和土地利用方式的影响。因此,每一座大坝都会有不同的泥沙沉积坡面和使用寿命。相应的,泥沙的质量和数量是实施大坝拆除时管理机构和公众最为关心的要素。

许多大坝会蓄留有毒的沉积物,当其下泄释放时会导致物理和生态的破坏(Shuman,1995)。1973 年位于纽约 Hudson 河上的 Fort Edwards 大坝的拆除,大量富含 PCBs 的油和沉积物下泄进入河流(Stanley 和 Doyle,2003)。1991 年当 Fort Edwards 大坝剩余残体拆除时,带来了被污染的沉积物的第二波移动,在接下的一年,鲈鱼(*Morone saxatilis*)体内的PCBs 平均浓度增加了 1 倍(HRF,2002)。水库沉积物中蓄存的营养物质同样会给很远的下游水质和生态系统带来威胁,甚至远至湖泊和河口。例如,怀俄明州 North Platte 河上的Guernsey 水库沉积物冲刷下泄,导致下游的水体磷浓度飙升 6 倍,刺激了大型丝状绿藻的增长。

大坝拆除前的沉积物机械化移除是防止全部沉积物下泄的一个比较好的方法, 对于比较大的水坝来说,这个耗费巨大,但是沉积物蓄量比较小的小型水坝可以考虑在下泄水流的影响下直接将沉积物输送到下游。大坝拆除后沉积物输送的方式和速率存在不确定性,一直是人们关注的核心(Pizzuto,2002;Stanley 和 Doyle,2002)。沉积物以及其他的环境考虑影响着彻底拆除小型水坝或围堰的合理性、吸引性和可操作性,同时也制约了对大型水坝的拆除。Poff 和 Hart(2002)和其他的科学家呼吁构建一个科学框架,旨在对大坝的拆除进行深思熟虑的决策,将这类项目当作科学干扰实验。

世界水坝委员会 (WCD,2005) 认为大坝运行和管理评估时应当考虑大坝停运这一项。尽管存在着上述的威胁和不确定性,大坝拆除在许多国家愈演愈烈(Postel 和 Richter,2003)。美国历史上最大的大坝拆除项目将会给位于华盛顿州奥林匹克公园的 Elwha 河及其支流中 5 种鲑鱼重新开放超过 100km 的产卵场和索饵场(Brenkman 等,2012)。这个具有历史意义的大坝拆除项目同样会促进下游的原住民部落的文化、精神和经济复苏,如鲑鱼的重返和洪水缺失区域得以修复。

第13章

水文变化的生态限制法 (ELOHA)

13.1 流量变化—生态响应关系

现阶段所有的环境流评估方法(environmental flow assessment,EFA),包括水文方法、栖息地模拟方法和生态系统方法,都大量运用了风险评估、职业判断和专家意见等技术手段。怎样才能让环境流评估方法及其基础科学从专家意见和风险评估转变为更科学的能够量化和进行预测的方法?

自然水流体制、河流连续概念、洪水脉冲概念以及其他水生态规则一致认为是自然河流的许多水生态过程中具有的共性。但是,这些概念并不能够提供可应用的量化模型,预测自然河流建坝和围堰导致的水文情势变化下水生生物的响应状况,同样也不能预测蓄水河流和受调控河流对水文情势变化的响应状况。几个概念已分析了这些问题,如序列不连续体概念(Ward 和 Stanford,1983)认为大坝下游的变化具有可预测的连续性特征,河流的流量和热状态修复相应地应该能够产生可预测的有益效果 (Stanford 等,1996)。但是,目前还没有流量修复/流量变化和生态效应之间关系的综合性结论,亟需这两种类型的经验响应模型,前者可用来指导流量流态修复,后者能够协助预测大坝以及其他水利设施的修建运行可能带来的生态影响。

鉴于这些不足,Poff 等(2003)建议整合单独的河流修复案例的经验来指导河流生态系统管理, 利用诸如模糊认知图和贝叶斯网络等新技术手段来整理各独立河流修复案例的实验数据。

13.2 元(Meta)分析

两篇近期的元分析尝试整合已经发表的文献中的流量变化—生态响应关系(Lloyd 等,2003;Poff 和 Zimmerman,2010)。在他们的分析中,Lloyd 等(2003)参考了 70 个研究案例,87%的案例都报道了流量减少时,地貌和生态因子会发生相应的改变。但是,事实证明,这并不能确立水文变化大小和生态变化强弱之间任何简单的线性关系或者阈值关系,体积变化是定义和量化环境流的一个非常重要的变量,但很显然,它不是那唯一的一个。许多限制因素阻碍了从一系列不同的文献中建立量化关系,这些限制因素包括:缺少不受干扰的参照(控制)点;生态系统中其他环境要素发生变化(如泥沙通量,温度变化);无法对比水文变化发生前后的生态状况。水文情势的变化通常伴随着水生态系统中其他环境驱动因子的变化,很难提取水文情势变化的单一量化指标和生态响应之间的明确关系(Konrad 等,2008)。外来物种的入侵给土著物种和生态系统带来许多直接和间接的影响,进一步使生态响应变得复杂(Bunn 和 Arthington,2002)。Lloyd 等(2003)建议利用涵盖更多水文变化程度量化指标(不仅仅是流量强度的变化)和生态系统响应间关系的大数据库,构建水文变化和生态响应之间的量化关系。

Poff 和 Zimmerman(2010)对过去几十年间出版的关于自然水文情势变化的生态响应的文献做了一个全面的综述,他们试图寻求水文情势变化和生态效应之间任何定量关系的证据(如对水文情势变化响应的线性关系、曲线关系或者阈值关系)。从管理角度来说,生态系统对水文情势变化响应的阈值关系是非常有用的。当生态系统或者生态价值属性转变到生态承载能力弹性极限,以及当生态系统崩溃,或转向另一种通常不希望的生态状况时,这种关系有可能会发出信号(Folke 等,2004)。

在总共 165 篇文献中,有河道内的也有河滨带的水文变化生态响应研究,大部分文献(145 篇)从河滨带的植被、水体中的初级生产力,大型无脊椎动物、鱼类、鸟类和两栖动物的种群结构角度出发,研究水文情势变化的生态响应。其中 99 篇文献对水文情势的变化研究侧重于表征流量强度的统计指标,也有关于持续时间(25 篇)、发生时间(16 篇)、频率(16 篇)和变化速率(5 篇)的研究,还有 4 篇文献没有具体说明是何种流量组分。

在这 165 个综述的研究中,70%的研究只关注与流量变化这单个要素,也有部分研究考虑了其他环境驱动要素的变化,包括:沉积物(14%)和温度(11%),还有 5%的研究考虑了沉积物和温度之间的交互关系(Poff 和 Zimmerman,2010)。造成流量情势变化的缘由通常是大坝(88%的研究),也有部分改变是由于调水(17 篇)、地下水开采(6 篇)和防洪堤(7篇),还有一小部分研究关注了围堰、道路修建或者渠道整治带来的水文情势变化。还有很多研究没有提到流量情势变化的缘由(32 篇),或是没有提到某一特定要素,认为导致水文情势变化的缘由是许多要素综合作用。在综述的所有文献当中,92%的文献都报道了水文情势变化给生态系统带来的负面影响,剩下的文献报道了水文情势变化给生态系统响应指标带来的增加价值,如未被淹没的洪泛平原的非土著种和非木质植被的增加。水流情势变化越大给生态系统变化带来的风险也就越大。

鱼类是始终对流量情势的变化产生消极效应的物种,无论流量是增加还是减少(Poff 和 Zimmerman,2010)。在流量下降的情形下,会对鱼类持续产生负面效应,80%的研究认为流量强度变化幅度超过 50%，将会导致 50%的鱼类多样性下降。这些研究都一致认为鱼类是表征流量情势变化的敏感物种。

关于大型无脊椎动物和河滨带物种对流量强度变化的生态响应特征，研究结论存在分歧。年最高流量的下降给河滨带物种带来的影响，主要体现在洪泛平原的非木质植被覆盖增加或岸上物种增加。在这个关于流量情势变化和生态响应的全球综述中，没有涵盖在美国西部流量发生变化河流，年最高流量下降给河滨带杨树(*Populus* spp.)带来的负面影响[相对于柽柳(*Tamarix* spp.)]这部分内容(Stromberg 等, 2007)，也没有涵盖河流年最高流量发生时间从春季延迟到夏季，高流量发生时间改变影响胡杨的萌芽，导致三角叶杨(*Populus fremontii*)重建受阻这部分内容(Fenner 等, 1985)。综述的研究中都没有关注生态功能对河流水文情势变化的响应，如河滨带的生产力、养分的迁移转化和食物网过程，尽管这些生态功能响应过程都明显会受到流量变化的影响(Nilsson 和 Svedmark, 2002; Pinay 等, 2002; Douglas 等, 2005)。

Poff 和 Zimmerman(2010)认为很多因素会影响这种元分析的结果，包括：研究中使用的生态指标和流量变化类型不同、流量变化程度的计算方法差异、生态响应的监测方法差异(如上下游之间的比较或者是特定地点时间尺度上的变化比较)、水文变化表征体系的多样性(如强度和季节性发生时间)以及流量变化与其他环境特征的交互作用，如水体的温度情势、泥沙过程、栖息地结构动态和生物生命史过程(Konrad 等, 2008; Olden 和 Naiman, 2010; Stewart-Koster 等, 2010)。

两个元分析的研究都提到现有研究存在的问题，极少研究能清晰地表述流量情势变化及其生态响应关系，从而进一步建立自然河流和受调控河流的水文和生态之间的量化关系。Poff 和 Zimmerman(2010)建议通过分析现有数据库，开展大坝修建或者水流控制实验(King 等, 2010)，进行水文情势变化梯度下目标性监测，大力推进水文变化—生态响应关系研究。

Lloyd 等(2003)，Poff 和 Zimmerman(2010)的两个元再分析研究最大的缺陷是没法考虑河流、生物和气候类型的差异性，现有研究数据无法满足区分地形和气候对水文情势和生态系统特征影响差异性的需求(见第 2 章)。

13.3　不同河流类型的流量—生态学关系

为了尝试解决上述研究中无法解决河流类型差异性的问题，Arthington 等(2006)建议依据自然河流的水文情势特征(强度、发生时间、频率、持续时间和变异性)对河流系统进行分类，在此基础上进一步量化不同河流系统的流量变化—生态响应关系。通过流量情势变化梯度的经验测量建立水文变化—生态响应的量化关系（见图33），而不是基于自然(参照)生态状况的偏离程度来对受调控河流的生态状况进行等级划分,这一思维转变,拓展了标杆分析方法。生态状况等级划分这类方法有极大的局限性,基本上都很粗糙,不能精确地识别水流变化的生态响应阈值。

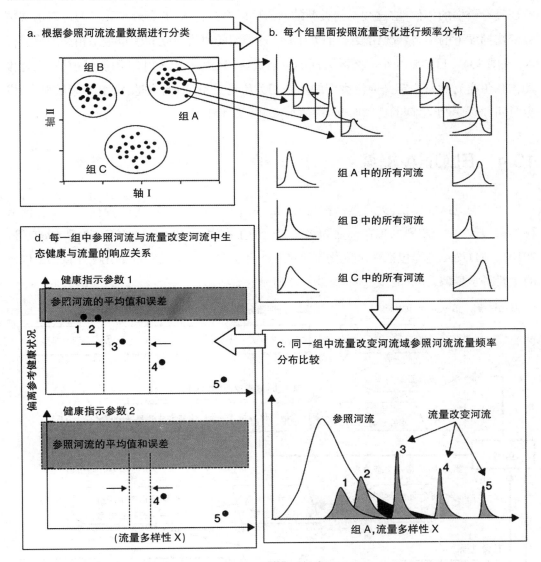

图 33　发展不同水文特性下河流的流量变化—生态响应关系的框架步骤

参考河流根据其特定的具有重要生态意义的流量变量(取自长期的水位曲线)划归到水文相似的组内(a)。频率分布发展用于每个层级中每个流量变量并结合以表征级别所有河流中每个流量变量的的时空变异性(b)。取自流量调整河流的频率分布和参考条件下特定河流级别的频率分布曲线进行比较(c)。流量变化—生态响应关系被发展用于每个河流流量变量和河流级别从自然("参考")到调整流量的梯度变化下的生态健康度量尺度(d)。两个关键的风险级别或是标尺(通过带点竖线和小横箭头来表示)指示了环境流量标准的设定(复绘自 Arthington 等,2006 中的图 1,获得了美国环境协会的许可)

Arthington 等(2006)曾试图研究不同水文特征的河流对水文情势变化(或受调控水文情势的修复)的响应到底存在怎样的差异性。这种方法能够满足水资源管理者对一般性的水生态关系和环境流指导方案的需求,而不是管理每条河流水文情势的"独一无二性"。在一个区域,与不同类型的河流和溪流的生态特征比较,不同水文特征的河流和溪流的生态特征具有更多的相似性,这些不同类型的河流可以作为特殊的"管理单元"。通过对水文情势变化梯度下的生态状况比较,可以为每一种类型的河流建立和模拟生态相关的流量标准(见图33)。目的是为每一类受关注的自然资源(如栖息地、水生和河滨带植被、无脊椎动物和鱼类),和每个定义河流类型的生态相关流量变量(如低流量、洪水的流量强度、发生时间和频率、干旱期的持续时间)构建水文响应经验曲线。

13.4 ELOHA 框架

为了响应这些建议,大自然保护协会(the nature conservancy,TNC)邀请了 19 位河流科学家,开发一个成熟的现在称之为水文变化的生态限制(ELOHA)的工作框架(Poff 等,2010)。ELOHA 过程包括一个生化模块和一个社会科学模块,图 33 列出了 ELOHA 构建的主要科学步骤,详细的步骤内容如图 34 所示。

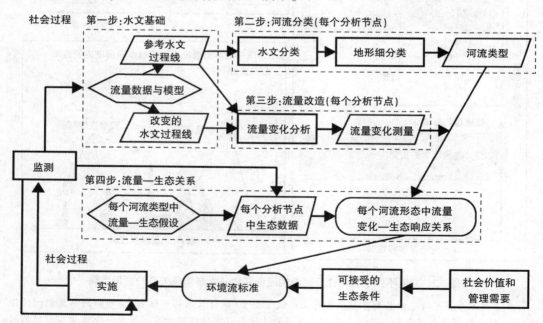

图34 用于在用户定义区域制定具有不同显著水文级别的河流的环境流量指导方针的ELOHA(水文变化的生态限制)框架。在一个科学过程中,水文分析及分类(第1、2、3步)是并行于流量变化—生态响应关系发展的(第4步)。这些响应关系向一个社会过程中提供了科学的输入,使其通过社会价值和目标平衡了环境价值

ELOHA 的基本步骤包括:①利用水文模型构建研究区域的溪流和河流断面水文基础的基线，以及现阶段水文过程线。②依据河流水文情势的 5 个方面特征 (Olden 和 Poff，2003)，筛选一系列生态相关的流量指标，把研究区的河段划分成几类有着不同生态特征的流量情势类型。河流类型可以依据能够影响生物栖息地的重要的地貌特征进一步细分。③现阶段流量状况与基线状况偏差取决于合适的流量时间序列长度。④基于现有水生态研究结果、不同水文变化梯度下的现场研究和专家意见等技术手段的结合,为每一类型河流构建流量变化—生态响应关系。理想情况下,一套简练的流量指标就能够很好地描述水文情势变化的各方面特征,并能够解释在每个河流流量类型中,特定类型的流量改变情形下观察到的生态响应变化。

经过这四个步骤,对这些水生态关系和阈值的解释达成共识的背景下,利益相关者和决策者才能够在生态目标的价值(生态系统服务),相关的经济支出,流量变化和生态响应功能关系存在的科学不确定性这三者之间寻求平衡，从而评估可接受的风险状况(Poff 等,2010)。ELOHA 框架可作为适应性管理策略的指导方针,规范化正在进行的监测数据收集和现场采样工作,测试和调整假设的流量变化—生态响应关系。

ELOHA 框架的科学模块中对流量情势变化和生态响应间关系的探索,是从一系列基于专家知识和水生态文献理解的合理假设开始,在 ELOHA 随后的其他模块中,会进一步描述特定水文情势变化诱发的生态改变的假设(见表 28)。这些假设必须针对特定的河流类型(如绝大多数的流域源头的小溪流或者大部分有着发达洪泛平原的大河)、研究区其他相关特征和已有的可用于分析的生态数据类型进行调整。

表 28　　　　　描述对流量变化的预期生态响应的假设,由 ELOHA 权威整理

流量特征	假设
极低流量	在多年有水河流中极低流量的缺乏及相应的干旱,将导致无脊椎动物和鱼类多样性以及生物量的迅速消失,这是由于浅滩栖息地减少,当浅滩断流时,栖息深潭区域的水深降低,栖息地斑块之间失去水力联系,水质恶化
低流量	低流量的缺失将导致总的次生生产力的逐步下降,这是由于栖息地在质量上具有了边界性,或是消失了。低流量的增大将导致偏好低流速浅水栖息地的物种的丰度和密度减少
小洪水及洪水脉冲	干扰底质的流量事件的频率减少,将会导致底栖动物丰度的减少,这是由于细颗粒的积累阻隔了底质间的间隙
大洪水	洪泛平原的淹没频率增加,将增强滨岸植被物种生产能力的提升,这是通过增强的微生物活动和营养供给实现的,而在某一地点的内涝将会造成生产力的下降,这是由于土壤的厌氧条件下降造成的

引自:Poff 等,2010。

ELOHA 框架的指导性原则是在生态响应和特定流量组分间存在一些机理性或过程性的关系时,能够给予水文情势变化的生态响应有力且有效的解释。Poff 等(2010)建议可以依据生物分类学特征、生物组织结构水平、结构功能特征或是能够反映物种对动态环境适应的一些物种特性(如生命史策略和形态结构特征),对很多潜在的生态指标(见表29)进行归类。对时间尺度变化的响应速率是选择生态指标需要考虑的一个重要因素,确保预期的响应时间能够被捕获。如应该考虑对环境变化响应迅速的藻类和无脊椎动物等物种和对环境变化有非常漫长的响应时间的河滨带树木之间的差别。此外,生物和生态过程对流量变化的响应方式有直接的 (如产卵活动对来水流量快速上涨或洪水的流量阈值的响应),也有间接的(如水质或栖息地的响应)。Bunn 和 Arthington(2002),Nilsson 和 Svedmark(2002),Pinay 等(2002)设定了很多原则,指导理解流量组分变化对水生生物多样性和养分循环的直接和间接影响(见第 4 章)。这些和其他原则,以及需要研究河流的当地情况,都能够指导生态指标的选取。

表 29　　　　　　　　　在流量变化—生态响应关系开发过程中有用的生态指示物种

标准	指示物种
响应方式	产卵或者迁徙 对于流量的间接响应(如栖息地介入的)
与生物学变化相联系的栖息地响应	物理的(或水力学的)栖息地变化(宽深比、湿周、深潭容量、河床底质) 流量相关的水质情况变化(泥沙输移、溶氧、水温) 内流覆盖的变化(如河岸内切、根土复合体、树木残渣、跌落水中的数目、挺水型植被)
响应速率	快与慢 快:适于小型快速的生殖,或是运动性较强的生命体。慢:长生命周期。 短暂的与平衡的 短暂的:树苗的落种,长生命周期鱼类返回栖息地。平衡的:某些平衡状态恢复到达终点的反映
物种群落	藻类和水生植物;滨岸植被;底栖动物;两栖动物;鱼类;陆生物种(人类、鸟类、水生哺乳动物等)。 构成方法,如物种多样性;生物完整度指标
功能性属性	生产力;摄食群体;形态学和行为学,生活史适应性(如短生命周期与长生命周期,繁殖群体);栖息地需求与群体;功能多样性与完整度
响应的生态级别(过程)	基因的;个体的(能量概算,生长速率,行为,轨迹); 数量(生物量,种群发展成功性,死亡率,密度,年龄分布);群落(组成,优势物种,指示物种,物种丰度,群落结构);生态系统功能(生产力,呼吸作用,营养复杂度)
社会价值	渔业生产量;干净水资源和其他生态系统功能或者经济价值;濒危物种保护。 娱乐功能(如漂流,游泳,景观便利设施);本土文化和精神价值

引自:Poff 等,2010。

对流量情势变化的生态响应方式可能从没有变化到线性关系或是阈值响应变化 (Anderson 等,2006;Arthington 等,2006),响应可能会是正面的,也可能是负面的,主要取决于选择的生态变量、特定的流量指标和特定河流类型的变化度。图 35 呈现了 3 种河流类型的案例(融雪型、地下水补给型和瞬变型)。流量变化—生态响应关系可以通过不同流量调控强度下现存或者新的数据进行汇编获取,这种关系的统计检验能够决定特定类型流量情势变化诱导的生态变化形式和程度。进行流量情势分类的一个重要原因就是存在一个假设,这个假设认为对流量变化的生态响应状态和方向在相同类型河流之间雷同,而不同类型河流之间会存在很大的差异性。

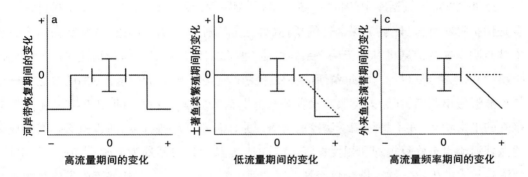

图 35　对三种河流类型的流量变化—生态响应关系:冰山融雪河流(a),地下水补给河流(b)和冲刷型河流(c)。流量度量尺度(x 轴)从负向到正向变化,并没有代表参考条件的变化情况。对于流量变化的生态变量响应(y 轴)在一系列的变化地点进行测量,从低到高变化。图像中间括号内的空间表示了参考地点流量变量和生态变量范围内结果变量的变化范围

(复绘自 Poff 等,2010 中的图 3,经John Wiley 和 Sons 许可)

ELOHA 框架的最后步骤中,科学家、利益相关者和管理者构建了一套流量变化—生态响应关系,主要包括:水生和河滨带的植被、鱼类、水质变量对特定流量变化的响应。在有明显阈值响应关系情形下 (如维持河滨带植被或提供鱼类进入泂水区和洪泛平原栖息地通道的漫滩流量),不超过漫滩流量水文变化阈值是一个"低风险"的环境流的设置标准。对于没有明确的界定来区分风险高低程度的线性响应关系, 需要一个共识的利益相关者过程来确定有价值的生态资产能够接受的风险水平, 如河口渔业对淡水入流的需求 (Loneragan 和 Bunn,1999)。ELOHA 框架容许专家小组和专家判断用于识别 "基准" (Brizga 等,2002)、"可能引起关注的阈值"(Biggs 和 Rogers,2003),或者风险水平,通常发生在河流特定的环境流量评估期间。

ELOHA 框架能非常灵活地为很多空间尺度上的环境流评估提供输入,范围从河流类型 (来自于特定区域河流的水文分类) 到大河流域、单独河流和河段的次级流域。最初ELOHA 框架概念是用于预测未来的生态状况,或用其他抽象手段判断新大坝和其他的水

利设施是否应该修建(Arthington 等,2006)。流量变化梯度下构建的水生态关系(通常指坝下)同样能为很多区域内受调控河流的水文情势修复规划提供基础。利用 ELOHA 框架系统研究不同水文特征河流的水文情势变化，获取的水生态关系将会有利于指导怎样将单独河流或支流恢复到一个更接近自然状态的水文情势,包括修复一些很重要的流量特征,如修复减水河流更接近自然状态的基流水平，或恢复蓄水水库下周期性洪水以刺激鱼类产卵或补充河岸。单靠流量修复并不足以实现修复河流想要达到的目标,或是过去的流量和流域干扰遗留问题太强,阻碍了修复取得重大成功,但 ELOHA 数据库仍能为区域水资源规划中的河流生态修复工程提供有用的资源。

此外,EIOHA 数据库中的自然(参照)和受调控河流的水生态关系提供了条件评估甚至是保护等级划分,能够确保合适的指标(如濒危物种和其他有价值的资产)在这个过程中被监测。这些信息将有助于从一系列可能性中针对河流或其子流域构建更广的优先保护事项和优先修复目标。将每条河流都视为一个独立体来进行环境流评估的方法和框架是不能够做出判断,在为人类保障水资源和为生态系统提供支撑之间,来确定一个更容易接受的平衡状态。并不是每条受调控的河流或是溪流都能够被修复,所以就必须有的放矢地做好河流生态修复规划和相关投资。ELOHA 框架可以灵活地为河段、支流、次级流域、河流、较大的生物气候区域或政治管辖区的河流等不同空间尺度的河流生态修复规划和投资提供决策依据。

13.5　ELOHA 的应用

ELOHA 框架被美国、澳大利亚、巴西和中国的相关机构广泛应用,部分应用案例在下面将会阐述,更多的应用过程细节参考大自然保护协会的 ELOHA 网站(TNC,2009)。

华盛顿州的一个 ELOHA 应用研究,依据 99 个描述自然水流情势的生态相关水文指标,对全州范围内的河流进行分类(Liermann 等,2011)。该研究区分了不同的流量情势类型,在这些流量情势类型当中,流量强度的季节性分布、低流量和洪水强度频率的变化、流量可预见性和变异性等其他方面特征存在差异。未来研究将关注于美国太平洋西北部河流的生态和水文循环关系。

科罗拉多水资源保护局研发了能够嵌入流域流量评估工具 (watershed flow evaluation tool,WFET)中的流量变化—生态响应曲线,是 ELOHA 框架广泛应用案例中比较特殊的个例(Camp Dresser 等,2009)。WFET 的设计旨在帮助利益相关者评估不同溪流的非消耗流量需求量,依据的是流量变化与生态响应之间的相互关系。在 Roaring Fork 流域,对 47 个节点(流域监测站点)的基准状态(开发前)和现行水资源管理措施下的流量状况进行了对比。利用水文指标变化软件计算（Richter 等，1996）流域现行状况和基准状况下生态相关流量指标的变化程度。为了构建 WFET 中的流量变化—生态关系曲线，Wilding 和 Poff（2008）仔细分析了大量数据（期刊、技术报告及其他相关资料），他们量化了 3 种河流类型中的流量状况与河滨带植被、冷水和温水鱼类、水生大型无脊椎动物以及水上休闲活动（皮划艇，漂流）间的关系。比较不同流量变化水平下的可测生态系统参数，为量化生态系统响应提供了基础条件。如核算每个节点的 8 月和 9 月流量，如果这些夏季月份的低流量平均值占全年平均流量的 26%~55%，鳟鱼的生态风险基本可以忽略不计。每个节点鳟鱼的生态风险信息用不同的配色方案显示在流域地图上。

大自然保护协会和世界自然基金会参加了墨西哥全国范围内多部门组成的技术工作小组，合作提出了一条为全国河流设置环境流的国家级技术标准（Norma PROY-NMX-AA-000-SCFI-2001）。Norma 标准提出了一个确定环境流的四级结构方法，既包括简单的水文方法，也包括详尽的跨学科评估方法。Norma 标准结合了当地制定的程序，在流域或超大流域尺度上应用 ELOHA 框架进行环境流评估。

基于 ELOHA 的概念，中国开展了一个旨在开发评估河流健康、环境流和水资源配置的研究框架（Gippel 等，2009；Gippel，2010）。在实施区域尺度下的环境流评估前，单独的河流案例研究在不断开展，以检验这些方法基础步骤设置的合理性。在很多日流量数据缺失情况下，ELOHA 的水文基础研究通过利用月流量数据将河流划分成不同的水文类型（Zhang 等，2011）。黄河流域的研究利用了其他生态系统方法和水生态原则，评估下游河段鱼类的环境流需求（Jiang 等，2010）。

ELOHA 框架的各个模块的科学性在昆士兰东南部和澳大利亚得到了检验，为了满足工农业用水需求，这些地方的河流和溪流蓄水超过 50 年，最近进行的河流健康评估认为这些河流的生态系统完整性处于一个非常差的状态。在这个研究中，2 年时间内采集了 40 个样点的河滨带植被数据、水生植被和鱼类数据（Arthington 等，2012）。表 30 详细总结了 ELOHA 概念的检验结果。

表 30　　在澳大利大昆士兰州西南部进行的关于 ELOHA 方法试验所检测出的结果

ELOHA 概念	结果
根据与生态相关流量指标（流量强度、季节、高流量和低流量发生的频率、漫滩流量变异性等）可将相近区域的河流分成不同的类型	对尚未改变的河流水文情势进行分类，是基于完整的质量量化模型（IQQM）按照流量强度和变异程度定义了六种流量组分
在某一特定区域内，水文情势属于同一类型河流的生态特征具有一定的相似性	不同类型河流的平滩河岸变量差异很大，但近岸变量与水生植物差异不大。不同类型河流的鱼类群落在种类丰富度、总密度、本地种密度、外来种密度和群落组成等方面的差异很大

续表

ELOHA 概念	结果
由于大坝或其他因素造成的河流水文情势变化的生态响应的大小将取决于水文情势的类型及其被改变的程度	在一些研究河段大坝及河流的人为控制已经显著影响了河岸带、水生植物和鱼类。这些影响从一种类型到另一种类型都反映了流量的改变
增加某一特定水文参数的影响程度也将增加对生态响应影响的程度	河滨带植物、水生植物和鱼类对每个特定水文参数(如低流量持续时间、流量变异程度等)的改变同时具有正面和负面的影响

引自：Arthington 等，2012。

相对于其他的环境要素梯度(气候、流域特征、土地利用变化、溪流栖息地结构和水质)，这个研究展示了流量作为河滨带和河道内的生物群落结构变化驱动因子的重要性。在整个研究区，所有三个生态组分(河滨带植被、水生植被和鱼类)对流量情势变化的生态响应是明显的线性关系。大部分响应的量化都是有物理机制基础的。不同流量类型的流量情势变化的生态响应关系有明显的差别，因为不同大坝诱导下游流量情势的改变是不同的，研究区流量情势变化类型重复的概率极小。此外，当研究区所有地点都纳入一个单一的流量变化梯度下对比，不同流量类型和生物关系将会使所期望的线性响应关系不再明显，但是，能够建立有用的水文情势变化—生态响应关系，用来指导昆士兰东南地区的环境流管理和评估气候变化带来的潜在影响。

一个针对 Murray-Darling 流域的研究计划(Murray-Darling basin plan，MDBP)对 ELOHA 框架的组成成分进行了检验，设置了一系列环境流情景去修复过度开发的河流生态状况。第 19 章和第 21 章将会详细介绍 MDBP 的细节。

第 14 章

环境流关系、模型及应用

14.1　关系和模型

环境流量评估(EFA)及其有效管理,需要具备在河流流态发生改变后预测其今后生态环境的能力。积极的河流保护方法,旨在对拟建的大坝完工后的生态影响进行预测,反应大坝特性的方式(比如蓄水和泄水过程)改变了以前的"自然"流态(见第 11 章)。河流生态恢复方法的目的是预测经过调节水流体制可获得的生态效果, 尽管这种人为干预式河流完全恢复到建坝前生态特性的可能性很小(见第 12 章)。本章重点论述模拟天然水系、调节水系及恢复水系流量的生态响应模拟的最新进展。

14.2　河流的热状况

Olden 和 Naiman(2010)两位学者提出了一个综合性的概念,该概念围绕河流系统的热状况加上天然及调整的水温状况的生态意义。其中河流的热状况可以用人们常见的"流态"这一术语中的具体参数来描述:量值、频度、持续时间、发生时间以及在不同时空尺度上的水温变化。然而,很少有研究试图探索水流和温度变化对大坝下游生物群的个体和相互作用(Murchie 等,2008)。热状况和流态耦合在一起,就是最初的洪水脉冲概念的一种设想特性,不过对于有节制的河流,它们也未必是完全如此。这种不一致性对生物生活史策略的演变 (AJ King 等,2003)、建坝的影响以及环境流的设计和管理具有启示意义(King 等,2010)。

为了减轻大坝的热状况影响,人们已掌握了许多管理方法。例如,可以运用河流热状况景观(例如,岸栖植物和支流汇合区)来促进温度的完善性(Preece 和 Jones,2002)。大坝的热状况影响,主要可采取两种方式应对:一是有选择性地抽取所要求温度的水来开发水库温差层;二是在水库泄水前人为地破坏水库温差层。为减少热污染,现已筹划出 7 种基本策略来应对,即多层取水建筑物、浮式进水口、气泡羽流水层混和系统、浮动平台上的地面泵、通风管、淹没堰(潜堰)和消力池(Sherman 等,2007)。

考虑各种应对水库热状况影响方案的复杂性及利弊端，使之满足下游水流要求和达到温度标准，特别是在缺少温控设施的情况下，Olden 和 Naiman(2010) 两位学者建议将正规的优化框架和实用模型纳入适应性管理策略中，这样才有益于环境流量的评估。下个世纪气候变化和温度上升的突出影响，更加激发了人们掌握包括水温动态特性的环境流策略的决心(见 22 章)。

14.3　水流与水化学

就热状况而言，水质在更多的方面影响着河流生态系统(如污染物、盐、营养物、有机物、泥沙和溶解氧等)，并与复杂体系中的温度和流量相互作用。第 5~7 章叙述了流域中和河流走廊上人类活动可能对淡水生态系统及水质产生干扰的方方面面。从评估流态特性与水化学之间的关系(Nilsson 和 Renofalt, 2008)看，造成水质下降的许多问题都与河道流量太小这种极度违背自然的情形有关。在这些时候，河流中的化学成分(例如，可溶性盐)和污染物(至少是这些)浓度很可能会增大，给水生生物群造成压力。这里可用几套模型将水的成分与河流流量联系起来。例如，水流浓度模型可用来预测在给定的、规定的流态下可能产生的水质，而浓度时间序列模型则支持与水质变化潜在后果有关的复杂水流情形的排序(Malan 等, 2003)。在南非，1998 年颁布的国家水法(NWA)要求水管部门建立"生态储备"(见第 21 章)，而有了这些模型化的方法，便能结合水质预测及水生生物群影响的框架，从而确立生态储备。这里所提及的生态储备，就是需要维持特定生态系统机能所需水量和流量时间。估算生态储备的指导性原则是，环境流量一般不用来稀释污染物。

加强面源管理和点源管理提供改善源自河流以外水质问题的策略，包括减少地表径流、合理计划农田施肥、安排合适的灌溉与废水排放时间、为净化水质开发河岸缓冲区和湿地栖息地、避免持续低水位的设计流态等(Nilsson 和 Renofalt, 2008)，而大量的模型都支持这些策略。米奇(Mitsch 等, 2005)等人建议，建立大量的河岸湿地，在被污染的河水注入大海之前将其净化处理。他们估计，建 22000km² 的湿地，或恢复同样面积的湿地，预估可以清除从密西西比河流入到墨西哥湾的 40% 的氮。去除硝酸盐所采取的一般管理策略，可能会导致河系结构越来越复杂，因为水—基质分界面面积与河流、河岸和漫滩的氮贮留和吸收效能呈正相关(Pinay 等, 2002)。保水构造物，如藻类、水生植物、粗糙木质物残体和隔板等，都有利于促进氮的生化过程。建设大量的河岸湿地，保留一些洪泛区，不仅能减少带入河流的营养物，而且还能保护其他地区免遭洪水侵袭(Scholz, 2007)。

14.4　水流与水生植物

影响大型水生植物群落和种群结构的物理因素都与流量因素息息相关，这些因素包括：极端洪水、河流水力学、河道底层物质的构成及其稳定性、抗干扰强度和频度、水流速的局部变化、湍流、剪应力和冲刷等（Biggs，1996；French 和 Chambers，1996）。这些因素以及水质和光照环境的显著空间变化，通常会造成河流中的植物极不均匀的分布（Sand‑Jensen 和 Madsen，1992）。尽管这些因素变化多端，形态各异，但根据其干扰特征和可用资源所发生的变化，在一定程度上还是可预测的（Riis 和 Biggs，2001；Mackay 等，2003）。大型水生植物群落常受到水流调节的影响，这说明如果我们能更透彻地了解水生植物形态和过程中与流量相关的驱动因素，可以知道该如何做出河道治理的规划，最大限度地减小人为影响，支持河流恢复的战略。根据物种特性或生物群落特征来开发广泛适用的模型，是目前在大型植物群落生态学的一大挑战（Bernez 等，2004）。

从管理角度看，Champion 和 Tanner（2000）非常注重维持分布在中等水平阴暗区域的沉水植物的生态效益，目的是使已退化的低地河流的健康状况得到改善。Humphries（1996）建议，水量的持续分配必须满足所有水生动植物群落物种的需求，因为维护这类生境的异质性，对确保水生动物植多样性（特别是无脊椎动物的多样性）和河流的健康是至关重要的。采用多元模型对本地种和非本地种水生大型植物的分布模式进行梯度分析，无疑需要了解河流的状况并进行环境流量评估（Mackay 等，2003，2010）。多种生态系统 EFA 方法（如标杆法和流量恢复法），通常都考虑大型沉水水生植物群落与河流流态特征以及水力生境结构的生态关系。

14.5　水流与河滨带植物

从生命的萌发、发育到衰老，确定其在水文上的需求，及其与物理和生物因素的相互作用（如河道变迁过程和竞争），是确定河滨带植物水量需求的必要步骤（Nilsson 和 Svedmar，2002）。在一篇最新的文献中，Merritt 等（2010）介绍了有关河滨带植物和流态特征的个体、种群和群体层面的模型。采用的箱式模型，已广泛用于流态的辅助设计，以增强河岸植物带的恢复（Rood 等，2005）。动态数值模型与站点空间动态测图的结合能有效预测各种模拟水流流态的变化范围和特性，这就使我们能对各种水流情形进行利弊权衡的评估（Pearlstine 等，1985）。矩阵群体模型可能很有用，但很少用它制定流量标准来对沿河的植物群体进行管理。Lytle 和 Merritt（2004）借用与杨树生命率（特定阶段的出生与死亡）密切相关的随机过程(洪水、旱灾、河流水位下降率)，开发出一套沿岸杨树种群结构模型。在群落这一层面，用于表征植被特征的属性(如生物量、植被量、生长率和林分物理结构)可以按流量变量回归，以使我们能够在受控的水流状态和可测的河岸条件之间作出利弊权衡的评估。

这些方法的弊端在于，因为水流的响应往往是针对专门的河流和站点，即使在相同的水文气候区域，也限制了与其他河流的关系可转移性。为了突破这些限制，Merritt 等(2010)拟定了一个将河滨带植物物种分组成"岸栖植被—水流响应行会"的总构架，在行会里，预期会员们以类似的方式响应可量化的水流特性。行会有 5 个类别，分别是生活史、繁殖策略、形态学、河流干扰和水量平衡。河岸水流响应行会还可细分到单项工程的物种级别，或用以制定区域水管理计划的流量—管理准则(Merritt 等，2010)。从对沉水植物繁殖特性的类似研究中，可得知洪水破坏后的响应动态轨迹。

美国西部亚利桑那州的 Bill Williams 河是科罗拉多河下游一条很大的支流，其恢复性研究采用了水文学和水力学、地下水—地表水动力学以及水库调度等相关模型，并通过其他模型、软件和现场收集的数据来估算与生物响应有关的关键水文和地形地貌条件及过程(Shafroth 等，2010)。河岸模型对于这项综合研究来说是完整的。将局部尺度的水力学模型与林木种苗的现场监测数据结合起来，就能对杨树种苗抵御洪水的响应作出评估。水文工程中心的生态系统功能模型(HEC-EFM)预测了沿河的各种生态反应功能，包括在特定水流情形下适用于河岸林木种苗移植和引种的位置及基质。该模型还利用了日平均流量和水位高度的时间序列来计算与任何生态反应(例如，季节、持续时间、变化率和洪水发生频率)有关的统计数据。

在对这些模型模拟能力的评价中，Shafroth 等(2010)强调了考虑可能影响生态响应的地貌形成过程的重要性。Escobar-Arias 和 Pasternack(2010,2011)等学者同样呼吁关注受流体力学支配的地貌阈值问题。他们的功能流模型(FFM)将流量值与剪应力条件关联起来，从而达到诸如创建和维护鱼类产卵和繁殖生境等生态目的。剪应力也是一项重要的变量，它关系到大型水生植物群落的持续生长和生存(Biggs，1996；Mackay，2003)，并与大多数底栖无脊椎动物相关。

14.6　水流与无脊椎动物

河岸水流响应行会的概念与近代研究的无脊椎动物的生态位功能特性类似(Poff 等，2006)。在英国和威尔士，已根据生态学观察数据，开发出用于流量评估的激流群落的无脊椎动物指标(LIFE)，基于物种和种群层面对流速的偏好来评估生物对流量的响应(Extence 等,1999)。LIFE 被用来识别受到压力(如取水)作用的场所。Monk 等(2007)指出,在英国和威尔士,LIFE 分值对所确定的 2/3 流态类型的径流(每单位流域面积的多年平均流量)变化特别敏感。在英国和丹麦,Dunbar 等(2010)运用从低地河流得到的河流生物监测数据的时间序列, 表明了当地尺度的生境特征是如何调节这类大型无脊椎动物群落指标对河道流量变化的响应。他们的研究也核实了生境变化是如何影响无脊椎动物群落,从而有可能将他们的水流响应行会理念扩展到生境响应行会中。该方法有可能广泛适用于开发天然和工程河道中区域性的流量变化—生态响应模型。

14.7　水流、生境和鱼类

物理栖地模拟法(PHABSIM)和类似模型的研究人员,倾向于假定在生境面积(或体积)和种群生物量之间存在一种线性关系,而且适宜生境的最小面积需达到种群目标(见图 25,第 10 章)。Anderson 等(2006)认为,仅仅是生境偏好的模型,还不足以预测鱼类或其他生物对流量变化的响应,而基于个体生物能量学或生物习性的模型,可以"结合对环境生物成分的生物响应,如食物供应率、维持游动姿势的成本、势力范围竞争和死亡风险等"。在做这样的推断时,需要将生态环境偏好的简单假设,转变成种群和群落层面上对时间空间流量变化的响应。

Rosenfeld 和 Hatfjeld(2006)认为,生境对种群限制规模的影响,主要来自以下方面:"①在生活周期阶段之内,对个体表现(生长、幸存、繁殖)的影响;②在特定的生活周期阶段相关的的生境对种群的限制;③维持集合种群稳定性所需的大规模生境结构。"

生境模型种类繁多,小的能从不同生境型的动物密度来估算种群的简单模型,更大区域的模型则为有明确生境结构尺寸的种群模型。在河流中生活的鱼类,往往作为一种集合种群(一群通过洄游方式联系的空间不连续种群)活动,某些种群对于物种的续存可能比其他种群更重要。必须确定最重要的种群(例如,来源种群),并加以保护(例如,通过生境恢复或环境流量)。如果"汇"栖息地是易遭随机灭绝的源种群疏散或躲避的廊道,则这一群体可能包括 "源与汇" 种群的结合 (在生态学上有助种群增长的栖息地被称为"源",而无支持性的环境称为"汇")(Rosenfeld 和 Hatfleld,2006)。这种可能性需要对河网种群分布的空间形态进行仔细的评估(Labbe 和 Fausch,2000),它很可能与确保生境和种群稳定性的因素直接相关。能为所有尺度的鱼类生境和通道提供环境流量的确切流域空间和河网,是必须了解的重要方面,而这些方面得通过时空中生物自然联系的生活方式才能掌握。因此,深入了解在缺乏天然流量的枝状和分散状水系中集合种群的生活过程是当务之急。

14.8　水流和鱼类群落结构

为进行环境流量管理而探求水文生态关系的一大挑战是，可能会受到项水文参数、水文变化及其他压力源的潜在混杂影响。例如，有文献表明，许多情况下流态变化和外来物种的出现之间会有相互作用的混杂效应（Bunn 和 Arthington，2002；见第 4 章和第 8 章）。为了应对这一挑战，就需要复杂的实地研究设计，并采用大量程的统计工具来解决生态系统的复杂性，包括历史遗产、时滞、非线性、相互作用以及时空变化的反馈循环。Olden 等（2008）讨论了机器学习技术（分类和回归树、人工神经网络和演进计算），该技术能模拟一组环境输入参数和已知生态输出参数之间的关系。他们表示，"近年来这些方法运用得越来越多，该方法无需通过传统的参数近似法作出各种限制性假定，用生态数据就能模拟出复杂的、非线性关系，直接得出结果。"这些结果通过界面友好软件，传达出信息文件供研究人员参考。

在最近的鱼类群落综合研究中，Grossman 和 Sabo（2010）指出，以往河流鱼类群落生态学的一大问题是，在我们的数据集中，即使采用很先进的统计技术，也常常会发现有大量（40%~50%）原因不明的变化，在生境密度研究中更是如此。他们进一步指出：最近的统计开发可能有助于我们解决这些问题，如信息理论统计、多模型推理（Burnham 和 Anderson，2002），以及贝叶斯分析法。

14.9　鱼类种群模型

在最近的环境流量方法讨论中，江河渔业模型受到人们的关注。考虑到大江大河中鱼类及渔业的流量需求，Arthington 等（2007）对一些有用的模型进行了梳理，如经验模型、种群动态模型、贝叶斯模型及一些其他模型。最简单的经验模型之一描述了伐木转运洪漫滩区域和捕鱼量之间的线性关系（更多的例子见 Welcomme 等，2006）以及鱼产量对排入河口淡水量的响应（Loneragan 和 Bunn，1999）。在许多这样的模型中，水文循环的洪水阶段，其洪水波及范围和持续时间是驱动渔业生产最重要的参数。

鱼类种群动态模型，能根据所确立的种群调节理论和近年来对洪泛区河流渔业生态学及生物学的新认知，模拟鱼类种群对开发活动和环境变化的响应。生物动态模型，能够将整个鱼类种群视为生物量池，也就是说，整个模拟过程为生长、繁殖、自然死亡和收获的净结果（Lorenzen 和 Enberg，2002）。Halls 等（2001）提出的年龄结构动态池模型已在孟加拉国被用于量化改进水文情势对洪泛区渔业生产的影响，并制定出相应的减缓措施。在内陆和漫滩渔业方面,在更广泛的环境管理背景下,采取整体性方法来处理渔业生产或产量问题,因此,可以整合水文、环境和社会力量等(如捕捞强度和渔民的适应性行为)(Lorenzen 等,2007)。整体模型可大致分为生态模型、多主体模型和贝叶斯网络。

14.10　Bayesian 法

贝叶斯网络(BN)模型可利用很基本的数据、经验模型和专业知识,在数据缺乏的情况下解决常见的问题。这种模型易于计算,直观明确,因此成为行家们或决策者以外的互通复杂信息的良好工具。贝叶斯网络实质上将研究系统定义为一个通过概率相互作用联系起来的变量网络(Jensen,1996)。贝叶斯网络(也称为贝叶斯网或贝叶斯信念网络)于 20 世纪 90 年代中期开发,作为医学诊断和金融风险评估的决策支持系统(Charniak,1991)。自那时起,便证明该网络能应用到大量的问题中。

在环境流量评估和水资源管理的方案评价中,越来越多地利用了贝叶斯网络模型(Hart 和 Pollino,2009;Stewart-Koster 等,2010;Webb 等,2010)。最新的一个实例是,Chan 等(2010)描述了与重要水源相关的贝叶斯网络模型的开发和应用,即用一种生态模型预测了澳大利亚北 Daly 河中两种对社会、经济、文化有重要作用的本地鱼类分布量。贝叶斯网络模型结合了在各种取水情形下枯水期流态模拟变化的有关信息,综合了来自鱼类生境需求的水力参数及诸如洄游、喂食、生长、繁殖和存活率等其他生态重要过程的二维生境模拟模型的结果(见图 8 和图 9;Chan 等,2010)。如果现有的取水权被充分利用,则该模型表明,对这两种重要的鱼类种群会有很大的影响。

目前已提出将 BNs 纳入到 DRIFT 的框架,以获取年龄结构种群模型支持的生物群流量需求的专业知识(Arthington 等,2007)。要达到的目标是,构建一个单一的集成框架,并配备可选组件的模型套件,以便用户根据水系的所在地、所分析的生态和渔业问题以及可获取的数据选取适当的组件、模型和参数(见图 36)。贝叶斯分析法与年龄结构鱼类种群模型相结合,可以对发生错误的可能性及风险作出估计,并可能替换 DRIFT 内所用的权数体系,对流量响应关系中的不确定性程度进行排序(JM King 等,2003)。

Webb 等(2010)研究出一种实用的贝叶斯分级法,以改进对河流流量(包括受管理的环境流量)和河流生物物理响应之间重要关联的检测。贝叶斯分级法所具有的专有特性称为"扩展"和"收缩",意味着数据贫乏时能大大增强试验结果的结论,而在数据充足时其影响甚微。Webb 等(2010)指出,贝叶斯模型运用时具有灵活性,可以用作仿真模型,可以使用任何来源的可用数据进行试验共通用性(例如,常规河流健康状况监测数据或特定水流试验）。在认知度提高、有了新的知识增长点时，模型可升级，在后续的往复式研究、监测和评价中，数据仍有用。

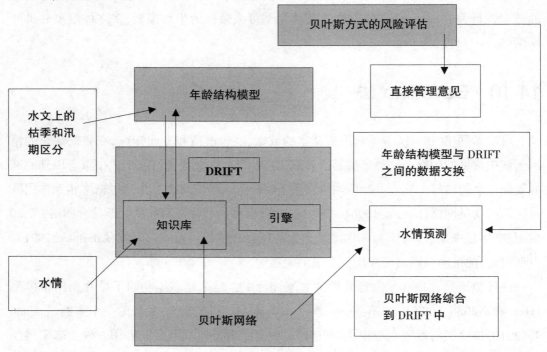

图 36　将 DRIFT 方法、贝叶斯网络和年龄结构鱼类种群模型综合在环境流量评估的框架内。年龄结构的种群模型可有针对性地为维持河滩的特殊鱼种所需流量提供专门的建议。此建议可以是单独的，也可以纳入到 DRIFT 方法的鱼类部分，并可利用流量—生态的经验关系以及专业知识来评估多种水流变化情形的生态影响

（复绘自 Arthington 等，2007 中的图 18，经国际水管理学会许可）

Stewart–Koster 等（2010）在一项研究中，以不同的方式运用贝叶斯网络进行试验，即模拟流量与以生态响应变量表示河流生态系统健康状况的其他环境因素之间的关系。试验展示了如何调整贝叶斯网络来装备贝叶斯决策网络（BDNs），而这种决策网络不仅包括有基本环境关系，而且还纳入了具有潜在管理作用的相关成本和效益。其思路是，将贝叶斯决策网络纳入到现有的河流恢复和环境流量框架内，借此增强评估多重压力源对水生生态系统的影响和评估各种恢复方案相关效益的能力。

14.11　生态系统响应模型

在受水库调节的河流水文生态关系的荟萃分析中，Poff 和 Zimmerman（2010）发现仅有少量有助于环境流量评估和管理的生态过程参数（如代谢率，生产率）或营养关系及食

物链动态的案例。这似乎令人惊讶,但要说明的是,河流生态系模型以能源和水生食物链结构的分析为主,如河流连续介质概念和洪水脉冲概念等。自这些模型的建立,Douglas 等(2005)就提出了一个对流域和河流流量管理有重要意义的描述食物链及相关生态系统过程的概念性框架和 6 条总则。

Thorp 等(2006,2008)建议将河流生态系统综合体(RES)(见图 12,第 3 章)作为生态学工作者(及管理者)在河流景观的多时空尺度上构建研究问题和管理策略框架的一种方式(见第 3 章)。RES 介绍了 17 项原则,综合性地预测了单个物种分布形式、群落调节模式、生态系统过程和滩区相互影响模式是如何在水文地貌区变化的(Thorp 等,2008)。例如,第 11 项原则预测,如果河流初级生产力(注:生态食物链中的第一环)通过一种藻类草食性动物食物链,就能为许多河流系统的大多数动物生产力提供营养基础。在位于热带和干旱地带并有大型河滩的河道中,对其食物网进行研究,就能很好地跟踪这种藻类草食性动物(Bunn 等,2003;Douglas 等,2005;Winemiller;2004),而在其他旱地滩地河道中,只有通过资料在河岸源头寻求有碳踪迹的某些鱼类(Medeiros 和 Arthington,2010)。RES 原则如何有效地促进河流保护和恢复的环境流量方案的发展,还有待于对各项原则进行检验、改进和实际应用。

第 15 章

与地下水密切相关的生态系统及其面临的威胁

15.1 地下水系统

所有在地球表面以下的水都可称为"地下水"。降水、地表径流、冰、风和构造力为地表水渗入到地下材料创造了机会。水(称为"地下水补给"或"渗透")透过土壤和植物根系层继续下渗,一直要到黏土、页岩、岩石或其他不透水层或半透水阻隔物(如有机胶结砂)这些非渗透层。一旦遇到阻隔层,地下水便会聚集,并完全浸透地下材料。饱和带的顶端称为"地下水位",地下水位以下饱和带的水称为"地下水"(见图 37)。地下水位以上地层中的水称为"渗水"(或浅水),从地下水位一直到地面这一带称为不饱和带。季节间的降水变化和丰水期或枯水期周期性变化会影响浅层地下水位高程,都可能把地下水带到地表,而带到地表的地下水,又可能形成泉水、水塘、湖泊或湿地,促成岸栖植物生长,也可能形成河流的基流(见图 37)。这些生态系统对地下水的依赖性和地下水开采对淡水生态系统的影响是本章的主题。第 16 章讨论了评估和管理与地下水密切相关的生态系统(特别是河流)的方案、方法和决策支持工具。

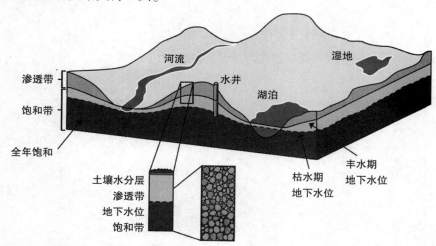

图 37　地下水系统、饱和带和非饱和带、地下水水位与地形和淡水系统(如河流、湿地、湖泊)关系
（经 John Wiley 和 Sons 许可复制的 Cech,2010 中的图 4.8）

134

　　储存有丰富地下水的透水层称为"含水层",出现在能存储和产出有效水量,富有孔隙或裂隙的砂层、砾石、砂岩、白垩岩、石灰岩破碎岩石(例如花岗岩)的地质构造中。含水层中的水量随地质物料之间的孔隙空间(亦称孔隙、空隙或裂缝)特性而变化,由于孔隙空间是互相连通的,使得水在重力作用下能够流动和聚集,当水累积到足够量时便形成含水层。含水层的饱水厚度变化不定,小则 1m 左右,最厚的可达 100m 左右;其分布范围也是不定的,小则几米,大的分布范围可能达数百千米,甚至跨越村界、州界、省界或国界(Cech,2010)。在不透水岩层、黏土层或页岩层(即隔水层)覆盖含水层的地方,水位不能升降变化,则称为封闭含水层。隔水层(即地质屏障)以下隔断的地下水所产生的压力,足以使水透过裂缝和裂隙,无需抽取就会涌至地面,形成涌泉。在没有低渗透性岩层形成隔断的地方,含水层无限制,则称为开放含水层,这种含水层可从高处流到低处,涌至地面成为泉水,或流到湿地或江河中。

　　在碳酸盐和泥沙沉积、形成沙丘或小山包的地方,或水渗到浅沼低洼地的地方,当构造作用和裂缝使带富含钙和重碳酸盐的地下水溢出地面时,便形成堤泉。在南澳大利亚和昆士兰州,沿澳大利亚大盆地西南边缘,形成了数个大堤泉群(Habermehl,1982)。这些孤立的水体,支持着稀有的水生无脊椎动物(尤其是蜗牛)及鰕虎鱼、鲶鱼和银汉鱼等鱼类。

　　流经石灰岩(一种由矿物方解石组成的沉积岩)这类地下岩层的水,因其微酸性而具有溶解作用,从而构建了溶蚀裂隙、地下洞穴和称为"落水洞"的崩坍区。在喀斯特(石灰岩)地带,与流动的地下水持续接触的方解石被溶解,形成奇妙的地下洞穴系统和独特的岩石地貌。世界上最长的洞穴——肯塔基州的猛犸洞穴,地下可通行的通道长达 240km。位于新西兰 Hamilton 南部的怀托摩地区的 Waitomo 岩洞 (Waitomo 来自于毛利语 wai,意思是"水"和"洞"),由现在已知的 300 个洞穴组成,这些洞穴因洞中生长着双翅类昆虫——一种本土生物荧光物种而著名。洞穴系统支持着靠地下水生活的稀有物种,主要有甲壳类动物,还有昆虫、蠕行动物、腹足动物、螨类和鱼类。这类由地下水支持的动物群落区系,就生活在喀斯特和淤积土的孔隙空间以及岩石含水层的裂缝中(Humphreys,2006)。

　　湿地、河流、岸区、冲积平原和河口,与源自非饱和带和地表径流的水和地下水都有着不同依存关系(见图 37)。与地下水密切相关的生态系统(GDEs)复杂多样、而且往往是由世界生态系统中一个丰富的生物子集所构成。它们可通过对地下水的不同依赖程度进行区分,通过地下水维持其水化学性能、热学性能、生物体组成及生态功能(Boulton 和 Hancock,2006)。

15.2　河流作为与地下水密切依存的生态系统

河流流量可能源于直接降水、泉水、地表径流，也可能从地下径流直接汇入河道。这部分地下水称为表层流（或中间流，壤中流），也就是说，这是渗透通过非饱和带未渗透到主要地下水位的下渗部分。表层流也包括从非饱和带中任何上层滞水位流出的水。在地下水位（深饱和带顶板；见图37）以下，地下水能直接注入河中，形成基流。

基流是地下水总流量的组成部分，所以基流反映了含水层的渗透能力、局部和区域的地质状况、岸区和漫滩的储水状况，以及地下水位所在的地形地势（Newson，1994）。在不透水岩区，降雨渗透较慢，因此总流量中的基流贡献率一般较小，而地面径流部分较大。在透水性地质构造流域，地面径流可能最小，河道流量大多源自基流。在既没有降水也没有地面径流入河道期间，就只有靠地下水提供水源。许多向干旱和半干旱地区供水的河流，多半只是基流，除非水源体系"失去"了地表水而全都渗到了地下水层。

这里的"失去"，也就是"流入"，即河流往往是间歇性的、或不定期的流入（Boulton 和Hancock，2006）。在降水量偏多的温带和湿热气候带的河流中，即使雨量减少，但表层流仍会持续，并在大部分时间提供河流流量，因此，许多持续流入河流体系的水量，都是通过表层流和地下水合流得到的。Boulton 和Hancock（2006）指出，除了在降雨和地表径流后才流淌的暂时的水沟和小溪流之外，其他河流完全或大部分依赖地下水。

河道中可见的水基本上都与注满砂砾石和岩床间空隙的地下水直接接触。而这些地下水带在可见的河道下深约数米，地下水带在河道两边可能达数千米，形成隐藏在水下的水生生物栖息地，因此人们称这一地带为"地表水—地下水的交错带"和"河岸湿地带"（Boulton 和Hancock，2006）。地表水—地下水交错带和河岸湿地带与地表水、地下水、冲积含水层和河岸带的关系如图38所示。地表水—地下水交错带可定义为河道下方及其旁侧的水饱和沙土沉积带，河水和地下水在此处进行水体交换。大多数基流源于从河道边缘地带和漫滩通过河岸湿地带渗入的地下水，或者自下通过地表水—地下水交错带流入。这样，河岸带及其生态特性经由河岸湿地带与大多数河流中的地下水密切相关了。

可按三个空间尺度审视河流基流体系在功能上对地下水的依赖性："①沉积物尺度，即微生物过程和化学过程会产生微小尺度的环境梯度；②延伸尺度，即地下水与地表水的水体交换，以及地表水—地下水交错带水滞留时间的不断变化，会沿浅滩、沙洲和河道分支产生明显坡降；③流域尺度，即从河流源头到其低地区域沿河的地表水—地下水交错带、沉积物和洪水滞留区的相对尺度综合坡降。"（Boulton 和Hancock，2006）与地下水密切依存河段的水文、物理、化学和生物学特性如表31所示。

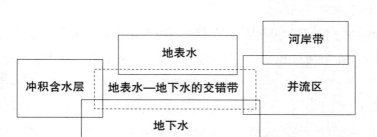

图 38　与地表水—地下水交错带相关的水文区划分原理简化示意框图，冲积
含水层表示粗粒冲积层的漫滩河道，往往认为与地下水是同义词。河岸
湿地带位于流水河槽以下，没有地表水，可能对河岸带地下水有影响

（经 Annual Reviews Inc.许可复制的 Boulton 等，1998 中的图 1）

表 31　　　　　　　与地下水密切依存河段的水文、物理、化学和生物学特性

栖息地	对地下水的依存性
泉水和渗透	
水文特性	一般为稳定流，尽管可能是季节性的渗透；总体上依赖于地下水
物理特性	阻尼热状态；生物区水温偏差不能大(定温)
化学特性	尽管在流域尺度上变化，但大尺度的水化学特性一般随着时间的推移而稳定，而且往往富含特殊的离子(例如 Ca、Mg)或养分(例如 N)
生物特性	源头附近的特殊生物群，但生物多样性往往比其下游低；承受水动态变化的能力通常也很小
地表水—地下水的交错带/河岸湿地带	
水文特性	上升流区和出流区(outwelling zones)可能随沉积物成分、地下水压力和河流流量的变化而变化，通常有可靠的水源；地下水压力通过水文渗透，维持着无泥沙的孔隙空间，同时也维持着地下水支持的河流中生境(分微生境、中生境和大生境)的多样性
物理特性	在地表水—地下水的交错带，水滞留时间延长，则抑制水温的变化；通常是为生物群(例如，鱼类)提供避热(避开温度变化)的环境
化学特性	上升流或者出流区的水能提供因地面河流初级生产力受限的养分；同时也提供溶解离子和盐分；通过与地表水—地下水交错带的水体交换，可转变溶解有机物和养分
生物特性	提高上升流区和溢出流区的初级生产力，促进大型植物的生长；无脊椎动物对地下水状况的响应；鱼类产卵和产卵地形态；微生物活性和落叶分解率

引自：Boulton 和 Hancock，2006 及其相应的参考资料。

(1)依存于地下水的河段范围

泉水与渗透:在这种河段范围内,河流的基流源自泉水和河源区渗出的水,然后经由河流中游(此带多为上升流区和下渗流区)的河岸湿地带和地表水—地下水的交错带输入(见图 39)。大多数永久性泉水,一般来说,其流动性、水化学特性及水温都很稳定,而沼泽地区的渗透量带有季节性。这些淡水系统完全依靠地下水,其生物群可能包括生活在特定和本土地下水中的无脊椎动物(大型底栖动物),这些动物没有眼睛或色素。在离下游越来越近和生物栖息地多样化的地方,物种的数量一般会增多,群落组成开始与附近常年河流中的相接近(Boulton 和 Hancock,2006)。

地下水交错带和并流区:在多孔渗透性河床河流的中游(取决于地下水位的剖面),基流是通过地下水产生,由河边的河岸湿地带和河床下面的地表水—地下水的交错带流入河道(见图 38 和图 39)。在这些上升流区或出流区,各种生态过程都随流入的地下水而启动响应。如地下水中的溶解氮,为水底的藻类生长供养分,某些水生植物也对上升流或地下水的出流有所响应(White 等,1992)。水面下的微生物和无脊椎动物也随着地下水与河道间空间形态的变化和水文交换的程度表现出独特的分布形态。这些微生物和无脊椎动物的活动会对生态系统过程产生影响,如对河流中落入的枝叶进行分解(Dent 等,2000),因而导致有机物出现分解过程,这一点在河流连续体概念中有论述。

地表水—地下水交错带水流的上升对鱼类有多方面益处。有些鲑鱼喜欢在上升流区的沉积物地带产卵,因为在冬季地下水可防止卵被凝固(Benson,1953)。上升流区可为鱼类产卵的沉积物地带提供含氧水,这些富集带也可带来更多的食物供应(Dent 等,2000)。对于紫色澳洲鳗鲶(*Tandanus bostocki*),地下水的侵入可使其在具有地中海气候特征的长年枯水期保持栖息地连通性和迁移通道通畅(Beatty 等,2010)。地下水补给和地表水—地下水交错带的地下水流,可以在常年河流的干旱期和缺水少雨时为鱼类和无脊椎动物的生存解难,而且对流量大小和枯水期不定的季节性河流中维持孤立的水生生物生存是绝对必须的(Arthington 等,2010b;Larned 等,2010)。在进化时间范围内,含水层在外部环境条件发生变化时便成为水生生物的避难所,例如澳大利亚在干旱来临之际就是如此(Finston 等,2007)。

(2)从流域到区域对地下水的依赖性

Boulton 和 Hancock(2006)指出:"在流域范围内,从来没有评估过地面河流生态系统对地下水分配(水源为泉水、渗流、地表水—地下水交错带和河岸湿地带)的附加效应。"地表水—地下水交错带走廊概念(即 HCC)(Stanford 和 Ward,1993),在某种程度上是从流域范围的角度来讲的,它是根据地貌形态和约束条件,限制地下水渗入河道(见图 39),沿河流走向虚拟的一条地下连续流动水体。地表水—地下水交错带走廊形成的地下连续流动水体,其两侧范围还延伸向岸区、支流、河岔、埋藏河道和滩区的含水层(可能从主河道向两侧延伸3km 以上)。这就形成了一种宽范围侧向延伸,各自具有与河流表面流态相衔接的时空地貌特征。大多数河流沿纵向出现制约和非制约的交替状况,而且地形的约束支配着分布到河流基流、地表水—地下水交错带和河岸湿地带的地下水范围。结果显示,河面下的地下水沿河流走廊扩展和收缩,像是"线上穿着的一串珠子"(Stanford 和 Ward,1993)。

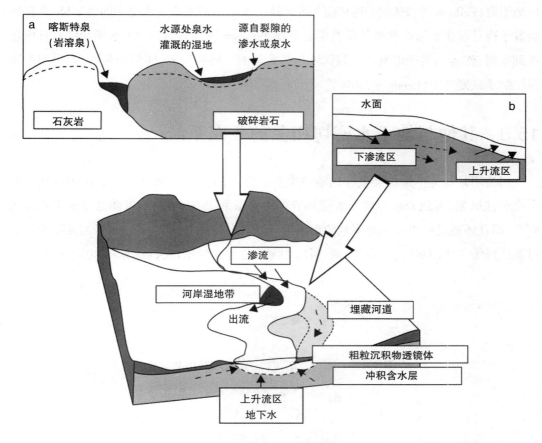

图 39　典型流域中常见的河流基流体系,岩床河段从河源头、渗流、泉水、泉水灌溉的湿地,直到(a)河岸湿地带和地表水—地下水的交错带(b)河水通过下游河段时路经的上升流区和下渗流区。旁侧的埋藏河道可将水带入下游河段的粗粒沉积物透镜体中

(经 CSIRO 出版商许可复制的 Boulton 和 Hancock,2006 中的图 1)

在整个流域范围内,地表水—地下水交错带走廊概念,有助于解释河流和河岸系统的几个特征(Boulton 等,1998)。一是河岸带的结构和动态特性,能反映地表水—地下水交错带的流态、上升流区和下渗流区的状况(Nilsson 和 Svedmark,2002)。另一特征是,受生物地球化学交换和地表水—地下水交错带的富养水上升流作用影响的河流带,水域生产力呈片状分布(Dahm 等,1998)。从更广的范围看,这种水文交换过程和地下水连通性在时空上的变

化,有利于生物多样性在这种地域环境中发展(Boulton 等,1998;Tockner 等,2008)。

地下水渗入河道的水量和时间,也会随着空间形态的变化而变化。例如,在闷热的枯水期,冰凉的地下水可为鱼类提供舒适的避热场所,即使在小流域,也可让鱼群耐受这种环境而生存(Power 等,1999)。在干旱地带的河流,如澳大利亚的 Cooper 河,洪水过后水底的藻类生长萧条且有限,而一旦孤立水潭中的上层滞水位稳定恢复后,沿岸的生产带也相应地恢复(Fellows 等,2009)。这种随外界环境生长的海藻形成了水塘中的食物链,直接影响着干冷月份在水塘中避难的鱼类存活率(Arthington 等,2010)。当丰水期和洪水月份再次到来时,作为鱼类避难所的水洞保证鱼类大量的繁殖和发育,能保护鱼种,为旱期生态系统赋予恢复能力(Leigh 等,2010)。

15.3　其他与地下水密切相关的生态系统

河流不是与地下水相互依存的唯一生态系统。Tomlinson 和 Boulton(2010)提出了一个概念性框架,即地表水与地下水相互依存的生态系统(SGDEs)不仅能通过地下水流来联系,而且还通过地表水—地下水的交错带、渗流带、海洋上升流区、侵入带和沙岸带这些过渡区或带与地面水生、河岸、陆地、河口和海洋生态系统密切关联(见图 40)。SGDEs 之

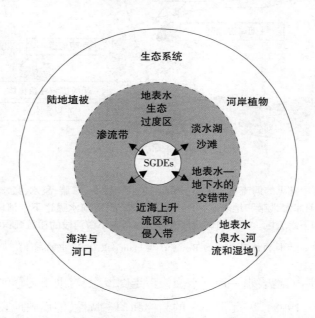

图40　地表水与地面水生生态系统的关系及连通性。地表水与地下水密切联系的生态
系统(SGDEs)(中间)通过生态过渡区(阴影面积)而相互联系,并与地面水生生态
系统(河流和湿地),以及河岸和陆地生态系统、河口和海洋生态系统密切关联

(经 CSIRO 出版商许可复制的 Tomlinson 和 Boulton,2010 中的图 2)

间也可能有直接的联系，例如冲积含水层可能与钙质结砾岩或破碎岩这类含水层覆盖或交错分布(Eberhard 等,2009)。这些动态的生态过渡区为岩石材料和能量的交换区,是动物群落疏散以及营养物质和污染物传输的潜在途径。Tomlinson 和 Boulton(2010)极力推荐"生态水文地质法",以此来理解人类活动对 SGDEs[主要认识地下水(例如,陆地、湿地和河口)生态系统含水层的渗透和连通途径]干预的意义。该方法作为一种评估生态需水量的总体模型,通过超常规的区化,深入到河流、湿地、河口和地下水系统,具有良好的发展前景。

15.4 水文变化及地下水生态系统受到的威胁

深层含水层是极缓慢存储起来的,世界上大约只有 1%的这种淡水含水层可通过每年的雨量补给,但该含水层要存储大量的水,累计则需数十年到数千年的时间。据估计,距地球表面 0.8km 的范围内,大约有 420 万 km^3 的地下水,占地球全部淡水的 25.6%,但依目前的技术,大约有 90%的这种地下水仍无法利用(Cech,2010;Pearce,2007)。不过人类利用地下水作为生活和农业用水的历史已有 8000 多年,至今至少占世界总人口 1/3 的人取用过地下水(Vorosmarty 等,2005)。

在美国,用在农田灌溉上的水大约占用水总量的 85%,而且 1/3 均取自地下水(Postel 和 Richter,2003)。在澳大利亚、北非、中东、南亚和中亚、欧洲和北美洲的大部分地区,由于地下水过度开采,减少了地面河流的流量,原由地下水涌出的泉水干枯,河流流态改变(Konikow 和 Kendy,2005)。在中东和北非的干旱地区,开掘地下水主要是用来灌溉。例如,沙特阿拉伯利用的是不能再生的地下水来满足几乎所有的灌溉需水量。利比亚的"大人工河"(great man-made river project)项目,每年通过 1600km 的管路将 2km³ 以上的地下水输送到沿海所建的巨大蓄水库,用以支持 135000hm² 的农田灌溉。该水量占到了该国总用水量的 1/3(UN-WWAP,2003)。

水生生态系统和陆地生态系统对地下水的依赖程度的不同,取决于其构造形态及功能(Hatton 和 Evans,1998;Humphreys,2006),因此,它们在地表水和地下水水文状况发生变化时会表现出不同的弱点。由于上述系统可能受到的影响变化不定,这就给量化与地表水地下水密切联系的生态系统对地下水变化的生态响应带来了困难。Tomlinson 和 Boulton(2010)的概念性构想框架,使我们可以观察到不同类型的 SGDEs 及其相互之间潜在的连通性,以及与地面水生生态系统(泉水、河流和湿地)、陆地生态系统(河岸和陆地垣被)、河口和海洋生态系统的密切联系。

人类活动对地下水位的下降有重要影响,包括抽取地下水作为灌溉用水和生活用水以及洗矿用水(这些水又渗回到地下水)(Hancock,2002),而地下水系统的回补特性又可能因为各种土地的利用(毁林、造林、种植农作物、城镇化用地)而发生改变。建坝、蓄水、河道流量调节、河道渠化、排水沟施工等进一步对地下水位造成影响。

在极端情况下,地下水位的降低,会完全切断源自含水层的河流基流(Hancock,2002;Fleckenstein 等,2004)。河床和河岸的物理变化,也可能导致下伏含水层与河流基流的水源联系切断。地表水—地下水交错带孔隙空间被泥沙或细菌生物膜阻隔(Stubbingto 等,2009),同样也会减少地下水和地表水的水体交换。因此,在河流基流系统中,维护河岸湿地带和地表水—地下水交错带良好的透水性,对维持正常水面和地下水交换及生态过程是至关重要的(Boulton 和 Hancock,2006)。

在降水量稀少的地区,许多河流有自然干涸的周期(Larned 等,2010;Stubbington 等,2010),一般在干旱少雨的生态系统中发生得更为频繁。由于气候干燥且变化剧烈,造成人类用水的需求量节节攀升,尤其是灌溉农业,许多旱地是通过大规模的调水方式直接将水输至农田来灌溉作物,或直接抽取地下水用。以这种方式为灌溉取水,导致了世界范围内旱地河流的缺水和显著的水文变化发生,包括美国、澳大利亚、西班牙和南非在内的河流和湿地(Kingsford 等,2006)。

人类活动阻隔或抽取地下水,可能会延长具有旱地河流特征的零流量自然周期,也可能会改变这一周期的起止时间。例如在新西兰的南部岛屿,由于越来越大量地从地下抽取灌溉用水,对 Canterbury 平原上的 Selwyn 河(Waikirikiri)下游造成了威胁。在过去的 20 年中,干涸河道的年平均长度每年增加 0.6km。这些干涸的河段成了 Ellesmere 湖和 Selwyn 河源头之间鱼类洄游的明显障碍(Kelly 等,2006)。虽然河流生物群具有适应和应对各自流域或地区天然流态变化的能力(Poff 等,1997;Lytle 和 Poff,2004),但在枯水期到来时,通过抽取地下水的方式调整过长枯水流量周期,就极有可能造成脆弱物种的消亡(Arthington 和 Balcombe,2011;Larned 等,2010)。这也可能意味着所有专性水生物种(鱼类、软体动物和许多无脊椎动物)都会灭绝,而只有那些处在休眠期的物种才能暂时幸存。

落叶分解(粗粒和细粒有机粉尘)、养分输送和河流初级生产量的生态系统过程与水的利用率是密不可分的(Pina 等,2002),因此,枯水期过长,就可能破坏整个生态系统过程,而最终使破碎生境的食物链结构彻底崩溃(Bunn 等,2006)。与地下水相关联的体系如发生变化,也可能影响到地表河流基流系统对物理干扰(诸如洪水)的恢复能力,而当洪水发生,无脊椎动物在河流的河岸湿地带和地表水—地下水交错带中避难时,此种情况更为严重。

在北美洲,旱地河流不仅出现在沙漠地区,而且也出现在大平原上,并且横跨整个北美洲大陆中部,形成北美洲第三大生态区。大平原是世界上生产价值最高、经济效益最高的农业区之一,大约占全世界农业总收成的 25%(CGC,2009)。地下水为大平原河流流量作出了重大贡献,特别是在河源头,成为水生生物群赖以生存的重要栖息地并维持着生态基流和生态连通性。但因为农作物灌溉而大量开采地下水,造成地下水位明显下降,导致河流栖息地破碎,致使西部大平原蒙受损失(Falke 等,2010)。例如,在西部大平原中,原产自美国普拉特河、阿肯色河和科罗拉多东部的 Republican 河流域的 37 种本地鱼种大量减少,20 种鱼类中有的已灭绝、有的濒临危险或者受到威胁,或者被列为科罗拉多河重点保护物种(Hubert 和 Gordon,2007)。

鲑科鱼(Salmonids)似乎对其产卵栖息地的地下水特别敏感。在丹麦的一条河流中,由于地下水开采,影响到鳟鱼栖息地的原有生活状况(Olsen 等,2009)。虹鳟(斑鳟属,现称为大麻哈鱼)出生前胚胎的存活率与河床泥沙颗粒尺寸组成无关,但与河床产卵区地下水的流速和水溶解氧浓度有关(Sowden 和 Power,1985)。在苏格兰的一条河流中,Soulsby 等(2009)查验了地表水—地下水交错带中地下水与地表水的连通性,发现在地下水入流量增大的丰水期,当实测到的氧含量较低时,对大西洋鲑(*Atlantic salmon*,斑鳟属)鱼卵的成活率有一定的影响。

当抽取地下水的钻孔太靠近河流时,地下水往往会通过地表水—地下水交错带加快涌入地表水,这时可能引起河岸湿地带水温上升、溶解氧加大,透水率增强(Mauclaire 和 Gibert,1998)。富氧水的流入,也可能会使沉积的微生物群落从特别的厌氧变为好氧,而且由于脱氮过程实质上是一种厌氧过程,可能导致硝酸盐入河量增加,对河流水质和生产能力造成较大的影响(Boulton 和 Hancock,2006)。

其他与地下水过程有关的水质变化还包括水中含盐度的上升,因为储在土中的盐分会集结在灌溉水中(Halse 等,2003)。过度地使用这种灌溉水,加上去除深生根植物,可能会造成土壤盐渍化,同时可能增大附近河流的含盐量。不能适应高盐含量地表水—地下水交错带和地表水的水生生物群会受到高盐度影响(Nielsen 等,2003)。在农业区地下水养分含量也较高的地方(这种情况常见),增大生态基流可能会导致河流富营养化及其他水质问题。

当地下水位下降时,人们最为关注的是与地下水密切相关的生态系统,如果这时抬高地下水位,就能改变流入河流基流系统的流态,从而产生生态效应。这种做法的实质是将间歇性河流变为永久性河流,从而带来更多的生态效应(Bond 等,2010)。这些问题有的已在前面关于提供灌溉水的水库管理章节中作过讨论。一种可能的结果是,能适应非永久性和不断变换环境的物种,可能会被能适应固定利用水和栖息地的物种所取代。这些长期生存下来的物种,往往会对流域或者生物区的环境感到陌生(Bunn 和 Arthington,2002)。

在一些沿海地区，通过地下水水井过量地抽取地下水，往往导致盐水侵入到宝贵的淡水含水层中，在大洛杉矶(Greater Los Angeles)的沿海地区，1/3 的供水是目前冒着风险从盐水入侵的局部地下水抽取而来(Edwards 和 Evans，2002；Barlow 和 Reichard，2010)。在湄公河三角洲，大约有 200 万 hm^2 的沿海农田由于采用了深井进行地下水开采，导致盐水下渗从而影响到含水层。

第16章

与地下水密切相关的生态系统的可持续发展

16.1 方法简介

提供环境用水并非仅仅是分配水源用以维持河流地表水水流，同时必须考虑由地下水维持的陆地、河岸、湿地和依存于地下水的生物系统的水情(Murray 等, 2003)。在世界各国论及环境流量方法的文献中，较少涉及将依存于地下水的生态系统纳入到河流评估体系(Tharme, 2003)，尽管众多国家已经承诺要同时保护地表水和地下水生态系统的生态完整性。国际上有关河流生态系统的文献早已承认了水流的三维特性(见第4章)，并提出了与地表水生态连续区并重的地表水—地下水交错带走廊概念(Stanford 和 Ward, 1993)，尽管如此，一般认为，河流环境流量与保护或恢复依存于地下水的生态系统的水情通常都应分别进行完整的评估。

因此，很多学者发出呼吁，要求开发跨学科、多尺度的概念框架，进行跨系统的比较以及对地表水和地下水关系进行跨学科的整体评估，从而同时满足两者的用水需求，并适应多种多样的气候和社会经济环境 (White, 1993; Krause 等, 2010; Tomlinson 和 Boulton, 2010)。人们面临的挑战是巨大的，因为人类对地下水的利用需求在不断增加 (见第15章)，但对地下水情的评估又非常困难，而生态过程、生物多样性和生态系统服务都得依赖于地下水的维系。

为了对依存于地下水的生态系统(GDEs)进行评估，列出以下几个正式的评估步骤。例如，Colvin 等(2003)，Clifton 等(2007)提出了一种"工具箱"的方法，该工具箱包含多个可用于表征地下水利用的技术方法，并对每种方法的技术依据、成本、限制条件、适用性、时间要求、成果精度、输出格式以及前期运用情况等逐一进行了分析(见表32)。

Eamus 和 Froend(2006)则从一个更广的角度，列出了 GDE 评估中必须要考虑的问题：

1)在分析环境需水量(EWRs)时，要在已有数据的基础上尽可能多的考虑 GDE 系统的组成部分(例如，整合植被、大型无脊椎动物和脊椎动物的物理化学需水量)。"如果没有足够的数据将生态系统的其他组成部分整合进来，或者可证明只需一个部分 (如庇护物种)就能顾及所有其他主要部分的需求,那么单一组成法或许能主导特定 GDE 的环境需水量评估。"

表 32　　　　　　　　　　评估依存于地下水的生态系统的工具

类别	定义
描绘工具	对地质和地质结构、地下水水位或含水层压力、植被分布、组成和/或条件进行描绘,作为一种识别那些可能使用和利用地下水的生态系统的手段
水量平衡方法	通过测量或估算一个生态系统的水循环和水量平衡的组成,从而识别和定量评估地下水的使用
日出前叶子水势	对日出前叶子的水势进行测定,用以识别地下水的使用和吸收深度
植被同位素稳定分析	通过比较植物木质部水分的同位素分离与潜在源水来识别地下水的利用量
生态系统对外界变化的响应	在人类干预行为、气候、土壤水、地表水和地下水条件不断变化的响应中,长期监测生态系统的组成和生态功能
地下水—地表水水力学	应用水力学原理和统计分析对河流水文过程线和站点观测结果进行分析,从而获取地下水与地表水特性之间的相关度
水的物理特性	沿河流/湿地的纵向变化或随时间的变化对水的电导率和温度进行测量,从而识别地下水的贡献率
水的化学特性	对地表水和地下水的同位素,主要阴离子和阳离子以及微量元素进行化学分析;通过混合关系识别地下水的贡献率
引入示踪剂	使用引入的化学示踪剂来观测混合与稀释关系并评估地下水对河水的贡献率
植物水利用模拟	对植物水量平衡进行数学模型模拟,用以估算植物需水量,和/或地下水吸水量,和/或对地下水水位下降的响应
地下水模拟	使用 2D 或 3D 数学模型对饱和区和非饱和区的水流进行模拟,用以评估地表水和地下水水体相互作用以及地下水与陆地生态系统的相互作用的潜在水平
概念性模拟	应用相似生态系统专家知识、生物物理环境以及相关数据建立生态系统及其与地下水相互作用的概念性模型
根系深度与形态学	对植物根系深度和形态进行评估,并与观测的或估算的地下水水位深度进行比较,从而估算吸取地下水的潜力
水生态分析	使用生态调查技术识别水生生物种及其繁殖特性或生境需求,从而确定其对地下水的依存性

引自:Clifton 等,2007 及其参考文献。

2)要认识到 GDE 每个生态组成部分对地下水需求的差异性。例如,并非所有的深根性吸水植物都对地下水有同等的依赖程度, 故这些植物对地下水水位下降的响应也就不尽相同。这种在依赖程度与响应上的差异性,可能会对地下水水位下降的影响风险产生重大作用。因此,在描述环境需水量时,要加上需水量的范围值(不仅仅是绝对阈值)和不同需求与依存度的类型。

3)要重视对 GDE 生态有重大影响的有关地下水水情的其他变量(如时间、历时、季节性丰水和枯水频率以及极端洪水和干旱事件的阵发性和可预见性)。

4)通过分析地下水在历史关键时间上的周期性变化,对地下水可获取量减少的累积效应进行评估。应在分析未来开发或增加配水可能带来影响的同时,对上述历史上出现的变化进行分析。当地下水可获取量初次发生变化时,GDE 可能会出现延迟响应,因此,在估算环境需水量时,应考虑 GDE 对地下水可获取量变化的响应速率。

5)要认识到 GDE 对地下水可获取量变化的耐受程度,并研究在采取了补救或缓解措施后生态价值能得以恢复或维持的可能性。要以从长计议的视角来评估维持生态价值所必备的需水量,这应当成为一种通行做法。

6)"既要考虑系统或流域层面的地下水需水量,又要分析单一 GDE 的需水量";例如,应将重要的景观级别的生态过程(如硫酸盐土壤)纳入到考虑范畴。

7)界定 GDE 需水量评估中的不确定性和用作预测水文变化模型的不确定性(例如,由未来勘探场地、流域土地利用和气候变化等引起的不确定性)。

Eamus 和 Froend(2006)指出,"从长远的角度讲,地下水开采达到某种程度,都会导致自然流量下降,并对环境造成影响。"因此,地下水管理者的任务就是要确定何种程度的环境影响是可以接受的,并据此管控地下水的开采量,使其影响在"可接受的限度内"。本章的其余部分主要涉及河道走廊对地下水的依存度和可用来评估这种依存度的方法,以及在地表径流和流域水资源管理框架下的地下水资源保护和管理。

16.2　河道走廊对地下水的依存度

(1)河道走廊概念

要对河流生态系统进行保护或修复,就需要了解并定量评估从河源到大海或内陆水体的地表水—地下水交错带走廊的景观层次意义和过程连通性 (Stanford 和 Ward,1993;Boulton 和 Hancock,2006)。河道走廊可以看成是由地表水—地下水相互交错的小块土地组成的镶嵌体,地表水通过它下渗到沉积物中,然后在河床下或沿河床移动一段距离,最终与地下水混合,之后再返回到河流之中(Bencala,2000;Malard 等,2002)。这一交错带水流通道通常都位于较大的山坡地下水系统之中,而地下水流流入地表河流的通道在空间上也是被隔断的。

上述河流中的这种交错带通道可用几种方法来识别,包括使用天然示踪体(如温度和氯化物),投放保守示踪剂,以及基于水头分布和含水层特性对地下水流进行模拟等(Malard 等,2002)方法。河水通常在表面压力高的地方下渗(如浅滩的上游端),在表面压力低的地方上涌(如浅滩的下游端)。因此,在界限清晰的地貌单元如浅滩和沙洲等地带,地表水流的水文交换相对周围的其他沙质基质带更高。

（2）分类方案

Tomlinson 和 Boulton（2010）论述了各类方案和指标的优势，以辨明不同类型地下水与地表水的相互作用，以及它们如何支持地下水生态系统的研究和管理依存于地下水的水生态系统（SGDE）。例如，Dahl 等（2007）提出了一套基于地质地貌和水文概念的多尺度分类方法，能反映其功能性联系并逐步在小尺度上管理水流的过程。各种尺度的分类类型如下：景观型（流域尺度，>5km），河岸水文型（中等或河段尺度，为 1~5km）和河岸水流通道型（局部尺度，为 10~1000m）。

尽管 Tomlinson 和 Boulton（2010）承认 SGDE 分类法的价值（如，可以预测暗层动物特征并支持脆弱性评估），但他们指出，最有效的分类方法应该是遵循"生态水文地质原则"。他们呼吁更深入地了解大尺度"过滤器"（Poff，1997）与小尺度特性之间的关系，大尺度过滤器包括气候、地表排水与补给以及地形地质等，而小尺度特性则有孔隙率与渗透性、地下水情以及含水层之间与相邻生态系统之间的连通性等。从生态水文地质的角度来讲，这些大尺度过滤器与小尺度特性决定了生态过程及生境的可利用性，影响着繁殖率与穴居动物的多样性，同时也控制着地下水生态系统的产品和服务供应。

（3）地下水中的动物群

任何地下水管理计划的一个基本步骤都是要对动物群体的特性、多样性及其环境依存度进行描述。Gibert 和 Culver（2009）对一个大规模的欧洲调查项目——PASCALIS（帕斯卡利斯）成果进行了总结，PASCALIS 是 protocol for the assessment and conservation of aquatic life in the subsurface 的英文缩写，意即"地下水水生生物评估与保护议定书"。帕斯卡利斯将重点放在地下水多样性的评估方法上，这种评估方法以严格标准化的采样方法为基础。该方法在四个空间尺度上进行评估，即区域、流域、含水层类型（比如喀斯特与冲积含水层）和每个含水层中地带（比如喀斯特含水层中的饱和带与非饱和带以及冲积含水层的地表水—地下水的交错带与地下水带）（Malard 等，2002）。

相关成果表明，相比生活在类似空间单元的地表淡水中的动物，采样点中地下水生物群落在物种的组成上显示出更大的差异性。Hancock 和 Boulton（2008）强调指出，有必要采取组合采样方式对地下水中的生物多样性进行综合评估，而 Eberhard 等（2009）则建议，采样周期需超过一年，这样才能对生物多样性进行完整的评估。作为对采样问题的总结，Eberhard 等（2009）建议，帕斯卡利斯计划可以通过如下步骤作进一步改进，"①确定环境异质性最大之处的空间尺度（流域、含水层类型或生境类型）；②在最佳的水文周期如涨水期间进行采样；③找到环境异质性的特定源头，如历史因素（比如海洋港湾形成，冰河作用）、污染、自然干扰或人类干预等。"

为了避开生物多样性综合评估的难题，Stoch 等（2009）使用了 3 组指标（腹足纲、猛水蚤目和端足类)作为预测欧洲喀斯特和多孔含水层整体生物丰富度的替代指标。他们采用的方法可以解释占总丰富度 80% 以上的差异性。但如果将此方法在测试区域之外的地方应用,就可能需要按区域特定的地下水种群进行率定。另一条研究路线是,考虑按地下水物种特性(如摄食群)的功能性分类,不过地下食物链大都由食腐质和杂食动物组成,因此,Claret 等(1999)应用一种基于多物种特性(食物、游移、身体大小、繁衍类型和亲代抚育)以及栖息地与暗层生物的密切关系(偶居暗层的、喜暗层的和暗层生的生物)的组合进行了分类。这种分类方法在检定无脊椎动物对自然干扰与人类干预行为的响应方面被证明是有用的。

了解不同因素如何影响地下水生动物群的异质性和分布,是我们保护 SGDEs 的重要一步。而就间隙生物群的组成与密度而言,它们通常在与地表河流进行不同的水文交换地带会呈现出不同的状况,这些都与泥沙级配分布、水的化学特性(离子和溶解氧)以及有机质的成分有关。关于这些关系的多重回归模型也表明了测定栖息地显性空间变量(如叶式小块与蔓延区之间的距离)和水文变量的重要性。

必须了解作为地下水依存度评估协议这一部分的地表水与地下水相互作用的时空形态。水流流态、地下水补给、洪水类型以及地貌结构的变化,不断改变着河流中地表水—地下水交错带的空间范围与分布。Morrice 等(1997)使用溴化钠注射剂进行的试验表明,标准化的储水区面积(作为地表水—地下水交错带相对范围的替代物)随着新墨西哥洲一条河流的流量增加而减少。然而要真正测得某一地区动植物对上述交错带水流通道的时空形态响应的难度确实非常之大。Malard 等(2002)建议,可通过河流修复工程进行大规模控制试验来测定诸如河心洲和河湾形状对上述交错带水流过程的影响。上述研究成果同时让人们认识到,有必要将生命周期、相邻交换地带之间的水文连通性以及生物的运动形式等信息整合到地表水—地下水交错带群落的时空分布研究之中。

(4)地下水水生态系统健康

地下水水生态系统健康度的定义与评估正成为一个活跃的领域, 可与使用地表水生动物群和其他指标进行的河流健康度评估相比较。Steube 等(2009)描述了地下水水生态系统综合评估的四个步骤:①确定地下水生态系统的类型;②获取自然背景值;③确定可能的生物学指标;④开发评估模型。因此,评价地下水水生态健康度的方法需要生态学家、水文地质学家和地球化学家的通力合作,同时应用多变量统计之类的定量评估方法。

Korber 和 Hose(2010)提出了一个评估地下水生态系统健康度的分层框架,第一层代表健康度和基准点的主要指标,如果被突破,则表明需要进行更加详细的评估,即进入到下一层:第二层,以可能生成一个地下水健康度万用指数的一些指标为基础。在澳大利亚新南威尔士州西北部的一个冲积含水层进行了实例研究, 展示了如何使用该方法来判别受到影响和未受到影响的地下水位置。该方法框架具有足够的灵活性，可以应用到和适应其他的特殊环境。Tomlinson 和 Boulton(2010)认为，应该优先考虑建立监测和评估 SGDE 健康度指标的标准化方法和协议，以便确定极具保护价值的生态系统，并指导与 SGDE 有关的管理活动，从而维持生物多样性，更好地保护好生态系统功能和水质。

16.3　地下水系统的管理

现从管理的角度提出如下问题：哪些 GDE 很重要以及如何评估其重要程度？如何判别处于风险中的系统？是否存在表征 GDE 环境压力的确定性指标？如何评估 GDE 的价值？如何对系统特性与过程进行定性描述和定量评估？可否对代表性的系统进行研究来回答上述问题，并将有助于特殊条件点的结果移植到条件相似的地方？可以开发哪些创新性工具并用于生态系统管理，从而最大限度地利用资源的同时又满足一致认可的环境需求？

用于评估"最大耗水量"的一组工具主要围绕在"可持续性地下产水量"的概念上，其定义为"在一定规划时段上运用的地下水开采模式，应在一个合理的承受水平上，并保护相关的经济、社会和环境价值"(Land and Water Australia,2009)。该定义认为，可持续性地下产水量应以"开采模式"来表示，其含义不仅仅是个开采量，这种模式是"一组在一定时间(或规划周期)和空间上确定的管理措施"。

虽然这一定义从本质上讲是功利性的，但它需要注意取水的形式，维持地下水 4 个关键属性，即：流量或流通量(地下水供给的速率和水量)；水位(对于非承压含水层而言，地下水水面以下的深度)；压力(对承压含水层而言，含水层的测压管水头及其地下水过水面积表达式)和水质(地下水的物理化学特性，包括氧气、温度、pH 值、盐度、营养物、污染物等)(Clifton 和 Evans,2001)。取水限额可以用体积数量来表示，但应该进一步规定"开采或抽取模式，或一定周期内的开采速率及其影响，引起水位或压力及水质的变化"，而且开采限量可能是有概率的或有条件的(Land and Water Australia,2009)。定义开采模式的方法通常是指任一年度内的最大开采量；但在某些情形下，地下水位下降速率超过补给速率是可以接受的，但这只能是在某一特定的时段内，而且在此时段过后开采速率应当低于补给速率以进行补偿。还可能会出现一些特殊情况，如出现降水多或降水少的年份，这时的开采量可能会比长期开采值或大或小，这种情况需特别说明。

这里提出的可持续性地下产水量方法认为，地下水的任何开采都会给包括 GDE 在内的整个系统造成某种程度的压力或影响。为了应对 GDE 的生态压力，提出了"合理的承受水平"概念(Land and Water Australia,2009;Krause 等,2010)。从本质上讲，这一概念复制了地表水环境流量的定义，因为它提出了平衡的需求，确定什么合理、什么不合理，以及对谁而言。一般而论,平衡就是要在环境、社会和经济需求之间进行平衡。在某些情形下,地下水开采带来的环境和生态压力可能是临时的,因为系统会自适应调整而获得新的平衡。但是,有必要考虑与 GDE 管理相关的内在时间滞差,不能轻易假定任何可见的环境压力都是最小的,因而认为可以接受。至于时间滞差,第一个是地下水实际开始抽取与 GDE 可用水量减少之间的时滞,因为地下水开发总会导致天然流量的下降,从而造成环境影响。第二个是生态系统响应的时滞,会表现为环境恶化(Petts 等,1999)。

"合理的承受水平"概念进一步认为,必须考虑整个"地下水系统",即含水层之间、地表水与地下水之间以及依存于地下水的生态系统之间的相互作用。这一系统方法论意味着,必须实施综合管理决策,充分满足地下水和地表水生态系统合理承受水平下的要求(Krause 等,2010)。这是一种预防性方法,其指导原则是,在对取水的生态及其他后果了解有限的情况下,应将可持续性地下产水量估算得更低。最后,作为对地下水开采量的限制,计算得到的可持续产水量必须通过一个自适应管理过程得到落实,这种自适应管理会对地下水开采所带来的后果进行监测。可持续产水量应当定期进行重复估算,并依据特定的规划框架进行调整,以便纳入更多新的信息,包括对生态系统的进一步深化了解以及更好地对依存于地下水生态系统价值进行评价(Land and Water Australia,2009)。

16.4　依存于地下水的生态系统评估与优先级排序

针对依存于地下水的生态系统所受到的各种威胁,资源管理者必须将有限的资源(资金、时间、专家知识)分配给最有价值的 GDE。Murray 等(2006)提出了 8 个估值步骤和优先级排序方法,用以评估经济和生态价值。

1)确定与每个 GDE 相关的生态系统服务。

2)确定 GDE 的 ES(ES 为生态系统服务的缩写)是否有可能直接或间接地受到地下水自然流态改变的影响。

3)给出 GDE 在原始条件下 ES 的经济价值(将会直接或间接受到影响)。估值方法包括支付意愿;对已知市场价值(如木材)的 ES 进行估价;人工可替代的商品和服务(如通过海水淡化或污水处理进行清洁水生产,或者混凝土排水贮水设施及拦沙池取代森林集水区的自然蓄水拦沙)成本;接受 ES 损失补偿的意愿;最后一点,对由于 ES 丧失而直接导致的经济活动损失进行估价(如盐碱地地区农业生产率的价值损失)。作为一种临时性的方法,Costanza 等(1997)对每个 ES 给出的估值可以用相对价值表示。

4)将每个 GDE 确定的 ES 相加,并乘以该 GDE 的面积,得出每个 GDE 的 ES 的总价值。

5）根据每个 GDE 的 ES 的总价值,对 n 个 GDE 从 1 到 n 进行排序。

6）为了将生态价值考虑进来,如濒危珍稀物种和群落,或生物多样性等热点型生态价值,GDE 可以按它们的保护价值进行排序。

7）对每个 GDE 按其覆盖面积(如景观丰富度)排序,以便增加稀有或较小 GDE 的权重,因为它们的面积范围较小,所以它们的 ES 价值较低。这一过程将间接地增加那些因为范围有限而受到威胁的 GDE 的权重。

8）将下列各序列相加:①ES 的经济价值;②GDE 的生态价值;③GDE 的景观丰富度。这一相加过程将给出 GDE 的整体优先级顺序列表。

该方法的第 6 步关注于 GDE 的保护价值,但是要对保护的重要性进行估值,则需要进行更为详细的评估,而不仅仅是依据生物多样性和濒危珍稀物种的存在进行排序。Dole-Olivier 等(2009)建议,既然 SGDE 存在多样性(至少是基于含水层类型的多样性),就能通过找出可能的生物多样性热点进而帮助确定保护的优先次序。但 Tomlinson 和 Boulton(2010)则认为,只要了解其他生态系统的连通性及含水层渗透性的生态水文地质特征,就可以"明确地认定需要保护的特性,无论是在连通性高的'开放'系统中,还是邻近地表生态系统的完整性都同样值得保护,而在离散的栖息地中(如钙质结砾岩),虽然连通性较低,但地方特性可能更强"。

MacKay(2006)对 GDE 的科学—管理—政策交流现状进行了总结,他在结语中指出,"在解决保护依存于地下水的生态系统问题时,没有唯一的正确路径,在此过程中,仍需利用地下水来支撑社会经济发展,消除贫困并提高食物和供水的安全度"。King 和 Caylor(2011)得出结论,仍然存在"很多机会来增强生态和水文传统的力量,从而更进一步加深我们对生态与水文系统功能这一耦合系统的理解"。也许在地表水和地下水水文学的融合中,最重要的就是对依存于地下水生态系统过程和生物群等价的生态认识。一方面,Thorp 等(2008)提出的"河道生态系统综合分析"可以提供一个合适的架构来组织这些有关流水系统的基础研究;另一方面,Tomlinson 和 Boulton(2010)给出的生态水文地质框架,则提供了关于地下水依赖性一个更广阔的视野和具有挑战性的管理机会(见第 15 章中的图 40)。

第 17 章
湿地面临的威胁及其水流需求

17.1 湿地生态和水文状况

湿地是指一年中的某些时间内土壤表面或土壤表面附近都有积水的区域（Mitsch 和 Gosselink,2007）。现已认识了多种不同类型的湿地，其特征群取决于气候和水文地貌环境、淹没形态、地下水、水化学及相关因素。

Cowardin 等(1979)提出的湿地分类法包含 4 类：河流湿地、湖泊湿地、沼泽湿地和河口湿地(见表 33)，但湿地的这种分类只是基于少量的基本标准，即浅水、含水湿土和特殊的植物群落。Semeniuk(1995)在前期研究工作的基础上，提出了一个与植被类型相关的结合水文、地形地貌的全球湿地水文地貌分类法。

表 33   湿地分类表

类型	定义
河流系统	指包含河道在内的所有湿地和深水栖息地，但以下两种情形例外：(1)主要由树木、灌木、持续露在水面的植物、苔藓或青苔构成的湿地；(2)水中栖息地，水的含盐(源自海洋)量超过0.5%。河道为天然明流或人工河，河中有定期的或连续流动的水流，或者在两静水体之间相通
湖泊系统	指具有如下特性的湿地和深水栖息地：位于封闭洼地或有大坝挡水的河道；缺少树木、灌木、涉及面积大于 30%的持续露出水面的苔藓或青苔；总面积超过 8hm² 的类似湿地；如果湖泊全部或部分边界呈现波状特征或基岩岸线特征，或者湖泊在低水位时最深处的水深超过 2m，则总面积小于 8hm² 的深水栖息地也是一种湖泊湿地，包括沿岸沙丘湖泊、内陆咸水和淡水湖、死水洼地、泻湖和水塘
沼泽系统	指以树木，灌木，持续露出水面的植物、苔藓或青苔为主的所有无潮汐湿地。沼泽湿地还包括缺乏具有以下 3 种有植物生长特性的湿地：(1)没有波状或基岩特征的地方；(2)沼泽带在低水位时最深处的水深小于 2m 的地方；(3)源于海盐的含盐量持续小于 0.5%的地方，包括森林和林地沼泽地；以灌木为主的沼泽地；有薄层积水的泥炭沼泽；以草地、芦苇或灯芯草为主的沼泽地；盆形凹地；泉水湿地
河口系统	指偶尔被来自地表径流淡水冲淡的海水湿地，包括红树属植物、盐土沼泽地和盐沼(盐滩)

引自：Cowardin 等,1979；Dyson 等,2003。

湿地的水源为降水、地下水、地表径流或潮汐水文过程，这些水可能是淡水，也可能是盐水，或介于两者之间。淡水湿地包括水塘和高山小湖泊，高海拔沼地、泥炭地及其他沼泽栖息地、沼泽带、沼泽森林、沼泽湿地，盆形凹地、干荒盆地和弓形湖(蜿蜒河流裁弯取直后形成)。在这类湿地中，有些存在永久性水源、水生植物或亲水植物，还有一些为介于水生环境和陆地之间的过渡带(Mitsch 和 Gosselink, 2007)。本章简述淡水湿地及其需水量；河口湿地需水量见第 18 章。

拉姆萨尔湿地公约，又称"关于特别是水禽栖息地的国际重要湿地公约"(于 1971 年在伊朗小镇拉姆萨尔签署)，旨在制止对世界各地湿地的侵占和损害，保护现已留存的湿地(Carp, 1972)。该公约规定了 3 种主要湿地类型，其中每一种都有明确的定义，即海洋、海岸型(12 种)，内陆型(20 种)，人工型(10 种)。该公约对湿地的定义是，"沼泽地、泥炭地或水域，不论是天然的还是人工的，永久的还是临时的，静水还是流水，淡水还是咸水，包括低潮时水深不超过 6m 的水域，都是湿地"(Carp, 1972)。密切依存于与地下水的湿地也属该公约认定和保护的范围。

根据拉姆萨尔湿地公约，指定作为"国际重要湿地"的各地域，必须用"生态特性"进行描述，而且生态特性必须以"明智利用和管理"的原则进行保护。因为生态特性的描述能表明湿地对水的依赖性，也能描述水情是如何决定该湿地内的栖息地、植物生长及其他生态群落和物种的，进而影响湿地提供的效益和生态系统服务。赋予湿地这些独特的生态特性和保护价值的物理、化学和生物功能，在很大程度上是由水的可利用情况和整体水情所驱动的(Gippel, 1992)。由于降雨和径流的日变化、季节性变化、年际变化和多年变化，湿地便产生了水位变化的自然循环。水位的这种变动，包括河床完全润湿或完全干涸情形，为湿地植物的萌生、移植生长、发育和繁殖创造了可调节的外部条件。

Brock 和 Casanova(1997)指出，"陆地"物种(不能耐受水涝)、"沉水"植物(不能耐受干旱)与能耐受或适应洪涝和干旱交错环境的"水陆两栖"大群种，共同占据了湿地的上下两区域。动物的生活史对策，可以进一步判别植物对水情变化的适应性。例如，水陆两栖物种可以分为"水陆两栖耐受型"物种[如露出水面的荸荠(*Eleocharis*)和灯芯草(*Juncus*)]和生长缓慢型植物[如狸藻(*Utricularia*)和天胡荽属(*Hydrocotyte*)]，这类植物具有耐受洪水形式变化的能力而不改变其形态或生长形式；而"水陆两栖非耐受型"植物[如狐尾藻(*Myriophyllum*)和眼子菜(*Potamogeton*)]，为应对有水或缺水环境而改变了其形态或生长形式(Brock 和 Casanova, 1997)。由于水下和水上呈现的光合作用不同而形成各异的叶片形态(异形叶性)，是植物的一种适应机理(Sculthorpe, 1967)。蔓生植物的生长就是一个例证。该植物搁浅露出水面时，根扎在茎节的下面，而当被水淹时，这些节点和叶片又垂直延伸。

湿地水情的变化是可以预测的,预测到这种变化后,可以通过改变植物功能群的比例来改变湿地植物群落的组成。Brock 和 Casanova(1997)提供了一张有用的统计表,内容为预测的植物群落和功能群应对湿地洪涝和干旱交错区水情变化的响应。可以预计,更长持续时间的湿润湿地可以促使沉水植物和水陆两栖物种的竞争,削弱本地物种的丰富度(植物的存活率依赖于种子库的寿命)。如果干旱湿地持续较长时间,则有利于陆地林木树种的生长,水陆两栖和沉水植物的生长及其物种丰富度可能会被削减。

17.2　水文变化与湿地面临的威胁

淡水湿地生态系统处于所有生态系统中受影响最大、受破坏最严重之列（Davis 和 Froend,1998）,据统计,世界范围内的湿地已丧失 60%。19 世纪中期,在某种程度上是由于美国颁布了《沼泽地法案》,导致美国本土 43 个州 50%以上的天然湿地的水被排干。1906 年,美国农业部为土地拥有者将"湿地""荒地"变为耕地提供技术援助。随后,世界各地的湿地陆陆续续被排干、拦河筑堤筑坝、开挖和渠化、伐木和开矿、放牧、被改造为养虾场和水稻田等, 有的湿地被固体废弃物填埋, 甚至用混凝土覆盖(Pearce,2007;Cech,2010)。

湿地范围内的人类活动,不可避免地产生和传播污染物,造成富营养化和盐渍化,并改变流往湿地的径流特性和流量。由于河道整治、农业灌溉取水、生活用水、工业用水和将湿地扩大用作蓄水量区域,许多湿地的水文状况已发生了改变。地下水开采也对某些湿地构成了胁迫,表现为水位降低、干旱期延长等。如果可获取的地下水减少,可能会导致湿地生态系统的空间范围逐渐变小,或者植物的活性下降、物种组成减少。极端情况下,如果达到某种极限程度,则整个湿地的生态系统会遭到崩溃(Hatton 和 Evans,1998)。

人类对湿地水文状况的影响可能会导致洪水泛滥和洪水减少, 淹没地带变化特征和季节性更明显。地表水排入湿地和淹没区后,水位会快速上升,可能对湿地造成影响,也就是说,水可能会太多或者太少(Davis 等,2001)。许多这些威胁和压力降低了湿地作为"水文海绵"发挥作用的能力(Leigh 等,2010),这些海绵会减弱高流量和洪水、蓄水,封存大量的水源性养分和化学成分,否则会对下游环境造成污染。

湿地与河流密切相关, 因此可能受到河流径流调节的影响。湿地可分为两大类:河(海)滩湿地和终端湿地。大坝可能会拦截洪水脉冲,对河滩湿地造成影响,导致河水越岸流至蜿蜒和洄水地带的栖息地及弓形湖, 甚至冲至河滩自身较高的地方(Kingsford,2000)。

当水库经蓄水期后泄水至河道,通过灌渠进行灌溉及其他用水时,流量往往会远大于天然流量。因此，流量增大可能会造成某些洄水及河滩湿地长期而更突出的水文特性（Davis 等，2001）。河滩湿地的水文特性同样也会因远处河流蓄水或大坝拦洪而发生改变（Kingsford，2000）。由于河道整治所产生的其他水文状况问题还包括连通路径的丧失、修建堤岸造成的水文过程变化、水文情势变化的损失（洪水脉冲减少和正常季节变动模式的损失）等（Davis 等，2001）。灌溉节制闸和供水渠这类基础设施，由于它们会造成水位和连通路径的改变，也可能影响到湿地。

由河流供水的终端型湿地，极易受到大坝和它们入流水系分流转移的影响，总体上水量减少是上游河流调节导致的常见结果。在乌兹别克和哈萨克，咸海（The Aral Sea）的生态系统和渔业的破坏很明显，原因就是将大河中大量的水用于灌溉，造成了环境恶化并给人类带来灾难。咸海的水源是 Amu Dar'ya 河和 Syr Dar'ya 河，并于 1960 年形成了一个 6.8 万 km² 的湖系。到 1987 年，该湖减小为 4.1 万 km²，到 1990 年，仅剩下 3.35 万 km²。到 1960 年，该湖的水量为 1090km³，到 1990 年减小至 310km³（Micklin，1988；Aladin 和 Williams，1993）。这时只得引入外来河流水灌溉农田，农田主要种植棉花和水稻，估算总面积为 700 万 hm²（Kotlyakov，1991）。咸海的生态系统极度萎缩，动植物大范围地受到影响：原有的 24 种鱼类中，有 20 种已绝种；55 万 hm² 芦苇床减至 2 万 hm²；原有的 200 种自由生活的大型无脊椎动物，现仅存 8 种（几乎都是引进种）；原有的 319 种鸟类现仅有 168 种筑巢寄身；原有的 70 种哺乳动物，现仅有 30 种幸存（Micklin，1988；Kotlyakov，1991）。来水量损失和高蒸发率导致湖泊的盐度上升了 3 倍，即每升水含盐量达 30g，摧毁了曾经有 6 万人从业的商业性捕鱼业。由于生态被破坏，渔业收入明显受到损失，经济成本和人类健康问题（例如，吸入灰尘和杀虫剂会导致呼吸道疾病）接踵而至。目前，恢复计划正在拟定中。

另一个例子是在澳大利亚南部墨累—达令河系端头，分布着浅水湖、溪流、泻湖等总面积为 14.05 万 hm² 的湿地，由于远离河流，但用水需求日益剧增，结果几乎耗尽了本应流至 Murray Mouth 湖和 Coorong 湖的淡水。现在注入穆理河口的水量小于原来年流量的 30%，主要为河流上游区域灌溉用水所消耗。1985 年，Murray Mouth 湖和 Coorong 湖被认定为 Ramsar 生物多样性及迁徙滨鸟和海鸟群的湿地场所（Paton 等，2009）。但由于淡水来水量不足，北部和南部泻湖的含盐量增大，水位下降，亚历山大湖、艾伯特湖和许多支流沿岸或边缘带都显露出酸性硫酸盐土。包括沙禽及其他水鸟在内的许多物种，在过去的 20 年中急剧减少（Paton 等，2009），在缺水和含盐量上升的湖泊中，生物种群渐渐变成了耐盐的河口物种和海洋物种（Phillips 和 Muller，2006；Wedderburn 和 Barnes，2009）。亚拉河中一种类似于鲈鱼的物种"小金鲈"（*Nannoperca obscura*）现在墨累—达令流域的野生生物圈中已不复存在,墨累河中的银汉鱼(*Craterocephalus fluviatilis*)也濒临灭绝(Wedderburn 和 Barnes,2009)。越区洄游鱼类（洄游于海水和淡水中）,包括常见的南乳鱼(*Galaxias rnaculatus*)和淡水牛尾鱼(*Psevtdaphritis urvillii*)也不再在海洋与淡水环境之间洄游。Kingsford 等(2009)指出,"不解决缺水这一根本性的问题的情况下,澳大利亚履行其对拉姆萨尔湿地义务的可能性很小"。

潘塔纳尔湿地是世界上所有种类湿地中最大的国际重要湿地,位于巴西 Mato Grosso do Sul 州并跨过玻利维亚和巴拉圭的部分地带。这是一个壮观的热带稀树草原和内陆三角洲的复合湿地,但由于大量的人类活动,使得潘塔纳尔湿地正面临着威胁(Harris 等,2005)。农业开发和畜牧场导致了侵蚀和沉积 Pantanal 地区 99%的土地为私营农业和专业性牧场);由于森林砍伐,造成泥沙从采伐森林的高地流失,污染了农产植物,古金色矿山的尾矿汞流入河中毒死鱼类,打猎、走私濒危物种,商业性捕鱼、钓鱼,旅游企业经营等,都对水生生物多样性和野生动植物构成了威胁。

潘塔纳尔湿地主要依靠周期性洪水,八成漫滩被淹没。整个生态系统随洪水脉冲反应明显,目前巴拉圭—巴拉那河航道正在施工,这对动态性湿地系统构成了威胁。该工程由美洲开发银行支助,主要用于疏通和改变 Rio Paraguai 河的航道,便于农产品从内陆地区出海的河流运输(Harris 等,2005)。模型试验已表明,上述航道的变化会改变巴拉圭河的流量,造成潘塔纳尔湿地大面积的湿地损失(Hamilton,1999),并大规模地破坏了对维持生物多样性至关重要的栖息地时空变化的生态过程。此外,由于巴西—玻利维亚之间铺设天然气输气管道的需要,会加大 Mato Grosso do Sul 州乌鲁库姆山区铁和锰的开采,大型钢铁厂和石化厂的安置将成为重要污染源(Harris 等,2005)。

沿岸湿地、海岸线栖息地及其生物区也同样面临着不同的威胁。2010 年 4 月,墨西哥湾发生"深水地平线"事故,钻油平台燃烧,并沉入墨西哥湾中,漏油事件开始威胁着湿地和海滩,涉及范围从德克萨斯州到佛罗里达州,其中路易斯安那州的沿海湿地和密西西比河三角洲危险最大。三角洲湿地是虾苗、螃蟹、牡蛎的培育场所,并且数以千计的候鸟在由支流、海湾和运河共同构成的河段湿地上筑巢。美国鱼类和野生动物管理局(US Fish and Wildlife Service)认为,漏油事件可能会对 32 种国家野生动物保护区和许多受到威胁的濒危物种构成威胁,包括印度西部的海牛类动物、美洲鹤、密西西比河中的沙丘鹤、林鹳,并且有 4 种海龟依赖于密西西比河三角洲生活。由于三角洲是鸟类沿密西西比河迁徙路线的会合点,所以对三角洲的损害无疑会给多种候鸟造成严重后果。

17.3　湿地生态需水

尽管在生态学和湿地面临的威胁方面有众多的文献专著，但与数十年河流开发并进的专门论述湿地需水量的估算方法相对甚少。Tharme(2003)在评估河流环境流量方法时指出，"世界上绝大多数可用的方法都是专门针对河流的，这些方法对其他水生态系统(例如，与地下水密切相关的湿地和河口)来说尚不具备广泛的适用性。"自作出这样的评估后，拉姆萨尔湿地公约便添加了21卷关于保护和明智利用湿地的"工具包"手册(拉姆萨尔湿地公约秘书处，2010)。每卷手册都含有公约决议、技术咨询、案例研究和背景文件。相关手册内容为：第9卷河流流域管理；第10卷水量配置与管理；第11卷地表水管理；第12卷岸线管理。

在湿地水量配置法的总框架中，有几种主要方法，例如，McCosker(1998)提出了两大类型的淡水湿地：河滩湿地(河滩洼地，通过邻近河流输水，如弓形湖)和终端型湿地，终端型湿地位于流域的最低点，也是该流域的汇水点。两种不同特性的湿地，就产生了两大类方法：一类是基于水量平衡的方法；二是基于估算湿地淹没所需的河流和河滩流量的方法，而这些河道、河滩或终端型水域又与上述湿地有着密切的联系。

水量平衡是水流入和流出湿地的一个简单模型，可用下列算式表达：$\Delta S(t)=P+Q_i+G_i-E-Q_o-G_o$，在某个固定的时间间隔($t$)，式中各项表示的意义为：$\Delta S$为湿地中的水量变化；$P$为注入湿地的降水量；$Q_i$为流入湿地的地表水；$G_i$为流入湿地的地下水；$E$为蒸发量；$Q_o$为流出湿地的地表水；$G_o$为流出湿地的地下水(McCosker，1998)。水流入和流出湿地的季节性变化，会引起淹没湿地水深和面积的季节性变化。在较长的一段时期，水位可能会在某个时期或非季节性的忽高忽低，并随不稳定的气候模式或反常的旱雨季年变化。

水位随时间的变化可以通过统计洪水期和干旱期的频度、洪水期和干旱期的平均与最长持续时间以及洪水期和干旱期的季节性来表征(Gippel，1992)；也可以根据与用于表征河流流量的变化范围法(RVA)相似的那些变量进行更详细的描述(Richter等，2006)。所期望的湿地水情特征值如下：范围(淹没面积)、深度(最小和最大)、季节性(不论淹没是永久性的、季节性的，还是短暂的)洪水最严重的季节、涨落速度、洪水量及频度、干旱期的程度和频度、洪水历时、枯水期持续时间和变化差异(Davis等，2001)。

水量平衡法可用来估算淹没这样一种水系的终端型湿地的需水量，即由于上游蓄水和流量调节已使之发生水文变化的水系(McCosker和Duggin，1993；Keyte，1994)。采用水量平衡法估算终端型湿地的需水量，可借助历史流量数据和遥感影像加以验证。例如，在澳大利亚的墨累—达令流域,Bennett 和 Green(1993)采用多谱线地球资源卫星扫描图像,建立了 Gwydir 湿地特大流量期间湿地淹没面积与排水量之间的关系。

遥感技术现已广泛用作观测河流湿地实际用水量的实用手段,并且当湿地的水力状况复杂而又没有测验记录,或是地形复杂无法勘测时,遥感技术就能充分发挥作用(Shaikh 等,2001)。为确定洪水的空间范围,常见的研究方法有:光学卫星图像分析法(Sheng 等,2001;Frazier 等,2003)、雷达遥感法(Townsend 和 Walsh,1998)以及遥感和地理信息系统相结合的方法(GIS)(Brivio 等,2002)。

Overton(2005)开发了一种河滩淹没模型,可结合 GIS 地理信息系统、遥感和水文模型来模拟澳大利亚南部墨累河长 600km、宽 1~5km 的河段,利用地球资源卫星影像对洪水淹没范围内的一系列流量进行监测,监测数据插值以模拟洪水增长模式并与河流的水文模型相关联。GIS 模型还可用于预测洪水淹没范围内的各种洪水事件发生频率,也就是从最小流量一直到 13 年一遇的洪水事件都可预测,也能预测洪水对湿地和河滩植物的影响。运用这些数据,可建立洪水淹没模型的过程流程图和具体的流程步骤。

确定洪量和河滩淹没面积之间关系的观察法,对于大面积的洪水分析来说已证明是经济实用的,而更详细的研究,则采用数字高程模型,在河流的一定高程上建立一个可被淹没的河滩面(Townsend 和 Walsh,1998)。这种高程模拟方法,可通过控制洪水位和水流遇阻的情形来预测水流通过河滩的路径变化(Overton,2005),也可用来研究洪水发生的时间和频率以及相对孤立的河滩水域与主河槽的连通程度。

例如,Karim 等(2011)开发出一种量化洪水淹没的河滩湿地与河槽连通关系的方法,该方法采用水动力模型来计算澳大利亚昆士兰州北部图利—墨累河 (Tully-Murray)河滩大量湿地和干流之间连通的发生时间、持续时间和空间范围。可采用高分辨率激光测高(LiDAR)数据与区域摄影测量数据相结合的方式,形成河滩的数字高程模型(DEM),进而确定滩区湿地,并运用二维水动力模型(MIKE 21)计算 30m 网格的水深和流速,以此模拟洪水波的传播和相关河滩的淹没情况。该模型表明,洪水淹没单个湿地的持续时间变化不定,从 1 天到 12 天都有可能,取决于洪水的量级(1 年,20 年和 50 年的洪水重现期)和河滩的位置,一些较为孤立的湿地仅在大洪水期间连接。这种类型的动态模型可用来评估可用水量和水资源管理方案的作用及其对河滩生物种群和生态系统过程的影响和意义。

水量平衡、洪水淹没及连通性模型是基于水文过程及其与淹没湿地的面积和深度的相互关系建立的,能作为类似于诸如可用水量的生态响应和效益、发生时间、季节性的替代参数。根据湿地植物及其他生物群(特别是鱼类和水鸟)需水量所建立的方法,是众多研究方式中更为先进的一种(Davis 等,2001;Welcomme 等,2006)。例如,Robert 等(2000)研发了一种基于植物水分条件来确定河滩湿地环境用水分配的方法，定义为维护和改良植物品种所需的水位变化法。McCosker 和 Duggin(1993)通过水量平衡确定淹没这些植物群系所需水量的方式，研究了 4 种依赖于不同洪水频率的植物群落的需水量。Briggs 和 Thornton(1999)制定了便于水鸟繁殖的赤桉树(*Eucalyptus camaldulensis*)湿地的管理准则，规定最短淹没周期为 5~10 个月，以便于各种水鸟完成繁育。

Peake 等(2011)开发了一种湿地水量优先配置的方法，该方法是基于优势特征植物群系所具有的生活史特性、耐受能力和竞争优势，以满足依赖于洪水的"生态植物类"(EVCs)水量需求。他们结合以往洪水发生间隔的资料，根据对现场生态植物生存迹象的熟知情况来估算"临界范围"(即生态植被类能不依赖洪水存活并能恢复到正常状况的最长周期)(Peake 等,2011)。此外，他们还根据生态植物所在地的特性种和实际条件，估算出维持各种生态植物正常状况(与规定的参考状态作比较)所需的洪水最短持续时间。该方法还包括采取文献述评和与专家讨论的方式，评估受到威胁的动物群落(禽类、哺乳动物、爬行类和两栖动物)对洪水的依赖性。有了与水文模型有关的河滩植物和动物群落地理坐标综合数据库，就有可能研究出环境流量的效益，估算出单片湿地和植被复合体供水不足的风险。上述方法也是可以变通的，完全适合于接纳新数据，更好地了解动植物群落随时间变化的洪水需求。

可根据湿地的生态特性认知更明确地提出对湿地环境的建议。学者 Davis 和 Brock(2008)以澳大利亚沿海的由地下水和局部降雨维持的浅滩湿地作为例子，构建了一个描述生态特性的框架。他们在湿地特性的模拟描述中，提出了三个主要步骤：①采用层次结构地图和航片来描述湿地的景观范围并确定相关空间规模；②综合相关生物物理学数据，同时建立概念上的驱动因素(外界压力)生态模型；③采用上述条件作为识别(加上关键程序)维持湿地生态特性的一组湿地标志的基础。如果生态特性的变化不能被接受，则会丧失这组标志，使关键程序遭到破坏，生态服务功能或效益就会下降(Davis 和 Brock,2008)。这种概念性的驱动因素生态模型(见图 41)，可通过湿地系统的图形建模来辅助，例如，可以对湿地的洪涝期和干旱期建图形模型。

在这一框架中，对湿地生态特性的描述可作为生态特性的变化不能接受、丧失标志性、关键程序遭到破坏、生态服务功能或效益下降的"基准点"。如果通过管理计划程序所形成的特性变化在可接受的范围以外，即使上面所描述的丧失性程度不大，也应认为是不可接受的 (Davis 和 Brock,2008)。根据对澳大利亚汤姆逊湖的案例研究，Davis 和 Brock(2008)建议，不可接受的生态影响的负面变化，应包括上述一组特有的标志性变化，例如，湿地长期洪涝、持久干旱、湿地洼地深陷超过 3m、水体为含盐量高或酸性、富营养化、以入侵植物为主导、或不适合作为水生生物群(特别是水鸟)的栖息地、或是正在发生着生态方面的变化(例如,从以水生植物为主导的清澈水体变为以浮游植物为主导的浑浊水体或泥沙水体,或者水体即使清澈,但水底以底栖微生物为主导)。运用先前存在的定量阈值(例如该地区的富含营养物量)或专业知识就能确定这些变化,这在许多湿地研究(例如沼泽地恢复计划)和河流生态流量评估方法中也都是一种常规的做法。

以上所述的各个方法,全都适于纳入湿地水量配置的总框架内,Davis 等 (2001)提出了一个评估湿地需水量的 11 个步骤框架,让人联想起几个河流生态流量评估框架(见图 42)。

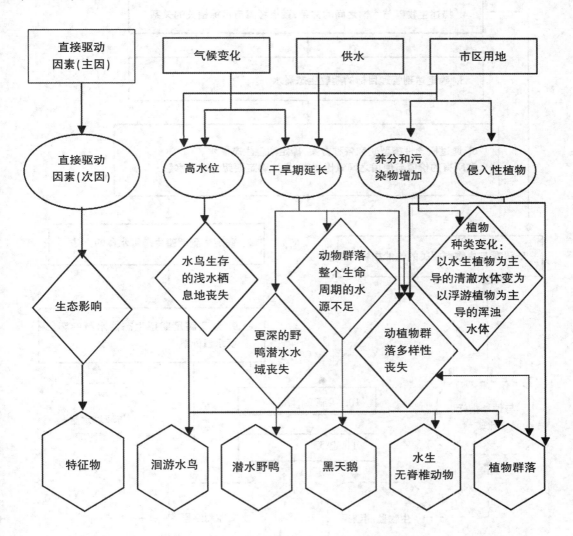

图 41 位于澳大利亚西部的 Thomsons 湖驱动因素影响模型

(图示顺序为驱动因素、外界因素、生态影响和特征物(部分),根据 Davis 和 Brock,2008 中的图 5 绘制,经 Blackwell Science Pty 许可)

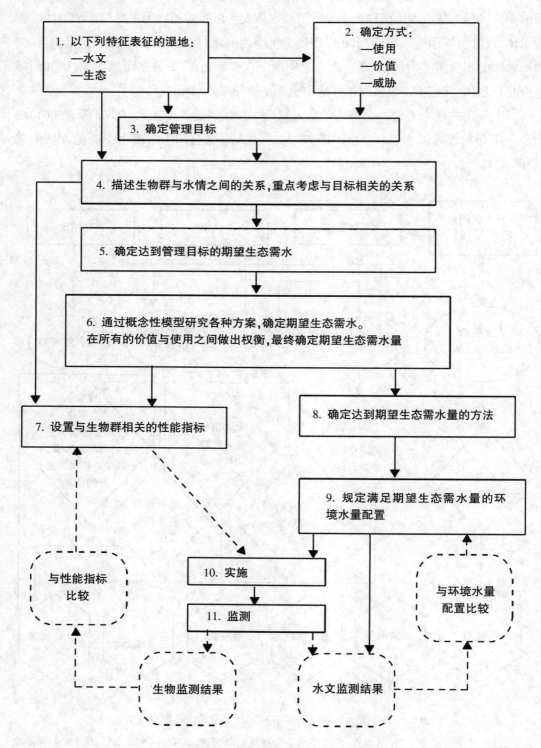

图 42 评估湿地生态需水量的总框架

(根据 Davis 等，2001 中的图 2 重新绘制)

第18章

河口面临的威胁及水流需求

18.1 河口生态学及生态水文原理

河口是河流下游的终点,此处断面扩大,是淡水与海水的交汇处,常受海洋潮汐的影响。人们可以将河口想象为一条向内陆延伸的狭长海湾,河流的终点与之汇合(Maser 和 Sedel,1994)。河口的定义很多,Fairbridge(1980)是这样定义河口的:"河谷末端通向海水直至潮汐浪峰(潮汐的最上限)的入海口,通常可分为三类:①海洋型河口即弱潮河口,河口水体与外海联系自如;②中潮河口,盐度很高,并与淡水混合;③强潮河口,具有淡水特性,但受日潮汐影响。"对含盐量很高的湖泊型河口及其他临时封闭的河口,则另外定义为:"河口是部分封闭的沿岸水体,与外海定期地或永久性地联系,由于海水与来源陆地的淡水混合,造成该水体中一定盐度的变化。"

河口的这种物理特性,反映了其固有和传承的许多特征,即海岸和岩石的古老形态和沉积物供给,而现在的形态则受气候、河流流态、泥沙来源以及包括海浪和潮汐的海洋环境结构控制。河口可分为如下类型:峡湾型和溺谷型、波浪优势型、波控型三角洲、间歇性的沿海湖泊和泻湖(ICOLLS),潮汐优势型、潮控型三角洲和潮汐小溪。从广义上讲,所有这些河口环境都反映出咸水和淡水的相互作用,而在这些作用中,盐度是呈梯度变化的,河口的上游段几乎是淡水流入,盐度最低。淡水流入河口时,在较深和较高盐度的海水上形成了一薄水层,并以梯度含盐形式渗透到内陆。淡咸两层水究竟混合到何种程度,取决于流动的淡水和潮汐能的混合力,但两者通常是不可能完全混合的,因此,在距上游的一段距离内,咸水是呈梯度分布的。在许多河口地带,如盐土沼泽地、红树林、海滨泥地、开阔水面、夹杂有岩石的潮间带、礁石和沿岸沙滩等,含盐量的变化都有助于生境类型的多样性。

河口形成了"河流连续水体"的最末端,因为它们是通过流入的淡水与母河相连,其生态特性很大程度依赖于进入的淡水流态。因此,河流流量及流入河口的淡水流态可以用类似于河流流量的术语来描述,即水量(排入河口的水量)、季节性流入时间、洪水和低流量的频率和历时、水流特性、流量变化和可预测性,且必须将入流淡水的泥沙和水质特性,即温度、盐度、营养盐和有机物含量及污染物加入到其中(Wolanski,2007)。大量人为改变入流流态造成不良影响的例子,充分说明了淡水流入对河口生态状况和恢复能力的重要性。

18.2　河口生态系统的变化与面临的威胁

河口是人类最早定居的位置之一,大多历史悠久,经历了复杂多变的人类活动:人们从最初简陋的住所和以捕鱼为生,通过长期的大量农田开垦和水资源开发,发展到建设世界上雄伟的大都市和港口(Lotze,2010)。全世界大约有60%的人口居住在河口,沿海水域捕鱼量占全球总量的90%(Wolanski,2007)。沿着河口附近的许多海岸线和汇流到河口的流域使土地利用发生了全新的巨大变化,即将农副产品、城市和工业发展的副产品直接运到河口及其周边。前面所讨论的上游流域和淡水系统(特别是河流)中大部分的威胁,都可能危及下游直至河口和沿海湿地(Alber,2002)。

河口退化过程主要为:土地清理和城乡径流所造成的淤积不断增多;水流通过堰坝后发生变化;由于污水和农业使用化肥而使营养物负荷增加;城市和工业废水;河流酸化和源自矿山、漏油、海滩开发、疏浚导致重金属污染;旅游开发和相关活动;海洋水产养殖场地;引入有害生物物种的传播;过度捕捞等(Edgar等,2000;Kennish,2002)。此外,河口水道也会受到港口设施施工、拦潮坝以及入海口方向的改变、封闭河口和ICOLL的人为开启的影响(Pierson等,2002)。

(1)来源于陆地的威胁

主要由沿海地带人类活动而产生的地面径流,对沿海生态系统的水质会构成威胁。水质下降与修整土地、农业和城市发展、工业污水排放密切相关,加上植被良好的流域地带及河岸地区反滤能力和缓冲能力不断退化,导致水质下降更为严重(Smith 和 Schindler,2009)。水质下降影响甚广,小则河流中产生沉淀物、富营养化、形成藻花危害,大则鱼群大规模地缺氧死亡、海洋生物多样性减少,并对渔业造成影响 (Rabalais 等,2009;Waycott 等,2009)。在全球范围内,沿海地带的可溶性无机氮和可溶性无机磷的主要输出来自人类活动产生的面源和点源污染, 但也有几个危险地区:有些区域也会出现较多的有机氮和磷,例如,印尼、日本、南亚和中美洲。由人类引起的快速富营养化物在欧洲的波罗的海和黑海一带,美国的切萨皮克市和旧金山海湾,日本、香港、澳大利亚和新西兰附近的各水域都有发生(Cloern,1996)。

沉积是河口内的一种自然过程,通过其提供养分、掩埋污染沉渣、营建栖息地结构和缓冲海岸带的侵蚀,从而提供着各种重要的功能。当河口内和沿海地区沉积物传输和沉积的速率超出自然水平以上时,就会产生环境问题;此外,取决于地质状况和土地利用情况,沉积物也可能传播诸如碳氢化合物、重金属和营养盐等污染物(Thrush 等,2004)。尽管许多沿海地区通过建坝蓄水和拦沙使沉积物输送速率减慢(Vorosmarty 等,2003),但仍有一些地区沉积物有增无减,越来越多。例如,1760 年,切萨皮克海湾的平均沉积率增加了一个数量级,是因为当时进行了土地清理活动,而在加利福尼亚淘金热时期,由于水力采矿和粗放的林业活动,导致沉积物大量地流入旧金山湾(Nichols 等,1986)。

在暴风雨时期,大多数陆相沉积物汇入河口,导致沉积物负荷短时间内高于平均值几个数量级。细粉砂和黏土絮凝物一旦与海水接触,便迅速沉积,要么覆盖住河口和海洋沉积物以及相关的生物区,要么形成一较薄的覆盖层,可能对大型底栖动物有慢性而不是死亡的影响。从河口地带输移的细泥沙还会使悬浮固体浓度不断增大,影响到河口生物群落。特别浑浊的水,加上浮游植物以及海藻和海草的生长,可能会阻隔光线的透射,影响到初级生产的相对重要性(Thrush 等,2004)。

低浓度的营养物富集,可提高生产率,促进海草的生长,但海草所在区域的密度会下降,究其原因,通常是因为在低营养水平的沿海环境中富营养化所造成的(Brodie,1995)。营养物富集促使浮游植物和附生藻类疯长,附生藻类的生长状况甚至可能对海草床有遮阳作用,减少了光化合作用和海草的密度。另外,悬浮物含量提高,细颗粒沉积物沉到海草叶片上,同样也减少了光的透射和光合作用(Orth 等,2006)。

海草在沿岸浅水域和河口地带往往会形成大规模的牧场,在河口一带,海草生产率高、结构形态多变,对许多其他物种的栖息地(海草称为栖息地创始者或生态工程师)都会有益。此外,海草还能为海洋环境提供众多重要的生态服务(Costanza 等,1997)。例如,海草能使泥沙沉积、改变水流流态,产生大量的有机碳,并促进养分循环、稳定食物链结构(Hemminga 和 Duarte,2000)。对许多大型草食动物,如绿海龟、儒艮(一种海生哺乳动物)、海牛等,海草是其主要的食物资源;由于海草结构复杂、种类繁多,成为许多动物(包括商业性和娱乐性的重要渔业物种)赖以生存的栖息地(Orth 等,2006)。在美国,在易于灭绝的 28 个鱼种中,至少有 11 种在它们的部分生命周期内生活在海草栖息地。

(2)流态变化

河口的大部分物理、化学和生物条件的时空剧烈变化,都是以淡水流入的季节性变化和年际变化出现的。Estevez(2002)在论及淡水流入河口的管理时指出,"淡水流入河口的变化,已危及世界上众多的河口,而且存在的潜在危害还有很多。"土地利用的变化、城镇化、河流走廊等水利工程、供水大坝、农地小坝、河流改道、河道取水、抽取地下水等,都可能改变流入河口的淡水水量、水质和发生时间 (Gillanders 和 Kingsford,2002;Alber,2002)。

淡水流入河口的变化，对河口系统和沿岸湖泊、泻湖系统都有很大的生态方面影响。水库蓄水会中断泥沙和养分向下游输移，可能对输向下游的养分和有机资源总量造成极大的影响，因而导致生物群落重建，并对渔业生产力带来影响。大坝的拦沙作用使河流泥沙的输移被抑制，导致大规模的湿地和三角洲损失。Vorosmarty 等（1997）作过这样的估算，在全球范围，泥沙总量的 16% 已被世界各国的大坝拦住。在欧洲的多瑙河、第聂伯河、德涅斯特河和顿河上，由于大坝的拦截，养分减少，一定程度上造成黑海、亚速海和里海的渔业产量下降。这些海中最有价值的商业性渔业已减少了 90%~98%，而在里海，鲟鱼捕捞量只有历史水平的 1%~2%，在黑海和亚速海的西北部，其捕捞量为零，也就是说这种鱼已完全灭绝（McCully，2001）。类似的情况同样也发生在尼罗河中，由于河上建有阿斯旺高坝，因大坝的拦截作用，营养物减少，造成整个东地中海的渔业产量下降（Nixon，2003）。

不管淡水输送的泥沙量和养分有多少，正如前面所述的淡水注入河口的水量变化，都会对河口状况产生重大的影响。最明显的一种后果是，淡水注入量减少，咸水可能回灌到河流的远上游，形成河口一带含盐量呈梯度的增加（Alber，2002）。在降雨和径流减少、蒸发量持续增高的极端情况下，河口的水就可能变为高含盐度。此外，河流上游含盐量的变化，加上出流流量的减少，还可能导致从极低含盐量到海洋海水这一过渡区的扩大，因而使得河口环境就变得更宽，生物的分布型式和栖息地就变得更复杂多样。

如果河流流量减小，以至增大了潮汐对水循环模式的影响，就可能使河口的整个水动力状况发生改变。一个具有良好发展的重力循环的分层系统可以转变为混合系统，该系统中潮汐交换的重要性增加（Alber，2002）。由于流入水量的变化导致分层变化，反过来又会影响到底层水的氧含量，甚至导致缺氧，这一点已在 Chesapeake 海湾得到证实。

淡水流量的另一个水动力效应是河口最大浑浊带（ETM）的形成，在这一带，悬浮固体及其他表层物质聚集，形成沿河口纵轴线的前缘带。在旧金山湾河口的北部，河流流量控制着河口最大浑浊带的位置（Cloern 等，1983）。当河流流量（100~350m³/s）处于临界范围内时，便将河口最大浑浊带推向浅湾附近一带，因这里光照比开敞的河口湾柔和，使得近岸的硅藻增多。

淡水流入量减少，还可能导致河口一带冲刷加大，或淡水运输时间延长，前者会使河口一带的砂土料被冲走，后者还会使污染物浓度和病菌量增大。淡水流入量的减少势必有利于浮游植物的增殖，因为营养物质和细胞的滞留时间增加了，种群可以累积到爆发的比例。藻花可能为短期阵发性的、呈周期性的季节性现象，而与气候异常或水文状况相关的罕见事件，则取决于潮汐、风和淡水流入的影响（Cloern，1996）。

　　河口对淡水流量变化的响应往往是一种滞后效应，可能得在入流流态发生变化后数月的时间发展和持续。Livingston 等（1997）在 Apalachicola 海湾和佛罗里达州实测到了天然干旱和碳源变化的明显滞后响应，实际上它是将海湾的营养结构转变成了能透射到海底促进浮游植物、底栖藻类及其他植物生长的光线。时间滞后的影响往往还会反映在淡水流入量出现变化时的渔业资源中；在里海、欧洲的各种鱼类资源，德克萨斯州和佛罗里达州河口，以及在澳大利亚的若干项研究中，都已有这样的报道（Estevez，2002；Loneragan 和 Bunn，1999）。

　　河口地带淡水入流量与渔业响应之间的关系，很久以前就被从事商业性的渔民们认识到了，从几种机理分析，在河口捕捉鱼类和甲壳动物与淡水的流入量之间存在着较强的相关关系（Loneragan 和 Bunn，1999；Robins 等，2005）。淡水流入，可能会通过带入激发处于食物链低端的有机和无机物（包括养分）（如浮游植物和细菌）而提高河口的生物生产力，其流动效应能使物种以较高的营养水平生长和存活（Robins 等，2006）。

　　流入河口的流量变化，可能会改变重要物种栖息地（诸如海草床、海岸泻湖和滩区）的地域性和可用性，从而影响到河口物种的恢复及其丰富性（Staunton-Smith 等，2004；Halliday 和 Robins，2007）。水流脉冲可能会减少含盐量，并对激发和保持河口物种的运动习性及其分布造成影响，同时也能激发鱼类的聚集习性，有助于提高河口和沿海渔业的渔获率（Loneragan 和 Bunn，1999）。

　　Kimmerer（2002）关于淡水水流对旧金山河口北部食物链影响的研究，强化了这一河口可能的个性特征。如果按更低的营养水平分类物种，要么是对淡水入流无任何反应，要么是按季节作出不一致的反应。没有证据表明，季节性平均浮游植物生物量对流量的响应是因为淡水入流带来的营养负荷量或盐度分层增加。倒是有证据表明，大洋中的食物链有自下而上的影响，即从浮游植物到轮虫类、桡足类动物和糠虾到星斑川鲽和油胡瓜鱼繁殖衰退，但其他鱼类和小虾不受影响。Kimmerer 作出了这样的结论：水流对各种鱼类和甲壳类物种的影响，其机理显然不同，而上述情形是旧金山河口特有的特征，其他河口是不存在的。Livingston 等（1997）发现 Apalachicola 海湾营养水平较低，是受河道水流的直接影响，而营养水平较高时，则主要是生物间相互作用的结果。

　　以上所述的各种机理可能是相互渗透的，只不过是方式不同而已，因不同河口而异；水流对物理参数（如流速、含盐量、水温、浊度、养分）的直接效应，通过外界干预过程影响到河口的渔业物种。了解这些机理是很重要的，至于各种机理是如何相互作用，以及与其他河口环境的压力因素如何联系，则是河口环境流态演变的中心主题（Alber，2002；Estevez，2002）。

18.3 河口水流需求

Estevez(2002)对河口淡水入流研究进行了梳理,向河口科学工作者和资源管理者提出了两个基本问题:天然流量的变幅为多大才不致造成危害?必须达到多少流量才能缓解流态被破坏? 他用下面这段话作出了一个简短回答:"研究河口入流的最有效方式很可能要追踪到流量和含盐量、多个时空尺度的可行性、各级生物和生态系统组织的运行条件、非线性函数运用的优势,以及向其他各系统的转换。"研究河口的淡水流入问题有多种方法,河流研究人员也曾采用过如下许多方法或技术,如水文特征变异技术、栖息地法、指示生物技术、价值生态系统要素法、食物链技术、群落指标法以及景观和适应性管理方法(Estevez,2002)。根据 Alber(2002)理论,河口的环境流量方法可按实际流入量分为几种类型(例如,相对于天然入流量的百分比)。以下章节将介绍这些方法所选用的实例,最后拟定了河口入流量需求(生态系统)的整体性评估框架。

(1)水文变异或河道内技术

1970 年,美国国会通过了立法,即订立了大沼泽地国家公园的最低入流流量(Alber,2002)。之后于 2000 年颁布了《水资源法》,解决了淡水入流量问题,即要求水资源管理区在其管辖范围内确立地表水和含水层的最小流量和最低水位(MFL)。所谓"最小流量",就是流量只可下降至对某区域水资源或生态造成明显不利影响的最低限度 (佛罗里达州法规,2000)。各水资源管理区按照法律法规采取了种种办法实施 MFL 法令。南佛罗里达州水资源管理区对有提取淡水许可证的用户,制定了允许 10%日流量的规定,研究(例如 Browder 和 Moore,1981)表明,淡水入流量减少 10%或更少时,将对河口状况影响最小。即使 10%的规定不再有效,水资源管理区仍然对提取淡水入流量有一定百分比的限制。

(2)条件限制方法

在这类型的方法中, 淡水入流标准是以被认为有益于水生生物群生存的水域的含盐量和维持该水域含盐量为基础的。旧金山河口工程制定了 X_2 位置的淡水入流标准,确定了从金门大桥到有益于水生生物生存的等含盐量 2psu (实际含盐量单位)X_2 位置的距离(Ritche,2003)。人们发现,X_2 位置与浮游植物增长、糠虾和河虾的丰富性、小鲑鱼的存活率,以及食浮游生物、食鱼和水底觅食鱼类数量之间有着明显的统计关系,且都支持这种标准(Jassby 等,1995)。X_2 位置的变化与流入河口的淡水有关。

(3)栖息地法

在佛罗里达州的素旺尼(Suwannee)河口,评估淡水需求的方法包括确认在河口范围内需要保护的"目标栖息地"和维持这些目标栖息地所需的含盐量(Mattson,2002)。这里确认了 5 个目标栖息地:潮汐淡水沼泽地、潮汐沼泽地、低盐度的沉水水生植物带、牡蛎礁石带和沙洲,以及潮汐小溪,并就需要维持适合于各栖息地含盐量的淡水入流量提出了建议。所建议的含盐量如下:潮汐淡水沼泽地为小于或等于 2‰,牡蛎栖息地为 35‰。

(4)价值生态系统要素法

南佛罗里达州水资源管理区采用了遵循资源的河道内流量需求方法, 而该方法又可追溯到价值生态系统要素法。一旦确定了某种重要资源(或资源配置),就要维持该资源适宜的外部环境条件(Alber,2002)。在佛罗里达州的 Caloosahatchee 河口,确定了 3 个海草物种,即美国苦草属、二药藻属和泰莱草,并将它们定为能为幼年河口和海洋物种提供重要水底栖息地的关键物种(Doering 等,2002)。由于这些海草对水体含盐量的要求各有不同, 因此建议将维持沿河口纵轴向的含盐量分布型式作为河口健康的一项总体指标(Alber,2002),用水文分析和模拟方法确定维持河口范围内目标含盐量所需的流量。

(5)资源法

这类方法系利用历史月(或其他周期)淡水入流量与捕捞河口的各种鱼类、甲壳类动物或软体动物之间的一系列关系(Alber,2002)。对于七大著名的德克萨斯州湾及其河口,用德克萨斯州河口数学规划模型(TxEMP),就能建立一种非线性、随机且多目标优化的模型,能模拟含盐量与淡水入流量以及捕鱼量与淡水入流量之间的关系。运用淡水入流量与含盐量之间的关系变化来设定含盐程度的统计范围。TxEMP 可以用 GIS(地理信息系统)结合二维水动力循环量模型(TxBLEND)进行模拟,得到不同淡水入流量生成的各种含盐量状况下的湿地分布图和牡蛎礁石分布图(Estevez,2002)。运用该模拟方法,还能绘出一条河口特性曲线,便于研究人员和水资源管理者研究各种方案,从水资源规划和取水许可方面评估这些方案的优劣(Powell 等,2002)。

在澳大利亚的淡水流入河口的研究中,类似的资源模拟框架是一种常用的做法。在用于河流的积木法试验中,人们通过对昆士兰东南部的沼泽河口一带渔业生产的研究,有了初步的认知(Loneragan 和 Bunn,1999)。之后便在制定昆士兰沿海河流的流域水资源规划中,多处运用了淡水入流量与捕鱼量之间的关系。通过进一步的研究,人们又逐步认识了淡水流量在维持澳洲肺鱼(barramundi Lates calcarifer)种群的生长率和年龄结构方面的重要作用(Halliday 等,2007;Robins 等,2006)。Robins 等(2005)对澳大利亚热带地区河口渔业淡水入流量要求及建议方法的应用进行了评述。

(6)整体性方法

Pierson 等(2002)拟定一种两阶段方法来评估维持河口过程的环境用水需求,即初步评估和详细调查(见表34)。为了支撑这种方法,下面详细介绍各种入流量是如何影响河口的生态特性和生态系统过程的。

表 34   评估环境需水量以维持河口演变过程的两阶段整体性方法

阶段	定义
初步评估	步骤 1:确定待研究的环境流量问题 步骤 2:评估河口价值(如钓鱼、休闲娱乐) 步骤 3:评估淡水入流的水文变化 步骤 4:评估河口对水文变化的脆弱性
详细研究	步骤 1:运用流域径流和河口水流模型研究现行的用水对运输、水体混合、水质和 　　　　地貌的可能影响 步骤 2:确定河口的环境流量方案(如保护特殊的资源) 步骤 3:运用所建模型评估拟定的调整淡水入流量方案的影响 步骤 4:评估各种情形河口生物群的风险 步骤 5:注册登记和开发审批 步骤 6:适应性管理

引自:根据 Pierson 等人的资料改编,2002。

　　为确定流入河口的水流流态,总结研究方法,Estevez(2002)预测并探求了在具有相似水文和生态特征的河流与河口系统之间特定的和可转移的关系。难道每个河口系统都必须按个例处理? 这个问题不论是河流还是河口,都是亟待解决的问题。Wolanski(2007)建议将"生态水文学"作为指导从河源头直到海岸带整个流域管理的原则,也就是综合运用物理和生物干预的方法控制河口,增强河口系统的活力,在有必要调整人类的地面活动时,增强人类应对外界压力因素的能力。

第 19 章
水文变化的界限

19.1　淡水危机

如果世界确实进入了人类世(Anthropocene)地质时代——一个人类操纵生物圈且能够很大程度上决定环境状况的新时代(Zalasiewicz 等,2008),未来环境质量和全球经济的繁荣稳定,完全掌控在人类手中。淡水资源和生态系统受到的风险是巨大的,这点在认识上不断达成共识,淡水管理的新观念和行动纲要应受到全球环境保护活动的优先考虑(Alcamo 等,2008;Dudgeon,2010;Vorosmarty 等,2010)。气候变化进一步加剧了解决淡水危机的紧迫性,因为全球变暖和气候变化的危害将会通过水这个关键媒介变得明显(Naiman 和 Dudgeon,2010)。现在已经基本接受了水文情势变化是陆地景观和河流、湿地及河口生态变化的驱动因子这个概念。

环境流量被广泛认为是协助国家开展保护淡水生态系统生物多样性、承载力以及提供生态产品和服务能力的核心工具。几乎所有的千年发展目标都提到了淡水问题,以及良好的水资源管理策略,如环境流量,是解决淡水问题的关键。许多解决用水冲突的优秀国际项目都考虑了环境流的概念(如全球水系统计划,国际生物多样性计划、国际生物多样性科学研究计划项目,淡水生物多样性交叉网络,保护国际,世界自然基金会,拉姆萨尔公约和欧盟水框架指令)。许多国家通过国际河流伙伴关系及项目不断评估和实施着保护生态系统的水文情势调控工作。如大自然保护协会的淡水可持续项目,国际水资源保护研究所、世界银行(Hirji 和 Davis,2009)和瑞典水府等做的工作,USAID 的全球水可持续项目(GLOWS),布里斯班国际河流基金会,全球水论坛、斯特哥尔摩全球水周和 3 个近期举办的国际会议 (2002 年在开普敦、2007 年在布里斯班和 2009 年在伊丽莎白港举办的会议)以及许多其他的科学会议都非常关注环境流科学及其实施状况。

尽管取得了很多巨大的进步,为河流、地下水和湿地设置水文变化的界限仍然是现阶段环境流科学和管理面临的主要挑战。河流、河口或是湿地的可接受水文情势变化边界值设为多少合适? 在 DRIFT、ELOHA 框架以及其他的许多修复协议中(Poff 等,2003;Richter 等,2006),科学家、利益相关者和管理者从一系列描述水文情势的水文指标角度出发,构建了一套水文变化—生态响应关系和专家判断实施方案。在有明显阈值响应关系情形下(如维持河滨带植被或提供鱼类进入洄水区和洪泛平原栖息地通道的漫滩流量)，不超过漫滩流量水文变化阈值是一个"低风险"的环境流的设置标准。对于没有阈值能够清晰区分风险高低程度的线性响应关系，需要一个利益相关者的共识过程来确定一个有价值的生态资产能够接受的风险水平，如河口渔业对淡水入流的需求(Loneragan 和 Bunn，1999)。

　　区分科学评估流量变化的生态界限和最终决定推荐流量情势的过程是非常重要的。第二个步骤是一个社会性和有价值的科学指导活动，而不是由科学家决定。科学家需要做社会关注的风险评估，对超过水文变化的生态限制带来的生态风险进行回应，为随之而来的监测提供建议或进行基础知识补缺的研究。任何一个河流和溪流都不存在某一个单独的"准确的"环境流量情势(除非恢复自然水文情势和生态系统状态是最终的目标)。政府、管理者和利益相关者必须要考虑一系列从低到高生态风险情景对生态系统和依赖这个系统的人类的涵义。

　　可能有很多种结果，各方利益驱动的过程，可能会决定为某些生态资产解决高风险问题，以便为其他目的从系统中抽取更多的水，或者利益相关者选择一个时间的偏移，从而确保受控的调水的利用。ELOHA 和 DRIFT 旨在可接受风险的定义上达成一致，而这个并不属于利益相关者的判断范围内，他们只追求最优化。与水资源的其他利用者共享，预期想得到的水生态系统和景观的长期特征，利益相关者应该决定河流或湿地系统的"期望未来状态"。

　　Postel 和 Richter(2003)提出了"可持续界限"的概念(见图 43)，为由于取水、水利设

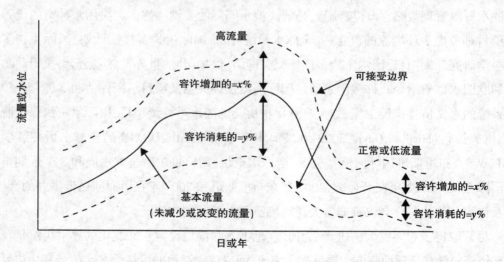

图 43　用于可持续性水资源管理的可持续性边界法(SBA)说明。土地和水资
　　　　源的利用管理中如水文情势的改变不能超过允许的边界

(依据 Richter，2001 中的图 1 重新绘制，且经 John Wiley 和 Sons 许可)

施运行、土地利用而改变水流和水化学自然变异性的程度设置界限。这个方法利用了一系列的科学过程,构建了整个水文年满足生态系统保护的需水量的环境流标准,水资源管理者和利益相关者合作提出的可持续界限是:"协商平衡通过用水获得的收益和保留淡水生态系统水流而带来的收益,达到互惠互利"(Richter,2010)。此外,为保护河流水文情势的自然律动,这个界限应该是动态的,"要考虑社会需求和价值随时间的变化以及水流—生态关系的科学新发现"(Richter,2010)。

King 和 Brown(2010)提出一个类似的概念称作"发展空间",定义为流域现阶段状况和利益相关者能够接受的最大水资源发展水平状况之间的差异,发展水平考虑了流量情势变化会诱导生态退化这个要素(通过 DRIFT 得到)。超过这个能够接受的最大水平,投入将会超过发展带来的收益。在过度开发流域,不能够接受的自然资源退化状态已经出现,发展空间为"负值",意味着需要对河流水文情势进行修复。

这些方法揭示,为了人类生存发展的流域大规模水资源开发和水生态系统的生态完整性、承载力的保护之间存在妥协的可能性,不同的利益群体对于水资源利用和水生态保护有着不同、甚至经常是不可调和的目标时,如何达成这个妥协?

19.2　利益相关者参与

环境流评估和河流修复计划从一开始实施,就需要所有利益相关者的积极参与,在这一点上基本上已经达成共识(Bunn 等,2010;Ryder 等,2010)。利益相关者涉及所有对结果感兴趣(或利益相关)的可能受影响的党派和团体,包括:水资源管理机构、原住民及其土地权、农民、企业等。利益相关者群体还包括各区域司法管辖代表,能够使更广泛的保护/管理问题被关注,如生物多样性保护、区域和国际保护湿地的义务、甚至是有关社会经济问题的国际条约。

Reed(2008)认为利益相关者的参与需要重视权利、平等、信任和学习这个核心理念。此外,利益相关者参与必须制度化,建立组织文化和结构,这样可以从一开始就有利于目标明确的谈判。知识交流的有效沟通也是非常重要的,一个成功的沟通者"需要公平,能够接纳不同的观点和方法,能够维持群组处于积极的动态,能够处理棘手的问题,鼓励更多的参与者持着怀疑的态度积极参与"(Reed,2008)。

如果利益相关者的参与成为正常或"最好"的做法,怎么能协调看似不可调和的分歧,怎样在水生态系统保护和人类对水资源的开发利用之间寻找科学的平衡?所有类型的受控系统中的水资源管理都存在冲突,从偏远流域到流经城市的河流和溪流 (Postel 和 Richter,2003;Pearce,2007)。健康的河流生态系统需要一个动态的、自然的水文情势变化，人类的生存发展需要淡水生态系统稳定可靠地提供水资源，这两个看似不可调和的冲突存在于每一个受控系统中。水电系统中，人类对定期和高峰值的电量需求导致日流量变异幅度极大，远远超过了自然水位波动的范围。通过怎样的核算体系才能够实现流量情势变化带来的得失的利益核算？如何定义一个对每个人都透明的风险状况？本书一个最有用的概念就是自然的水流和水生态系统能够给人类提供生态系统产品和服务，对于人类而言，具有极大的价值(见第1章)。

19.3　识别生态系统产品、服务和财产

实施环境流评估，一个特定河流、湿地或河口的哪一种生态系统产品和服务需要保护和修复，是非常有必要详细说明的。评估初始需要各种利益相关群体的广泛参与，讨论确定什么是需要或值得保护/修复，保护/修复到何种程度。这个过程可以通过利用千年生态系统评估中建立的框架(MEA，2005)，识别供给服务、调控服务和文化服务这三大类生态系统的产品和服务(见第1章)。越来越多的环境流评估包括保护价值：物种、生态群体、栖息地和生态系统保护的重要性。在很多框架中，这些产品和服务被称为"财产"，包括自然生态系统中各种对社会有价值的属性。河流财产包括河道内、河道外（如洪泛平原和湿地）、地下水、河口生态系统提供的生态产品和服务。某些河流只关注与某一个特定的财产(如渔业)，大部分的河流需要关注一系列不同的环境财产。

生态系统服务和财产的识别主要具有以下四个方面的目的。第一，它提供了一个统一货币体系，在这个体系中，所有的利益相关者，不管是什么背景，都能够对以下情况有清醒的认识：①由水生系统提供的货物和价值；②提供环境流量保持这些"资产"的社会收益；③如果没有提供环境流量，什么产品或服务会处于风险中，甚至完全消失。第二，生态产品和服务的分类识别使科学评估成为可能，能够聚焦于优先保护生态财产所需要的特定流量情势，能够决定维持特定生态财产(水质，鱼类，洪泛平原生产力或者濒危物种)所需要的流量情势(低流量、河道流量脉冲、周期性洪水或日流量波动)。第三，这个过程有助于形成对于特定水生态系统的已知信息的共同认知，能够识别任何明显的知识差距。这样可能反过来激励进一步的监测和研究，为现存数据库注入新的信息。第四，不论背景和个人的观点差异，邀请有着基础广泛的利益相关者，以积极参与的意识一起合作，创造出更好更辉煌的成果，而不是持一个"他们和我们"的态度阻碍水资源规划管理实施。

生态系统财产可以通过下述的信息来源和方法识别：现场调查，现存研究项目和监测方案中的数据，现有的物种和栖息地数据库（如博物馆和标本馆的记录），文献综述，以及对管理和保护机构、研究小组和依赖水生生态系统生存的相关者的咨询。河流有许多的生

态财产,可以通过以下一系列因素来划分优先权:国家或国际认可的重要性(如拉姆萨尔清单、CAMBA 和 JAMBA 的迁徙鸟类协议),独特性(濒危、珍稀和特有物种),法律义务和河流其他价值的重要性(如旅游、渔业、休闲)。了解河流生态财产的生态状况也是非常重要的,生态财产的健康能不能进一步改善,环境流能不能兼顾保护其他的财产,除了数据输入存在困难,这个过程还需要兼顾所有利益相关者对财产重要性的观点,最终利益相关者形成统一意见确定优先保护清单。

一旦利益相关者确定了优先保护的财产及其未来特征状况的期望,为河流系统设置不同的环境流量需求情景成为可能。在有些行政区域,河流依据能接受的开发和保护水平进行分类,这种情形下,环境流评估能够关注更多目标的需求。比如在南非,针对 A 级(与自然状况差异很小,敏感物种基本不会存在风险)和 D 级(与自然状况差异很大,耐性差的物种基本不可能出现)河流状况,为达到特定的河流状况,环境流量设置有很大的差异性(Dollar 等,2010)。在英国水资源调控方法中采用了一些类似的划分过程,称为流域取水管理策略(catchment abstraction management strategies,CAMS)。

提供可供选择的环境流量情景对这些评估过程仍然是非常重要的(King 和 Brown,2010)。即使利益相关群体已经确定了需要保护的特定财产及其能够接受的状态,达到这个状态还需要维持一定程度流量情势的特定成分和特征,这个度可以通过呈现无法提供所需求的流量情势所诱导的风险(如 DRIFT 和 ELOHA)确定。尽管环境流科学不是(也永远不是)绝对的,但可以利用多种方法来识别达到期望生态结果的不同水平的确定性(见第 11~13 章)。科学过程应该通过量化方法或贝叶斯方法(Chan 等,2010;Webb等,2010)来评估可能出现的风险性(避难所栖息地、洪泛平原和河口生产力的消失)。一旦能够准确地识别和量化风险,利益相关者能够通过政策和管理系统确定每一个重要河流生态财产的可接受风险水平。

19.4 水资源分配的利益得失

环境流及其相关的社会经济评估,应该为政府就怎样维持水资源需求的冲突/竞争的平衡提供指导意见。通过上述的利益相关者驱动过程,可以明显地看出,并不是所有期望的河道内和河道外的用水可以兼容。满足某一个特定河流财产的流量需求,可能会影响维持其他财产的水量需求,或者是保护生态系统的水量需求将会减少河道外可用水量。需水时间的冲突也可能会发生,如自然干旱期间灌溉系统需要稳定的水资源供应,这些水资源必然会从附近的河流和地下水系统中抽取,为了满足灌溉用水需求,河流系统需要在高流量季节蓄水,在随后的河流流量低且变化幅度大的低流量阶段再下泄(Richter 和 Thomas,

2007)，这种高低流量季节性的反调将会有利于外来物种的入侵，将会给本地生态系统带来致命的影响(见第8章)。在这种情形下，各要素对适量适时的水资源竞争的得失利益分析，成为水资源分配过程中需要考虑的核心任务。

在有些情况下，政府为满足现行的环境法规或国际保护协议(如拉姆萨尔)中的正式要求而实施水资源分配。依据法律规则形成的决策，既包括在过度开发河流的水资源分配，也包括限制开发程度较弱或自然状态的流域中新水利基础设施开发。在昆士兰 Mary 河上修建一个新取水—蓄水工程(Traveston 大坝)的提议被联邦政府否决了，旨在保护濒危物种，主要包括：澳洲肺鱼 (*Neoceratodus forsteri*)、其他的鱼类和海龟(Arthington，2009)。地区、国家和国际的利益相关者都支持这个无坝决议，通过正式的渠道呼吁政府保护流域景观、河流生物多样性和湿地发挥了主要的作用。

强有力的环保立法确保在很多行政区域实施环境流评估，但很显然不可能在所有地区。仍然有成千上万的河流和溪流没有实施环境流评估去保护濒危物种和有价值的水生生态系统，淡水生物多样性持续下降(Dudgeon 等，2006)。发展中国家的政治管理系统通常对环境资源的保护意愿没有那么强烈，水资源通常被认为是提供消除贫困和改善人民生活条件资金的可开发资源。在非洲，至少114座新大坝在规划或建设中，其中绝大多数是为了水电开发(McCartney，2007)。针对类似的新大坝修建和开发，King 和 Brown(2010)认为，"在可持续发展的精神下开发目标河流，确保在做出开发决议之前，和传统的社会经济收益一样，也一样认真地考虑了相应的环境和社会投入"，存在一个巨大的挑战。偏远地区的贫苦农民与河流和洪泛平原生生相惜，毫无非议的是他们将会承受更多河流开发带来的负面影响，获得的收益却极少(WCD，2000；Richter 等，2010)。解决这种状况需要决策制定者全面考虑河流开发带来的正面和反面影响，而不仅仅是一些眼前的收益。

每个国家/地区的水资源管理一个重要原则就是水资源分配决策应该是有策略的制定，要统筹考虑整个流域而不仅仅是某个小流域，保障流域其他河流和溪流得到充足的环境流。这个决策过程采取策略性综合方法，在"综合流域评估"(integrated river basin assessment，IBFA)过程中能够考虑一系列流域未来情景(King 和 Brown，2010)，识别水资源分配情景矩阵，对每一个情景下的水资源功利性使用产生的"人造收益"和受环境流保护的生态系统特征及价值进行排序(见表35)。

这种类型的矩阵需要量化每一种选择下的水量需求，这也正是环境流科学的最大贡献所在。每一种环境流情景下的利益得失曲线可以描述不同人类需求情景下河流生态系统遭受的损失。有时候利益得失分析过程能够清晰地揭示大坝下泄调度方案稍微做一点点小的修改，却能够产生巨大的生态收益。一个小的流量脉冲能够刺激鱼的产卵，季节性支流汇入和一个大的下泄水量会带来洪泛平原湿地的淹没(King 等，2010)。

表 35　　　　　整个流域水资源配置方案假设矩阵显示其相对的成本和收益，
不同的流域可以设置许多不同的情景

流域资源 (人造收益)	水资源发展渐进情景			
	PD	B	C	D
水电	×	×	×	××
农业生产	×	×	××	×××
水安全	×	××	×××	×××
水产养殖	×	××	××	×××
区域经济	×	××	×××	××××

引自：King 和 Browm，2010。

注：X_i 代表水资源渐进发展情景下的收益，在实际研究中可以被定性或定量指标代替；PD=现阶段，不是原始状态。

在许多情况下，流域尺度方法的复杂性给流域综合管理提出了巨大的挑战，因为选择多样，对于每一个相关的人来说，付出的筹码都是巨大的。Murray-Darling 流域计划(2011年)是一个流域综合流量规划的案例，过度开发和退化区域的修复能够获得巨大的环境收益。这个规划的最终结果是实现设置"可持续的取水限制"，能够显著减少整个流域河道外的用水量。环境流的保护目标包括关键的"生态系统功能"(栖息地的提供；养分、有机物质、沉积物的迁移转化以及纵向和横向连通性的维持)，以及无数的"环境财产"(河流、湿地、洪泛平原和河口)。基于维持优先保护财产处于最佳生态健康状态的需水量核算，Murray-Darling 流域计划草案最初 (2010 年) 确定为了环保目的，每年向河流系统注入3000~4000GL 水量的方案。但是，意识到这个方案的实施会给社会经济发展带来巨大的影响，2011 年将这个方案修改成每年向河流系统注入大约 2750GL 水量。科学家们质疑这个方案下年均入流量是否足以恢复河流鱼类种群健康，修复河流赤桉林、河口泥沙淤积和滨海湿地的盐渍化(Connell 和 Grafton，2011)。如何科学合理地对特定湿地实施环境流的细节方案成为下一阶段流域规划需要重点解决的难题。

19.5　综合环境流和保护规划

Murray-Darling 流域规划强调了在较大尺度上实施环境流评估时设置优先保护对象的重要性。如何在这样大的流域($1.073 \times 10^6 km^2$，澳大利亚国土面积的 14%)提供修复生态系统功能和承载力的环境水量分配方案？解决这个难题似乎需要环境流评估和保护规划之间有一个强有力的联合，尤其是需要一个称为"系统保护规划"的过程。许多系统保护规划需要具备下述的四个基本原则：全面性、充分性、代表性和有效性（CARE）。"全面性"意味着囊括研究区所有的物种、过程和生态系统（生物多样性特征），从而避免对某些特定区域和生物区的倾向；"代表性"确保能够在因综合性选择的区域体现所有物种生物多样性，这个过程常常包括为所有预期生物多样性特征选择可替代指标；"充分性"关注如何设置保护区网络，确保所有预期的生物多样性特征得到保护；"有效性"意识到社会因素（土地所有制）会影响保护目标和选择，金融限制会减少保护措施和策略实施的投入，一个有效的保护规划将会使保护收益最大化、保护投入最小化，减少对利益相关者的影响程度（Linke 等，2011）。

　　CARE 原则被广泛应用在全球许多陆地、海洋和淡水保护规划框架中（Margules 和 Pressey，2000），这些框架还常常用互补性算法和软件 MARXAN 来指导决策保护区的选择和定位（Possingham 等，2000）。迄今为止，淡水规划中常用的基于互补性的方法重点针对河流生态系统，基本上都很少考虑与河流相连的湿地、湖泊和地下水生态系统。这个简化问题必须得到解决才能真正实现系统保护规划的效用。进一步需要关注的是：如何在许多压力因子会对水生生态系统产生影响的高度开发的陆地景观中选择合适的保护区域，但建议完全保护上游区域甚至是临近的子流域是不可行的。尽管仍然存在这些悬而未决的难题，系统保护规划还是能够提供一系列强有力的概念和软件，协助开展复杂、水陆混合用水流域中的最优保护规划工作。

　　将系统化的"生物多样性特征"保护规划（其中制定了 CARE 的优先事项），和在流域尺度识别保护特定生物多样性特征所需的流量情势、基于情景的综合环境流评估方法相结合，将会比过去使用的框架有更多的优势。这两者的结合将会使流域尺度的水生态保护目标最大化，减少环境流量设置对其他利益相关者的影响和投入。这方面有用的探讨内容见 Nel 等（2011）。

　　系统保护规划与基于情景的环境流评估方法结合可以在任何地理尺度下的水生态系统中利用，包括：大河流域，具有许多溪流、河流和其他水生态资源的生物区。基于不同水文和地形类别的河流及其相关的特定区域尺度的生物多样性特征，ELOHA 框架中使用的分类原则可以作为确保全面性和代表性手段使用。

第20章
环境流的实施和监测

20.1 实施

在大多数国家，将环境流评估的建议转化为管理行为已经滞后于实际评估过程(Le Quesne 等,2010)，而这类管理行为往往会产生所需的河流流态。一种环境流态的供给可能会涉及两种主要的调控过程:限制性的和积极性的(Acreman 和 Ferguson,2010)。限制性措施涉及设置取水限值(例如,可持续性引水限值,进一步取水的"上限"),可以维护一个良性的河流生态系统,而积极措施则涉及将生态良好的水流从水库中释放出来,通常我们将这两种措施结合起来应用。这两种调控过程涉及从河流中取水或从大坝放水的水总量调控规则,这些规则同时也调节着径流的季节性的和日常的时序及变异性。所有上述的水流条件影响着河流生态系统期望的生态效益和可恢复性。

20.2 大坝泄水策略

(1)机遇

通过修改大坝运行的环境流的全球实施潜力是巨大的。最近的一项分析表明,环境流恢复的机会存在于全世界 45000 多个大坝(坝高大于 15m 或库容大于 3 亿 m³)及成百上千的小坝或闸堰中。建立合适的改变大坝泄水规则机制取决于大坝储水用途 (从受纳洪水、城市供水、单个电站、梯级电站或沿江供水坝到涉及地表水和地下水的收集,存储和跨流域转移的区域性水网等)。

(2)大坝泄水能力

一座大坝的泄水运转容量(即溢洪道、水库的闸门、多个泄水塔、引水隧洞、涡轮机以及位于坝肩、低压出口、管道和阀门、以及鱼梯之上的导流隧洞)对于设计水库泄水策略都是极为重要的。如果现有的结构无法满足环境流态的容积和时间要求,那么就有必要重新设计一座新的大坝,或是对现有的大坝进行改造(Dyson 等,2003)

莱索托高地水资源计划(LHWP)是一个由莱索托和南非政府实施的、耗资数十亿美元的调水水电站项目,此计划旨在对基础设施进行重新设计以满足环境流释放要求,提供一个好的范例。在第一座大坝完成之时,即 Malibamatso 河之上的 Katse 大坝,全球范围内对环境恶化的关注使得人们考虑到所提议的 Lesotho Highlands 水资源计划对下游地区可能造成的影响。使用 DRIFT 框架,对各种发展方案的生物物理后果评估,以及河流资源的损失(如食用鱼;Arthington 等,2003)和健康福利都转换为对在河岸生活的人们的赔偿预算(JM King 等,2003;King 和 Brown,2010)。这些方案构成了 Lesotho Highlands 发展局、世界银行、莱索托和南非政府就环境流和大坝泄水进行谈判的依据。为满足河流维护而进行泄洪的需要,改变马塞卢大坝排出阀的设计以及大坝的操作规程已经成为必要(King 和 Brown,2010)。相对于环境流评估之前 Katse 大坝和 Mohale 大坝最初设定的泄水容量而言,下游泄水量已从 300%增加至 400%。

(3)水电站大坝

以水力发电为目的建造的大坝对我们提出了特别的挑战,这是因为发电中所涉及的体积变化、水位波动以及季节性的流量变化会给下游生态系统带来严重的生态变化(见第8章,Krchnak 等,2009;Renofalt 等,2010),强调了在水电大坝开发中必须考虑到大量的结构和操作注意事项,这有助于环境流项目的整合。这些项目包括可调出口和汽轮发电机容量、多级的和选择性的取水出口结构、调控水库和阶梯式大坝的协同运行、沉积物旁路结构、沉积物闸门、鱼道结构和大坝停运。例如,在不列颠哥伦比亚省,由水电公司编制的并得到用水权审计官许可的 Coquitlam-Buntzen 用水计划,规定了每月的水流释放指标(以 m³/s 为单位),并设置了用来说明水库水流释放上升或下降的最大速率的"缓变率",以及环境流指标、发电量和城镇供水之间的优先规则。

(4)防洪坝

防洪坝被设计用于拦截一部分流入洪水,同时将一部分洪水以低容量可控脉冲的形式释放,这在洪峰后会人为地产生减弱的高流量脉冲。复发间隔为 2~10 年的小型洪水通常会被防洪坝完全拦截,而只有复发间隔为 50~100 年的特大洪水会通过一个溢洪道或是通过漫溢而离开这一调蓄水系统。在这种情况下,环境流的目标之一就是以一种可控的方式释放一些中小型洪水,以实现河流系统中常见的全程流量。这样的策略所带来的生态效益是得到认同的(例如,渔业、野生动物栖息地、鸟类繁殖、湿地、河岸带和河漫滩森林的多样性,以及生态系统的生产力)。洪水泛滥也有益于洪水漫灌农业和河漫滩放牧,这些是通过营养物的定期沉积、土壤盐渍度的冲洗和地下水含水层的回灌来实现的。

许多防洪坝都带有一个出水管或小通道和一个大的溢洪道,系统的操作员在进行所需的水流释放时的灵活性有限。而且,出水管的容量十分有限,以至于即使是中等强度的水流都很难从中通过,而大坝管理者出于结构方面、安全性或其他方面的担心,可能不会让水漫过溢洪道。在这些情况下,必须进行结构改造以便在用一种可控的方式释放高强度水流时更具灵活性(Richter 和 Thomas,2007)。即使那样,管理者对于释放水流以期实现一定程度的下游洪水的做法可能会犹豫不前,这是因为河漫滩的开发会受到洪流的威胁。然而一种适当的可控的水流释放策略以及对某些路段、桥梁和草木区会被淹没一天左右进行充分的预警工作,是可能实现某些河漫滩的生态效益的。控释通常被用于开发防洪水库中的蓄水空间,而通知控释并预警受影响的人群的做法是很平常的,这是因为大坝的安全和进一步的防洪是重中之重。随时控释可以用来完成生态以及实用性目标。

防洪的基础设施建设并不一定需要涉及大坝或位于上段集水区的小型"节制坝或干坝",可以通过策略性地放置蓄水设施系统或将水引入至天然的蓄水区而实现蓄水 (侧槽、废弃河道、故道、湿地、河漫滩、森林或地下水补给区)。水库大坝本身很少装满水,这也减少了对高地生态系统的生态影响。Great Miami 河(位于俄亥俄州代顿的迈阿密河谷保护区) 流域内的干坝系统有河槽,这也确保了低流量条件下的正常水流和鱼类通道(Freitag 等,2009)。如果没有洪峰事件,大坝后面的土地大部分时间都是用作农业或森林,如果洪峰来临,大坝会关闭而将水暂时留蓄在坝墙之后或将水引入邻近流域。1993 年,一次严重洪灾侵袭了代顿,但自从建立这一干坝系统之后,这座城市就再也没有受到洪涝灾害的影响了。

河漫滩的主要水文功能是接收、利用、储存和缓慢释放过量的河水。将某些以前的河漫滩区恢复重建为绿地、湿地和河岸林,这一做法有助于在严重和不可控制的洪峰发生期间,吸收漫溢的洪水。为预防高价值区洪水泛滥而建造堤防,将关键性基础设施和住房重新放置于更高之处, 这些都使得出于生态效益考虑而让河漫滩适度洪水泛滥的做法成为可能。通过战略性的土地利用规划对河漫滩进行管理,从而以一种有益于生态和环境的方式,减少对人类生命、健康和财产的威胁。河漫滩土地利用模式的改变,可能听起来成本高昂,但能节省数百万美元,而这些钱通常被用于私房屋主和商人的灾难援助,这些人被鼓励在河漫滩区进行建设,或是在这样做的时候因城市和市政规划政策而没有受到限制。鉴于全球范围内特大洪水的发生率上升, 我们有必要重新考虑如何能将河漫滩安全而有利地用于人类,同时又能保护带有完整河漫滩的河流所提供的生态商品和服务。

(5)灌溉大坝

自 20 世纪 50 年代以来,全球范围内已经建造了 50000 个大型水坝,而其中用于灌溉的供水水库占了一半的数量 (世界水坝委员会,2000)。大坝通常提供季节性和年际性蓄水,以缓冲降雨与径流的自然差异,同时确保灌溉用水的稳定供应。如果蓄水和释水主要是为了灌溉,一个普遍现象就是自然河流流态的季节模式失调,这样,在极端的情况下,如果降水稀少而农作物需要水灌溉的话, 那么几乎所有的洪流和潜在的洪水在高流量季节期间都会被拦截,而在低流量季节期间则会被释放到下游。这种人为增强低流量自然水流的做法,对于因其不同的生物功能而适应低流量环境的本地物种而言,通常是有害的,而外来物种的数量经常会激增,并超过某些珍贵的本地物种(见第8章)。

一系列的技术可以用于改变灌溉用水水库,然而,Richter 和 Thomas(2007)强调道,"增加农业环境下基础设施操作灵活性的最好办法就是在维持生产力的同时,在第一时间内减少水的总需求量"。可以通过一系列技术和管理措施来减少灌溉用水量,譬如,滴灌和喷灌;更为精确的应用实践;渠道衬砌或管道输送;控制、转移和储存泻水;减少水向农民的分配量;或定价以影响需水量。然而,Molden 等(2010)主张以谨慎态度对待整体节水的期望,这是因为输水量的减少通常会带来排水量的减少,而这些排水通常是农民们通过泵送地下水或从排水明沟取水而被再次利用的。而且,农民通过保护措施而节省的水,可以视作是一个扩灌而不是出于环境和其他效益而对水进行再分配的一个机会。从积极的方面来说,如果回流会造成损害或水污染或流向盐水槽,那么减少对作物的输水量和排水量则是有益的。

(6)地表水和地下水管理

许多主要的农业区覆在地下蓄水库上面,并从含水层汲取大量的水。在澳大利亚、中东、南亚和中亚、欧洲和北美的大部分地区,地下水的过度开采已经减少了地表溪流的流量,干扰了地下水涌出的泉水和改变了河流流动变化规律(Konikow 和 Kendy,2005)。给含水层造成的巨大的损失可以通过农业回流予以弥补,而运输损失则提供了重要的补给。地表水和地下水联合管理为大坝灌水的农业系统中环境流的恢复,创造了更多的机会。在此情况下,大坝管理旨在通过利用来自供水水库的地表水加强对地下水的补给,来增加灌溉用水的蓄水量(Richter 和 Thomas,2007)。通过利用灌溉期增加的地下水储量而不是从一个上游水库中释放出来的水,人为地提高低水流量的问题是可以得到改善的。此外,水库的灌溉供水可以用于出于生态目的的高低流态脉冲,或可控释放的小型洪水。

20.3　取水的管理

有很多机会去改变取水过程,以满足环境流要求和减少环境影响。如果通过限制取水来管理环境流流态,那么基础设施问题需要被予以考虑。泵运行系统或引水系统的类型,以及溪流基础设施的位置应该被合理地设计,以便减轻对关键性生态资产的扰动,减少连通性丢失,以及降低对被管理系统的现有水流动态的负面影响。在溪流地安置的水泵能吸收数以百计的微小有机体,并将它们倾倒入恶劣的环境之中。南非格鲁特河边用于防洪灌溉苜蓿地的泵运水,在一个单独的小的取水地,每 5 分钟就携带了 131 只濒临灭绝的伯切尔氏鲢(*Pseudobarbus asper*),由此出现了鱼搁浅和最终死亡(Cambray,1990)。在泵吸入口使用合适的滤网,可以避免鱼在灌溉期间被从溪流中抽离出来。

超大规模的泵送系统,譬如在澳洲用于从枯竭的墨累—达令河流域主河道向被抬高的河漫滩湿地输送水,可能面临特别的挑战。事实上,新的水利基础设施代表了一种"环境灌溉系统"。这一系统带有明确的目的,即提供对于本地有益的溢流以支撑湿地生物群。如果河漫滩设了堤坝,而监管者控制着进入到湿地的水道,可能就需要允许鱼类自然地游进河漫滩饲育栖息地以及从河漫滩返回至主要河道。

(1)取水"上限"的利用

无论是作为一种防范措施或是出于生态目的地从现有的用户回收水并将水保留在河流系统之中,对从溪流中直接取水设置一个上限,这可能是保护环境流关键性的第一步。这个方法对于出于环境的目的而贮存水可能是有效的,但是,如果一个分配计划高估了适用水量,或是年际降雨模式或气候变化减少了系统的水量,那么这个方法可能是有风险的。通常,在缺水或旱灾时候,首先是水域生态环境成为牺牲品(Bond 等,2008)。可以建立水储备,以优先考虑环境流,例如,南非 1998 年的国家水资源法案要求,基于一个预定的生态级基础上,每个流域建造一个"生态保护区"。1995 年,澳大利亚的墨累—达令流域协议(由联邦政府和相关的州政府于 1985 年协商而定)基于 1993 年和 1994 年期间的发展水平,对进一步水流改道设定了一个临时的全流域上限。2011 年的墨累—达令河流域计划用特定的"可持续调水限值"替换了这一上限,这些用以说明从每个河谷取水的长期的最大水位限值,将通过国家和地区性的水资源分配计划和取水许可制度来予以实施。英国流域取水管理战略(CAMS)将本国的地表水和地下水流域划分为区域组别,把每个流域划分为 4 个类别(有可供使用的水、无可供使用的水、过度认证的和过度取水的),以便指导新认证的应用和实施条件的裁定。

(2)用水权和水权贸易

在用水权上设定了新限值后,从现有的用户中回收水对于大多数司法管辖区而言,是一个重大挑战。先前已经被许可取水用于合法目的(灌溉用水、储水和生活用水)的用户,可能会强烈反对和质疑这些在新的立法和治理体系框架下的新举措。他们应该被如何地对待、补偿或惩罚呢? 这个具有挑战性的话题在此不能被充分涉及,也许提到一些主要的选项就足以说明了。水市场提供了一种机制,在这一机制内,一个授权的用水户可以选择在一个公开市场或是通过一个由充当环境用水管理者的政府驱使和资助的流程,将这一许可证出售给一个环境用水买家(例如,一个保护组织)。在澳大利亚,根据 2007 年水法案,水资源法案联邦环境水务部(CEWH)具有一个法定的地位,它赋予联邦政府从有意愿的卖家手中购买墨累—达令河流域的用水权权利,为此联邦政府动用了 31 亿澳元。墨累—达令河流域计划纳入了一个环境用水计划,以便指导进一步的环境用水决策、购买和交易(Murray–Darling 河流域管理局,2011)。

20.4　环境流检测

对于环境流的评估和实施,设计和确立合理的检测措施是关键性的最后一步。对于两个主要目的而言,检测是必要的。合规性检测评估所推荐的环境流规则是否已满足,例如,是否一个大坝操作员已经释放了适量容积的水并进行了时序安排, 是否已经按照规定的限制缩减了取水,如仅仅只在水流超过特定的过水水位或在每年的特定时间内取水。有效的检测要求会更为严苛。这种类型的检测是用以评估水资源管理措施和环境流规则是否保证了所需的生物地球化学和生态效益。许多科学家已经呼吁将环境流恢复项目视作是一种实验,以便通过在一个适合的管理框架内检测,充分地了解河流和其他水生生态系统之间的水文生态关系(Walters, 1986;Poff 等,2003)。另外,在河流水流动态、物种和生态系统适应新的气候包络和管理安排时, 用以跟踪气候变异性和变化的生态后果的检测手段显得至关重要。

Palmer 等(2005)提议在对生态系统如何运作、如何被损坏以及如何实施策略让生态系统沿着预期恢复轨迹运作的机理的基础上,建立一个初始的"导向图像"。构建驱动程序、相互作用和生态系统响应的一个概念模型(或几个模型),有助于让利益相关者、管理者和科学家聚焦于需要被限制的水流动态维度,以实现共同远景之下的各个具体目标。

决定检测生态系统的哪一个变量是至关重要的一步。水文改变的生态极限框架提出了一系列基因、物种、群落和生态系统水平变量(见第 13 章中的表 29),这些变量与因大坝和取水所造成的水流动态变化相呼应,同时也回应于水流动态恢复和气候变化。在已知的水文变化梯度框架下,对此类变量(指标)进行系统的检测会有助于识别那些敏感而持续地回应于特定的水流动态组分的变量(指标)(Poff 等,2010)。

虽然不是为了识别流态回应指标,澳大利亚昆士兰州东南部溪流所设计的淡水生态系统健康检测程序(EHMP),为在涉众驱动的适应性框架下测试和校准淡水指标,提供了一个综合模型(Fryirs 等,2009;Bunn 等,2010)。生态系统健康检测程序的重要成果之一就是其成功的沟通策略,最后是将本地区水道健康的年度报告卡公开展示给当地市长。虽然报告卡只是一个简单的沟通工具,但是每张报告卡是由强大的数据集支撑的,而这一基础科学通过研究不断地改进,最终在恢复项目中通过应用和测试选中指标(Bunn 等,2010)。

在检测社会对生态系统变化的反应的同时, 利用评估生态系统和环境流之间响应关系的顺应性检测,来识别利益相关者对流态管理生态结果的满意度, 是最有效的(Dyson

等,2003)。利益相关者可能希望以维持或改善商品和服务的形式,来估量生态结果(如一个远景声明中所述),所以他们对此类服务改变的反应提供了另外一种成功的晴雨表。社会检测用于捕获结果是否满足利害相关方期望的实例,同时也追踪利益相关者随着时间的流逝而在认知和价值观上所发生的变化。

就溪流和河流生态系统而言,其价值可能包括诸如饮用水和渔业生产在内的商品和服务,并在水、生物多样性和景观功能所维护的人畜健康问题、美学和文化价值叠加中得以体现(MEA,2005)。了解和检测人类如何受益于生态系统,"很难证明公共检测投资的合理性,当问题被确定时,甚至更难为保护或恢复的管理干预而争辩"(Bunn 等,2010)。DRIFT 框架是为数不多的明确地将环境流情境和生物物理学的效果转化为社会问题、相关资源损失和"边缘人群"成本的方法之一(JM King 等,2003;King 和 Brown,2010)。

自适应环境流检测已经记录了一些成功的优秀例子,并且这些例子被频繁地引用(Richter 等,2006)。在澳大利亚,一个主要的河流恢复项目("生机盎然的墨累河"倡议)在2004 年被确定,这一项目计划在五年内,将处于高度控制和管理的墨累河恢复至一个每年长期高达 500GL 平均水平的"健康运行的河流"状态。在沿着河岸及河流河道中 6 个代表性的湿地场所中,在环境用水方面,预计会实现清晰的生态目标。King 等(2010)描述了利用大坝和取水对河流进行管制的历史、制度性语境、检测程序,以及 2005 年澳大利亚历史上最大的环境流(513GL)流至墨累河上的 Barmah-Millewa 赤桉树森林所带来的生态效果。在拉姆萨尔湿地生活着 JAMBA 和 CAMBA 协议所保护的本地鱼类和青蛙。2005 年的洪水控制事件带来了重要的原生植被物种数量的增加及其健康状况的改善,以及曾经记录到的巴马—米利瓦森林中的最大的鸟类繁殖事件,其中,有 52000 多只不同种类的集群水鸟在经过多年的种群更新失败后首次繁殖成功。检测同时也记录了河漫滩和主要河道之间大量蛙类和鱼类的成功繁殖,以及有机物的重要变换(包括微粒物质、可溶性营养物和碳),这也推动了两种环境中的第二级生产。

与更广泛的河流恢复项目相整合的长期水流恢复实验,需要管理机构强有力的承诺以确保资金和资源,将检测并入到数年乃至数十年的恢复研究之中。Poff 等(2003)讨论了融资策略(见第 12 章)。检测和适应性管理计划同时也要求立法、政策和监管机构强有力的制度性承诺,这些问题将在第 21 章中讨论。

第21章

立法和政策

21.1 约定、协议和软性法律

在国家和国际层面上，人们对环境流的理念与实践有强烈兴趣，使得如何将水资源分配纳入到立法、政策和治理之中，产生了巨大的争议(Naiman 等，2002；Dyson 等，2003)。《布里斯班宣言》展望，环境流评估和管理应该不仅仅是水资源综合管理(IWRM)的一个基本要求，也是环境影响评估(EIA)、战略环境评价(SEA)、基础设施与工业开发和认证，以及土地利用、用水和能源生产战略的一个基本要求。环境流与土地、水和能源管理始终如一的整合，需要本地、区域和国家层面上超越政治界限的立法、政策和法规。

各种具有法律约束力的工具和"软法"工具以及国家宪法、公约、条约和协议，都对自然资源管理和生态系统保护有影响。虽然不一定直接与河流与湿地有关，或是国家政策、公约和协议中一部分积极支持环境流和水分管理的观点，是相关和强有力的。这方面的例子包括联合国生物多样性公约、拉姆萨湿地公约以及保护日本、中国和韩国的迁徙水鸟公约(Dyson 等，2003)。作为这些公约的一个签字国，澳大利亚援用了候鸟协议，以支持其最早的水资源管理决策保护拉姆萨尔公约中所列的墨累河 Barmah–Millewa 赤桉树林。在2000—2001 年期间，澳大利亚因最大规模的环境水释放(总计 341GL，释放于三个水包中)导致始于 1993 年的天然洪水升级。这些环境水的释放使得 20 种鸟类中的 15000 对鸟在巴尔马—米利瓦森林中成功繁殖，而且其中一个濒危的白鹭物种自 1975 年以来首次繁殖成功(Leslie 和 Ward，2002)。

濒危水生物种的保护状况获得国际和国家层面上的认可，这也使得司法管辖区承担着保护资源和河流或湿地水分管理的法定义务，此类管理体制对于资源和河流或湿地在自然界中的永续使用性至关重要。保护通常采取物种恢复计划的方式来进行，此类计划立足于受到威胁的分类单元的整个范围，从一个更广的角度看待威胁和缓解措施(Knigh 等，2011)。对于全水栖物种(鱼类)和水鸟而言，维持一个合理的水资源管理体制往往是恢复计划的核心，而受威胁的鱼类的需求已经使得几条河流免于受到再次蓄水建设和流量进一步调节的影响。

例如,受保护的鱼类和一个被列入澳大利亚 1999 年的环境保护和生物多样性保护法的龟种,成为否决昆省特拉维斯坦拦河水坝的主要原因,这一大坝拟定建于昆士兰的玛丽河上(Arthington,2009)。在对大坝提议做出最后的决定时,环境、遗产和艺术部部长宣布,"从科学层面上讲,我们非常清楚这一项目会对在全国范围内受保护的澳洲肺鱼、玛丽河龟和玛丽河鳕鱼……产生负面影响。然而,就 Traveston 拦河水坝提议而言,物种繁育及其维持种群数量的能力会深受其栖息地洪水泛滥和重要种群的断裂生殖影响,我无法赞同,除非采取合理的措施来减轻这些影响"(Garrett,2009)。又例如,对于西班牙受管制的胡加河流域的环境流建议集中在灌溉濒临灭绝的鲤科鱼类(*Chondrostoma arrigonis*)的生存、产卵和仔鱼繁育的关键栖息地(Navarro 等,2007)。诸如此类的个案研究为评估物种和生态系统的需水量,以及坚持为保护生物多样性提供一个环境流管理体制,提供了国际先例。

21.2　国际河流组织

公约和协议中特别提及到跨国际边境的河流, 即联合国水道非航行使用法公约(1997)、关于涉及多国开发水电公约和签名协议(1923)以及国际可航水道制度的巴塞罗纳公约和规约(1921)。联合国水道非航行使用法公约要求各国(缔约方)分享水道以保护生态系统、管理水流动态、控制污染、对外来的物种采取预防措施,以及保护河口和海洋环境。关于涉及多国开发水电公约和签名协议要求各国在规划水电项目时,与湄公河沿岸各国进行协调。赫尔辛基公约,即 1974 年代表欧洲共同体在赫尔辛基签署的跨界水道和国际湖泊保护和利用公约。赫尔辛基公约要求跨界水道在使用时,应适当地考虑到水资源保护、环境保护和生态无害合理的水资源管理。必须预防、减少或控制水污染,同时必须保护和恢复(如有必要的情况)水道生态系统。鼓励各缔约方协调通用的方法,以便管理和调整现有的协议来满足公约的条款要求。作为一个包罗框架,赫尔辛基公约有助于多瑙河和莱茵河的保护和可持续管理。

21.3　湄公河协议

湄公河协议在国际河流条约中占有特殊的一席之位。湄公河是世界上几大河流中发展最落后的、退化最严重的一条河流,这条河流以其自然的水流动态模式支撑着数百万以河流和三角洲渔业为生的人,当务之急是需要一个全流域管理的综合规划。湄公河系统中现有 14 个大型水坝,还有 30 多个水坝正在规划中,大部分是用于水力发电,其中 8 个分布在中国境内。毫无疑问，如此规模的大坝建设会影响河流的水流动态和泥沙的状况（Xue 等，2011）以及人类的经济活动（Lamberts，2006，2008）。

　　1995 年的湄公河流域持续发展合作协定（1995 年湄公河协议）由 4 个湄公河流域国家签订，即柬埔寨、老挝人民民主共和国（PDR）、泰国和越南，他们认同了其在共同管理共享的水资源和发展河流流域经济潜力方面，有着共同的利益。湄公河协议确定了一个新的治理架构，即湄公河委员会，旨在"水和相关资源的可持续发展、利用、管理和保护的各个领域开展合作，包括但不受限于灌溉、水电、导航、防洪、渔业、筏运、娱乐和旅游，采取合理的合作方式以便在最大程度上满足多种用途要求，并确保湄公河流域各国的共同利益最大化，同时将自然的事件和人为活动所产生的有害效应减少到最低的程度"（湄公河委员会，1995）。湄公河流域上游的两个国家，即中国和缅甸，在湄公河委员会中属于对话伙伴关系。

　　湄公河协议条款规定各缔约方保护"环境、自然资源、水生生物和条件，以及保护湄公河流域的生态平衡，使其免受因流域内水及其相关资源的开发计划和利用而导致的污染或其他有害影响"。环境流管理的特定指导方针包括"维护干流上的水流不受改道、蓄水释放或其他永久性行为的影响，历史上严重的干旱和/或洪涝除外"；在旱季每月的可接受最低自然流量；在丰水期，维护水流自然逆转进入洞里萨湖；并"在汛期，预防高于自然平均发生的日均峰值流量"。

　　作为湄公河委员会流域流量综合管理（IBFM）活动的一部分，几个开发方案的正面和负面影响，已经在湄公河从中国边境到湄公河三角洲之间的几个代表性河段上做了评估。流域流量综合管理研究预估了河流系统的实益用途以及当前和未来的总价值，包括生物多样性、渔业和生计、法规咨询和文化服务，并借助了 DRIFT 开发期间的首创技术（King 和 Brown，2010）。始于 2008 年的新流域开发计划是基于流域流量综合管理研究结果的（Hirji 和 Davis，2009）。

21.4　千年发展计划

　　除上述河流协议的例子外，各种不具有约束力的、不是严格意义上立法的"软法"通则为保护河流提供了机会，同时为河流管理、大坝设计和管理以及环境流提供了指导性意见。各类通则涵盖原则、行为准则、指导方针、推荐规范、决议，以及各类组织所采取的标准，各类组织包括联合国环境计划署、国际海事组织和国际原子能机构（Dyson 等，2003）。2000 年 9 月，各国领导人通过了联合国千年宣言（联合国大会，2000）和 8 个全球性的千年发展目标（MDG），旨在 2015 年以前，让全世界的贫穷人口减少一半。8 个千年发展目标中的第七个要求各国"确保环境可持续性"，并扭转环境资源损失的现状。

在2002年约翰内斯堡举办的世界永续发展高峰会上,国际社会确定了与环境可持续性和水资源有关的补充目标,这就是所谓的MDG+(联合国,2002)。第26项("到2005年前,开发和实施国家和地区策略,以及与河流流域、分水岭和地下水管理有关的规划与计划,引入改善水利工程基础设施建设效率的措施以减少损失,并增强水的循环")和第31项("维护或恢复库存,以尽可能地在2015年库存枯竭前,生产出最高持续产量存量")是与环境流管理最紧密相关的。千年生态系统评估(MEA,2005)一直以来坚持生态系统服务是一种政策工具的观点,以便实现自然资源的可持续利用。

21.5 欧盟水框架指令

在地区层面上,欧盟水框架指令(WFD)是一个突破性的区域环境政策,这一政策将水资源管理和生态系统保护结合在一起。其目的是解决自1975年以来发展起来的欧洲水立法和管理责任的零碎和分裂做法。欧盟水框架指令有几个关键性目标,即将水资源保护的范围拓展至所有水域、地表水和地下水;在一定期限内确保所有水域处于"良好的状态";实施基于流域的水资源管理;利用一个排放极限值和质量标准的组合法;正确定价,实现公民密切参与;以及简化立法(欧洲专利和欧盟,2000)。

根据欧盟水框架指令,所有欧盟成员国必须在2015前至少实现"良好的生态状况"(GES),在此情况下,所有地表水和地下水体(河流、河漫滩、湿地、湖泊、运河、自然保护区、地下水和诸如河口与三角洲之类的过渡性水域)的生物质和水质需只稍微偏离于自然状况,且其状态不会出现恶化。国家立法必须落实到位以确保指令的落实到位,称职的机构被挑选出研究制定河流管理计划来实施这一指令,这类计划制定了具体的措施,以期在2015前至少实现良好的生态状况这一目标。

欧盟水框架指令允许出现有限的例外,以实现良好的生态状况这一目标,例如,出现物理改性的水体,诸如大坝,堰和堤防,此类水体或是被拉直、或是被加深,被称为严重修正的水体(HMWB)或人工水体,譬如人造湖泊或运河。对于这些水体而言,在考虑到现有的物理改性所造成限制的基础上,目标是至少实现"良好的生态潜力"(GEP)。良好的生态潜力被定义为在类似的水体进行相同改变具有生物条件的最好实例,也就是说,合理的缓解措施和最佳管理办法需要被予以应用。例如,如果一个水体带有一座大坝,那么最佳做法就是提供合理的环境流(Acreman和Ferguson,2010)。虽然目前在欧洲没有实施特定的项目来研究制定一致的环境流指导方针和流程,但在文献研究方法中将河流按照水文类别和区域进行划分,推荐在过度抽离的河流流域中进行复水处理的方法方面,已取得显著进展(Acreman和Ferguson,2010)。

21.6 国家立法和政策

实施全球和区域环境协议是每个国家、州(省)和当地政府的职责。有显著的多样性的方法(Dellapenna 和 Gupta, 2009)。几个国家已经通过立法来指定和保护其处于自然流畅状态的河流，并确保对其现在以及将来后代所享用的自然、文化和娱乐价值进行长期的管理和保护。这方面例子包括美国国家自然与风景河流法案、加拿大遗产河流系统、瑞典立法以保护对国家具有重要性的 4 条未遭破坏的河流(卡利克斯河、托尔讷河、皮特河和温德尔河)，以及澳洲立法以保护"野生河流"(野生河流法案, 2005)。这些法律条款充分认识到合理利用和开发河流的潜力，并鼓励超越政治边界对河流进行管理，同时呼吁公众参与。

直至 2011 年，也就是美国国家自然与风景河流法案颁布 43 周年之时，这一国家体制保护着 39 个州 252 多条河流的超过 19300km 的流域，约占美国河流的 0.25%。相比之下，遍布全国的 75000 多个大坝已经改变了至少 965600km 的河流，约占美国河流的 17%。在加拿大，41 条河流已经被提名参与到加拿大遗产河流系统，总计约 11000km，其中 37 条已经被命名，这意味着有关如何保护此类河流的遗产价值的详细的管理计划，已经被提交至加拿大遗产河流董事会(CHRS n.d.)。

在澳大利亚的昆士兰，10 条河流已经被申报，这些河流大部分位于这个州的北部。一条昆士兰河流申报确保了对这一河流系统及其流域的保护，但事实上，对于大部分工作或生活在这一河流系统附近或使用这条河的人而言，并没有发生任何改变。因此，包括放牧、钓鱼、旅游、露营、狩猎和采集在内的活动未受到任何影响。本地文化活动、庆典活动、灌木食物和药品的采集也是允许的。原住民地权也未受到影响，分站开发、采矿、放牧和灌溉也能继续进行，而娱乐船用户保留自行使用河流和小溪的权利。此外，不影响河流良好状态的新的开发仍然能进行。

除了对野生和自然风景河流进行申报，生态系统及其周围的河流和湿地复合体的景观也被列入世界遗产名录(联合国教科文组织, 1972)、国家保护公园和其他国家命名体系而受到保护。联合国教科文组织(UNESCO)在 1972 年通过的、被称作是保护世界文化和自然遗产公约的条约，规定了世界范围内的重要的文化和自然遗产的标识、保护和保存。河流成为其中一些名录上重要的一部分，并因其遗产地位而免受开发的影响。

世界遗产名录中所列的奇特万皇家国家公园，位于印度边界的尼泊尔中南部，保护着拉普蒂河、罗伊斯河和纳拉亚尼河的流域，这些河流源自喜马拉雅山脉，然后流至孟加拉湾。在 20 世纪 90 年代初提出的拉普蒂河调水工程，对尼泊尔濒临灭绝的最后印度独角犀牛和其他受威胁的脊椎动物种群(约 400 种)关键性的沿岸生境造成了威胁。这一调水工程最终被放弃,而现在这一世界遗产区保护着诸如恒河豚、沼泽鳄以及濒临灭绝的大鳄鱼之类的水生物种。

联合国教科文组织同时也指定了生物圈保护区和保护区,即在联合国教科文组织人与生物圈(MAB)方案框架内被认可的陆地、湿地和沿海生态系统区域。位于美国佛罗里达的 Everglades 国家公园保护着南部 25%的最原始的埃弗格莱兹湿地。它已经被认证为国际生物圈保护区、世界遗产地和国际重要湿地,全世界仅有三个地方出现在所有三个名录中,而它就是其中之一。位于南马托格罗索州的巴西中西部的 Pantanal 保护区,代表着 1.3%的巴西潘塔奈尔地区,是世界上最大淡水湿地生态系统之一。它在 2000 年被命名为世界遗产地。

在美国,历史上的"公众信任"(Dunning,1989)的法律原则已经帮助人们重新定义了用水权、保护湖泊和湿地的环境流和水文情势,譬如 Mono 湖,这一加州第二大淡水湖(仅次于 Tahoe 湖)。位于 Yosemite 国家公园东部的莫诺湖,由 5 条内华达山脉融雪溪流的水流所支撑。1940 年,加州水资源管理委员会允许几乎所有的淡水水流流入洛杉矶市,消耗了湖总面积的 1/3,由此降低了其环境价值。

1983 年,加利福尼亚最高法院一个具有里程碑意义的案例,赋予洛杉矶水电管理局作为公共受托人的义务,以保护公众信任的方式使用水和再分配水资源,如果认为有必要的话,保护莫诺湖生态系统。作为加州水资源管理委员会莫诺湖诉讼案件中的加州鳟鱼公司的协理律师,Koehler(1995)完整地叙述了这一事件。虽然是以个案的形式被援引(例如,有关上游海水入侵的 Sacramento-San Jooquin 河三角洲纠纷),公益信托原则尚未"在任何一个州被转化为一个被广泛应用的司法生态系统保护方案"。然而,在生态系统服务方面界定了公益信托土地和水道的用途,公益信托原则可以被援引于保护自然资本而无需质疑其原有的功利主义的核心,即贸易、航海和渔业(Ruhl 和 Salzman,2006)。

立法和政策明确地规定了环境流的条款细则,而这将会根据每个国家而不同。许多国家和司法管辖区要求法定的管理计划,这些计划将环境流的条款规定置于法律文书之中,这些法律文书出于生态和其他目的,确定和保护水资源的特性以及河流流态。几个权威机构(国际自然保护联盟,Dyson 等,2003;世界银行,Hirji 和 Davis,2009)认为,最近为环境目的提供水的良好立法的最好的例子是那些在南非和澳大利亚颁布的法律。

在南非,1998 年国家水资源法案要求水资源部部长建立一个由两部分组成的自然保护区,即:满足人类的基本需要的自然保护区(提供满足个人基本需求的用水,包括饮用水、食品制作和个人卫生用水)和生态自然保护区(保护水资源的水生生态系统的用水)。所有自然保护区内水的质量和数量都得到保证(国家水资源法案,1998)。南非水资源分类系统规定了不同河段的环境发展目标,这些河段从 A 类到 D 类不等(Dollar 等,2010)。A 类河流受到最高等级的环境流保护,而在 D 类河段中,对自然水流动态进行重大改性是被允许的。两个进一步的分类,E(严重的改性)和 F(关键性的改性,影响可能是不可逆转的),不被认为对于任何河段或支流都是可接受的结果。King 和 Pienaar(2011)回顾了南非生态和人类基本需求自然保护区的实施进展,并征求了如何应对南非内陆水域的可持续利用这一挑战的意见。

1994 年,澳大利亚致力于水利改革的进程,而当时澳洲政府理事会同意"实施水资源分配的综合系统,实现基于水权与土地业权基础上分离的权利,以及所有权、体积、可靠性、可转让性, 以及如果合适的话, 还有质量方面权利的明确规范"(澳洲政府理事会,1994)。为了给负责实施改革的司法管辖区和水资源管理者提供政策指引,保障生态系统供水,12 条国家原则 (澳大利亚和新西兰农业资源管理理事会以及澳大利亚及新西兰环境保育委员会,1996)被制定出来。此类原则的基本前提是河流和湿地是水的合法"用户",而且水资源的分配对于生态可持续性是至关重要的。许多这样的原则可能现在看来是不言而喻的,但在初次被予以实施时却是来之不易的,并且在发展如何解决澳洲的环境流问题的共识方面具有里程碑的意义(Arthington 和 Pusey,2003;McKay,2005)。许多这样的原则在州和国家的水利法规, 以及国家关键性的水资源政策蓝图和全国用水计划中得以体现(澳洲政府理事会,2004)。在此计划下,每个州和地方政府必须拟定一个全国用水计划实施方案,用来管理农村和城市用地表水和地下水资源,从而优化经济、社会和环境成果,并恢复压力过大的河流水分。

全国用水计划由国家水资源委员会(NWC)管理。国家水资源委员会通过两年一次的评估,向澳洲政府理事会报告国家水利改革以及全国用水计划实施的进程。在第三个两年一次的评估中, 国家水资源委员会向澳洲政府理事会提交了有关重兴水利改革议程和全面实现其经济、环境和社会效益的 12 条建议(国家水资源委员会,2011)。就可持续水资源管理而言,2011 年的双年度报告总结到,"全国用水计划框架下被确定的水利规划和环境管理安排正在改善澳洲维护重要环境资产和生态系统的功能的能力,以支持其经济活动。然而他们已经没有时间全面实现预期成果或在长期内展示其效力,包括极端气候条件期间"(国家水资源委员会,2011)。

对试图建立一个环境流保护和管理的立法和政策框架的人而言, 国际自然保护联盟出版物中推荐了一系列的措施建议:环境流的基本要素(Dyson 等,2003)。它包括多边和全球河流协议、区域河流协定、条约中具有约束力的条款和惯例、近期的国际水资源政策文件、环境与水资源的宪法规定,以及水和自然资源的国家或地区间的协议。法律的效力不应在立法和监管以及为环境水资源进行交涉的努力中被忽视,Dellapenna 和 Gupta(2009)对国际水资源法及其纷繁难懂之处进行了全球性的有用的回顾,最后他们呼吁联合国安理会建立一个政府间谈判委员会,以便处理全球水危机,对此联合国国际法委员会的专门法律人才会给予支持。

第 22 章
应对气候变化

22.1　气候变化

　　澳大利亚年代际的干旱、洪水、龙卷风和风暴,巴西的洪水和泥石流,印度尼西亚的火山活动,新西兰和日本的地震,北美的强降雪,一系列的灾害事件不断上演,地球的自然动态成为大家关注的焦点。极端天气事件的发生几率和强度似乎不断增加,给人类和环境带来可怕的后果,什么驱动了它们的发生?人类活动在其中作用如何?人类在极力寻求解释。极端事件和气候变化之间的关系,地球的气候是否真的发生了变化,就这些问题争论不休,观点各异。

　　下述对全球变化环境的理解,全球科学家的观点基本达成一致。全球气候变化极有可能是全球大气中不断上升的温室气体含量(二氧化碳、甲烷、氧化亚氮和卤代烃)所诱导的。从工业革命开始(1750 年),这些温室气体的含量一直稳定增加,预计到 2065 年,温室气体含量将会是工业革命前的 2 倍。变化速率最快的阶段发生在最近几十年间。政府间气候变化专门委员会 (intergovernmental panel on climate change,IPCC) 第四次评估报告 (IPCC,2007)总结到:"气候系统的变暖是毫无疑义的,观测到的全球平均气温和海洋温度的上升,大范围的冰雪消融和全球不断上升的海平面,都明显证明了气候系统的变暖。海洋和陆地的变化,包括:冰雪覆盖和北半球海洋冰川范围不断下降、越来越薄的海面冰层、河流湖泊冰冻时间不断缩短、冰川融化、常年冻土面积的下降、土壤温度的上升、海平面的上升。这些观测结果进一步证明了全球气候不断变暖。"

　　二氧化碳和其他温室气体在大气层中浓度不断增加是毫无疑问的事实。二氧化碳在大气层中的滞留时间很长,影响会持续百年甚至是千年,一些科学家认为,通过小幅度增加削减二氧化碳的排放量,短时间内可能并不会稳定全球的气候。Schellnhuber(2009)认为在一定的"临界点",高温会使海洋的 600~2400 英尺深的区域出现缺氧现象,导致"氧洞",海洋食物链将会遭受严重破坏。毫无争议的全球变暖还会导致"季风系统的破坏、亚马逊热带雨林的崩溃和格陵兰冰盖的融化"。如果无法阻止正在进行的气候变化,一旦超过这些系统的临界值,将会给生态系统和人类带来严重的后果。

关于气候变化的乐观观点认为,气候系统还是给人类提供了一些应对机会。"缓解全球变暖定时炸弹"应该侧重于开发削减甲烷、臭氧、黑碳颗粒物和含氯氟烃(CFCs)排放的新工艺和技术,这将可以使二氧化碳浓度稳定在全球生态环境系统能够接受的一个较高的水平(Hansen 等,2000)。反刍动物的甲烷排放随着人类饮食结构调整不断减少,天然气系统、填埋场、煤炭开采、石油钻探等过程中的甲烷渗漏的削减也是可行的方案。削减臭氧和黑炭排放水平的问题也是可以解决的(Hansen 等,2000)。即使二氧化碳水平和温室气体排放不断下降,IPCC(2007)报告预测温室气体中等排放水平下,21 世纪末全球气候将会变得和始新世时期一样。

始新世是地质时代一个非常暖和的时间段,史前 5100 万到 3300 万年前的早期始新世,二氧化碳分压高,全球气温长期维持在较高水平,两极基本无冰(Zachos 等,2008)。棕榈树、鳄鱼、鳄鱼、海龟和热带雨林物种的化石表明,英国南部过去远比现在暖和,类似于东南亚的一些沿海地区。加拿大的北极地区也出现了类似的化石 (Estes 和 Hutchison, 1980)。在地球上处于正相对应的两个地区,与英国南部纬度相当的塔斯马尼亚出现了蕨类植物、种子和棕榈树化石。5000 万年前的南极洲比现在是要暖和得多的,能够支持哺乳动物和巴塔哥尼亚潮湿森林动物的生存(Reguero 等,2002)。

地质史上这个极其温暖的时段激发了对其与现阶段气候变暖的类比 (Zachos 等, 2008)。通过代理检测手段(土壤中的硼和碳同位素分析,有孔虫和藻类化石、叶片化石的气孔数目)对 5000 万年前的气候做"呼吸测醉试验",结果揭示始新世地质时期大气中的二氧化碳含量估计是现在大气中二氧化碳含量的 4~10 倍(Beerling,2009)。但是利用地球系统气候模型模拟这个二氧化碳水平下的热量和化石的分布状况,结果与始新世地质时期的实际情况并不相符(Beerling 和 Valdes,2003)。只有将其他温室气体(甲烷、氧化亚氮、水蒸气和臭氧)及其对二氧化碳的正反馈作用纳入气候模型,才能实现更加接近现实状况的模拟。正如 Beerling(2009)在《The Emerald Planet》总结到:始新世地质时期的气候及其化石分布情况是"未来我们生存地球的大气化学状态急剧变化会产生什么样的后果"的一个严重警告。

22.2 气候变化和淡水生态系统

2007 年 IPCC 的综合报告预测到 21 世纪中叶,高纬度和一些湿润的热带地区的年均河流径流量和可用水量将会分别上升 10% 和 40%,中纬度和干旱的回归线地区,年均河流径流量和可用水量将会分别减少 10% 和 30%,这些区域很多地方现阶段就已经处于一个缺水状态。干旱区域的干旱强度会进一步增加,强降雨时间的发生概率会显著增加,洪水风险增大。这个世纪的历程中,冰川和雪盖储藏水的供应会下降,全球超过 1/6 人口赖以生存的高山区域的冰雪融水供给的可用水会下降(IPCC,2007)。每一个水生物种和水生态系统的响应状况,取决于这个新的气候系统及其对可用水和陆地、水体中其他环境要素的影响。

由于水体的热容量高、热量情势的变化和水热耦合系统的变异性,水生态系统对气候变化极其敏感。许多淡水有机物对水热有着非常苛刻的要求,所以水热情势的特征和尺度变化会给淡水有机物整个生命史过程带来影响(Olden 和 Naiman,2010;Poff 等,2010)。淡水鱼类能够察觉水体温度的细小差别,它们比较偏好最适合温度上下 2℃ 的环境,超过或低于这个温度范围通常会导致鱼类新陈代谢速率下降。水体温度的改变会给生态系统带来非常严重的后果,如:水生生物丢弃现有栖息地,导致栖息地分布发生变化,寻找新的栖息地,或是在边缘地带同时发生栖息地收缩和扩张,寻求最合适温度范围的栖息地。但是,鱼类的迁徙很大程度上由所在的流域特征决定,许多大河从东往西流,鱼类迁徙到一个寒冷的高纬度和高海拔地区基本不可能。行为和生理对水生生物迁徙能力的约束以及迁徙通道的阻断(瀑布、退化的栖息地、大坝),都会限制处于压力下的水生物种通过有效的迁移到一个更适合的环境中应对水温的升高。

陆地景观的水文过程会受新的降雨/径流模式影响,鱼类可能会遭受很多种压力。干旱、半干旱地区的极度缺水的水生态系统中,降雨的减少会给稀有、珍稀或濒危物种带来致命的影响(Sheldon 等,2010)。无流量事件持续时间的延长导致水生栖息地的破碎化程度不断加重,对于维持干旱区间歇性河流中鱼类生存极为重要的干旱季节避难所的数量和质量不断下降(Larned 等,2010;Arthington 和 Balcombe,2011)。对温度升高敏感的物种(由于局部缺氧)同样会对流量下降和栖息地破碎化敏感,当两个压力因子同时作用的时候,会导致协同影响。

二氧化碳的升高和化学计量不平衡增加会导致基础资源的质量变化,会诱发一系列新的协同影响,最终会使整个食物网的生物生产力受到抑制。细菌、浮游植物、浮游动物和鱼类等物种在食物网中的个体大小分布会明显发生变化(Daufresne 等,2009),食物链的缩短会减少向高营养级水平的消费者传输能量,这样会给有价值的商业和渔业带来影响。在缺水地区,人类活动诸如引水会进一步加剧这些扰动。Xenopoulos 等 (2005) 预测到 2070 年,全球 133 条河流的流量将会下降多达 80%,其中 25% 的河流将会失去多达 22% 的鱼类物种。

在水文变化的另外一个反面,一些区域的降雨、更加严重和频繁的洪水及其相关的影响将会增加。高流量也会超出很多生物的生存极限,尤其是一些没有耐浑浊和拖拽特性的物种(鱼类的流线型体型;无脊椎动物的吊钩,抓斗、吸盘等器官组织),或者是高流量的时候,生物所在系统不能提供生物迁徙到避难所的机会。高流量期间,避难栖息地可能会被完全冲刷消除,如:所有浅滩栖息地的消失;河岸的下切侵蚀;水生植物床的消失。

较高的溪流流量会破坏许多需要浅水溪流河段和洄水区作为产卵场的水生生物物种的繁殖行为。热带洪泛平原河流的水热情势耦合(洪水脉冲概念)对于鱼类的繁殖和生产力具有巨大的生态学涵义。气候变化诱导的河流水热情势时间尺度的变化会破坏这个微妙的关系,例如,气温升高和早期产卵将会使卵和仔鱼生存在或多雨、或少雨、或多变的环境中,缺乏合适的水动力栖息地和食物资源。为了应对不断增加的洪水,人类需要修建大坝、防洪堤以及洪泛平原调控设施, 这些水利设施会破坏鱼类在洪泛平原的迁徙活动(Jones 和 Stuart,2008)。

由于流域土地利用,河滨带退化、污染,河道和栖息地退化,流量调控,洪泛平原异化,过度捕鱼以及外来物种入侵等共同作用产生的受压状况, 是现阶段淡水生态系统普遍存在脆弱性的缘由(Dudgeon 等,2006;Palmer 等,2009;Lake,2011)。除了普遍存在的栖息地改变, 人类对鱼类资源的开发和外来物种的入侵进一步增加了预测气候变化对鱼类和其他生物物种影响的难度。气候变化可能会与一些区域压力因子协同作用诱发潜在的破坏性(Xenopoulos 等,2005)。与单独考虑气候变化这一个因子相比较,准确预测特定流域或溪流/湿地许多压力因子共同作用的状况将会变得十分困难。大部分美国地区的气候变化和来源于人类活动的压力因子的分类见表36。

表36　气候变化影响类型,生态系统影响实例,可能的复杂压力因子,和美国可能受影响的地区,在许多情况下外来入侵物种可能是一个复杂的压力

气候变化影响	影响实例	复杂因子	美国案例
融雪变早	物种生命史与流量情势不协调,物种繁殖更新失败,物种多样性下降	大坝, 调水或水库下泄流量的变化	太平洋西北部
洪水变多	洪水致死,河道侵蚀,水质下降,导致物种成活率和多样性下降,外来物种入侵	流域发展,防洪堤坝	东北部, 中西部的上游
干旱,酷热,蒸散发增加	干旱致死,栖息地萎缩,连通性丧失,栖息地碎片化,土著物种灭亡	地表地下水的过渡利用,外来物种入侵	西南部
降雨均化,偏暖	生态影响不大,除非复杂压力因子出现	流域发展	佛罗里达北部,密西西比河,中部和西部的一些州

引自:Palmer 等,2009。

Palmer 等(2009)认为,全球会出现很多种类的压力因子组合影响,甚至还会出现复杂的压力因子(外来物种入侵)。现在还不清楚气候变化和其他压力因子在不同生物组织水平上如何产生影响。很少研究考虑较高营养级水平的物种或不同营养级之间的联系,因此"阻碍了现阶段预测系统水平响应的能力"(Woodward,2009)。

22.3 环境流和气候变化

气候变化的影响成为环境流和水资源管理科学实践面临的挑战,使生态系统的保护和修复变得愈来愈紧迫和复杂(Palmer 等,2009)。气候变化的适应性策略常常建议开展增强生态弹性的活动,生态弹性是系统维持现状所能承受的最大干扰强度(有时候称为"抵抗力");系统受干扰后的恢复速度;系统对渐变的响应方式(Scheffer 等,2001)。在气候变化影响下,未开发流域自由流淌的河流被认为是具有恢复能力的,因为这些河流保留了从历史流量情势变化、沉积物、养分、能源输入以及水质的干扰中恢复的内在能力(Poff 等,1997;Baron 等,2002)。这个内在能力能够适应环境情势的变化,能让河流的生物群体和生态系统吸收或缓冲洪水和干旱带来的干扰(Lake,2011)。受调控或退化河流基本上缺乏这种适应性能力(Kingsford,2011)。

全世界大部分河流和湿地生态健康正在不断受到坡面流、大坝和引水设施导致的水文情势变化和地下水的过度开采等流域过程的威胁。这些河流的流量情势亟需修复以维持其生态弹性。预测的气候变化情景将会进一步加剧风险状况,这些风险包括:通过降雨、气温和径流过程的变化导致现阶段流量情势变化;连通性的丧失;生物化学过程、生物群体和生态系统过程累积破坏。此外,不断增加的人口数量和预测的气候变化将会给水资源及其设施带来巨大压力。更加稳定可靠的供水需求,促使修建更多的大坝和输水设施,会给流域发展和地下水保护带来巨大的压力,给下游的洪泛平原湿地和河口带来更严重的影响。

水是气候变化影响的主要媒介和传输工具,因此,适应气候变化策略应该将环境流和水文情势管理作为核心(Naiman 和 Dudgeon,2010)。许多国家气候变化和水资源的需求增加,亟需自然流态以及高度调控的河流和湿地的环境流保护或修复策略。本书的大部分内容以及近来气候变化文献建议采取以下一系列策略、选择和过程(Palmer 等,2008,2009;Kingsford,2011;Mawdsley,2011)。

淡水保护区管理:确定淡水保护区,采取严格的保护规划标准,将其作为较大区域或整个流域的河流湿地管理的代表。在流域、更广阔的行政区域或生物区域不同尺度上,利用系统规划方法(全面性、充分性、代表性和有效性原则),识别优先保护的栖息地和水体

(干旱避难所)作为保护区，或环境流优先配置区域(Nel等，2011)。保护基本维持自由流态的河流和支流的水文情势。构建生物数据库和预测模型为保护规划提供时空信息。重点关注能够通过管理措施减少脆弱性的物种，而不是那些非常脆弱的物种。确保满足法律规定的保护义务的落实，确保通过提供满足预期生态系统目标所需的水文情势来实现生态价值的保护。

流量情势的保护和修复：确保对新旧大坝、河流和地下水取水增加规划开展合理的环境流和社会经济评估。修复水文情势或提供更合适的环境流标准，满足保护濒危物种、关键栖息地和生态过程、拉姆塞尔公约清单上的国际重要湿地以及迁徙鸟类协议的需求(JAMBA，CAMBA，ROKAMBA)。拓展水生态情景科学和模型，评估流量情势变化的不利影响和环境保护投入/收益间的得失利益(Poff等，2010)。在这些情景模型中综合考虑气候变化的潜在影响，将会协助水热情势变化下的环境流需求预测。

大坝调度规则修改和洪泛平原管理：通过立法规定给所有的水坝颁发有时间期限的许可证，定期(5~10年)对其进行安全性和风险性审核、社会经济和环境影响风险评估。翻新大坝结构以确保环境流的实施(释放阀、管道、渠道、溢洪道)。构建分层泄水方案，改善下游水体温度和水质状况。修建或改进鱼道，使其发挥协助生物有机体翻坝和堰墙的功能，考虑协助濒危物种的迁徙(Olden等，2011)。在为达到人类和环境目标的泄水过程中，尽可能维持一个和自然流量情势类似的脉冲流。要意识到低流量和间歇流在旱区河流中所起的生态作用，避免在干旱区河流系统中非自然地提升低流量时期水位。维持或提高破碎景观的连续性，确保生物体能够逃离不适合居住的栖息地，开拓新的栖息地。可以考虑清除坝堰，促进淡水生态系统的连通性和生态功能修复。针对梯级大坝，通过监测最低一级大坝下的流量状况，泄水的时候尽量维持其与自然状态类似，重新调控流量(Richter和Thomas，2007)。构建新的河流调度规则，确保环境流配置，提高天然洪水流量，从而提供进入洪泛平原和湿地的漫滩流量(Rolls和Wilson，2010)。对水利设施结构进行改造，如水泵需要针对环境水量配置，以及针对堰水平、特定湿地和洪泛区洪水需求做调整。在恢复洪泛平原的同时，要兼顾减少洪水对基础设施和人类的影响(堤坝管理；获取洪泛平原的地役权；构建洪泛平原风险或效用区；修复洪泛平原的植被和吸收能力)。识别和解决(移除)生物物种和生态系统的压力因子，提升额外的弹性以适应气候变化(Palmer等，2009)。

法规、政策、政府和适应性管理：确定政府在区域和流域尺度的职责，确保环境流实施过程中法规、政策、政府和环境流管理及其监测等方法手段的一致性。保护生物多样性和河流湿地生态弹性的保护法规(自然河流保护法规；濒危物种保护法规；对新水利设施、环境流供给、增强生态系统弹性的洪水管理等活动充分开展环境影响评价)的审议和实施，适应性管理框架中的环境流监测和河流健康监测的构建和实施，都需要所有利益相关者的积极参与(Poff 等,2003)。

公众参与、科学与教育:气候变化下环境流实施应当不断努力使更多的个体参与,更多的个体有价值的想法融入到现存的环境流框架中去(Finn 和 Jackson,2011)。鼓励来源于特定地点的个体知识和科学与更大尺度上具有不同水文、地貌特征和社会经济背景的河流知识、原则和管理"规则"的融合。鼓励和支持河流的生态系统科学、教育和知识传播。努力实现生态可持续发展和生态弹性,应当将其作为综合政策框架的指导方针和高阶社会应该达到的目标(Hirji 和 Davis,2009)。

22.4 人类和生态系统的未来

2007 年举办的第十届国际河流研讨会和环境流会议,参会代表提出的布里斯班宣言(见本书附录)庆祝仅经过 40 年的不懈努力就取得了丰硕成果,现在许多国家和行政区域已经能够意识到动态水文情势的重要性,河流和洪泛平原的水量需求是受法规和水权保护。湿地、地下水和河口的研究中相同的历程,进一步验证了环境流概念和维持生态系统健康的水文情势的科学性。将地下水系统置于"生态水文方法"和概念的核心,Tomlinson和 Boulton(2010)提出了一个更加新颖的、更加综合的环境需水概念。

巨大的进展已经取得,水作为一种越来越珍贵且存在争议的资源,必然会带来很多新的挑战和机遇。在全球淡水系统变化及其诱导的影响的综述总结中,Naiman 和 Dudgeon(2010)提出了随着人类世的开展,未来将会如何。他们认为:"有远见的计划和倾情投入的全民参与下,政府和地球上 60 亿民众一起共同努力,将会解决很多我们这个'生命之水'十年(2005—2015 年)所面临的严重和急迫的难题,将会实现与水相关的千年发展目标。"

针对全球现存的自由流态的河流,还有时间去采取更加准确的保护措施,而对于其他受到破坏的河流就时不予我了,这些河流在人类用水量不断攀升、气候变化及其他的影响因子作用下,将会遭受进一步的生态弹性损失。如果社会希望享受淡水生物多样性的好处以及健康生态系统提供的生态产品和服务,还需要做更多有力的全球河流和流域的修复工作。"人类世"不能作为一个贬义的绰号而闻名,为了人类的利益,第三个千年可能成为人类改造和恢复地球的自然弹性和自愈力的时代,生态系统和"最美丽和最奇妙的无穷无尽的类型"(Darwin,1859)的风险消除,需要人类学会适应,学会公布多样性和变化性,学会改变。

附录

布里斯班宣言（2007）

环境流本质上是为了淡水生态系统健康和人类福祉而产生的。

本宣言提出了现有结论和一个全球性的行动议程，以解决全球迫切需要保护河流的问题。本宣言于2007年9月3—6日在澳大利亚布里斯班举行的第十届国际河流和环境流会议上宣布。本次大会有来自超过50个国际的的750多名科学家、经济学家、工程师、资源管理和政策制定者参加。

会议主要结论包括：

（1）淡水生态系统是社会、文化和经济的基础

健康的淡水生态系统——河流、湖泊、泛滥平原、湿地及河口，为人类提供了清洁的水源、食物、纤维、能量以及其他支撑经济社会发展的诸多福利。它们对于人类健康和利益而言至关重要。

（2）淡水生态系统严重受损并继续以惊人的速率减少

淡水生物物种数量正在快速减少，且其降低速度比陆地和海洋生态系统还要快。随着淡水生态系统的受损，人类失去了很多重要的社会、文化和经济利益；河口失去了生产力；入侵物种繁衍；河流、湖泊、湿地和河口的自然恢复能力减弱。这些严重的累积影响在全球范围内存在。

（3）流向海洋的淡水并没有浪费

流向海洋的淡水滋养了河口，而河口提供了丰富的食物来源，使基础建筑物免受风暴和潮汐袭击，且具有稀释和迁移污染物的功能。

（4）流量变化威胁淡水和河口生态系统

这些生态系统的发展依赖于具有自然波动体制的高质量淡水。在进行调蓄洪水、工农业及城市供水、水力发电、航运、娱乐和灌溉时，应当高度关注环境流的需求。

（5）环境流管理提供的水量能够维持淡水和河口生态系统，并与工农业和城市用水达到共存。环境流管理的目标是，通过健全、科学的管理决策，恢复和维持健康且具有自我恢复能力的淡水系统，从而为人类提供有社会价值的服务。地下水和洪水管理是环境流管理不可或缺的部分。

（6）气候变化让环境流管理更加紧迫

良好的环境流管理能够通过维持和强化生态系统的弹性，从而抵抗气候变化影响下

对于淡水生态系统潜在的严重且不可恢复的伤害。

(7)相关保护项目已经开展,但需要更多的关注

部分政府已经开始研究具有创新性的水资源管理政策,并且明确认识到了环境流的需求。越来越多地在基础设施建设过程中考虑到了环境流的需求,并且通过大坝泄水、限制地下水和地表水抽提、加强水土流失管理等措施维持和恢复环境流。即便如此,目前我们的努力程度远不能满足维持淡水生态系统健康发展的需要。

全球行动备忘录

在第十届国际河流域环境流大会上,与会代表向全球各国政府、开发银行、慈善者、流域机构、水和能源协会、多横向和双边机构、社区组织、研究机构以及私营部门发出号召,为恢复和维持环境流,应当遵守以下行为:

(1)世界各处都需要即刻开展对环境流的估测

目前,环境流的需求在众多淡水和河口生态系统仍然未知。科学可信的方法通过建立环境流和特定生态函数以及社会价值的明确联系,量化各水体中环境流变量,而不仅仅只是流量的最大最小值。

(2)将环境流管理纳入土地和水资源管理的各个方面

环境量的评估和管理应该是水资源综合管理(IWRM),环境影响评估(EIA),战略环境评价(SEA),基础设施和工业的发展和改进以及土地利用,水资源利用,能源生产策略的基础需求。

(3)建立体制框架

将环境流持续地整合到土地和水资源管理中需要制定相关的法律、法规、政策和程序:①承认环境流可持续水资源管理的重要部分;②预先设定自然水流中允许的消耗和变动的水量范围;③把地下水和地表水作为整体的水资源系统;④不分政治界限地维持环境流。

(4)纳入水质管理

废水的稀释需要耗费大量水流,最小化废水同时进行处理能够减少对于这类水量的需求。妥善处理后排放的废水可以作为满足环境流需求的重要来源。

(5)使所有利益相关者积极参与

有效的环境流管理涉及所有可能受到影响的各方和相应的利益相关者,并能全方位考虑与淡水生态系统紧密相关的人类需求和价值。在相关的发展计划中,对于利益相关者遭受的由于生态服务效益带来的损失,应得到评估和补偿。

(6)执行和强化环境流标准

根据物理和法律的可利用性,明文限制天然水的开采和改变量,并计算环境流的需求。如果这些需求是不确定的,采用最正确的预防原则和基流标准。对于流量已经严重改变的区域,利用包括水权交易、水资源保护、河漫滩保护和大坝修复在内的管理措施,使环境流恢复到适当水平。

(7)识别并保护全球河网

水坝和河流干涸的支流能防止鱼类洄游和泥沙运移,在物理上限制了环境流带来的效益。保护高价值的河流系统免于人类开发能够确保从源头到河口的环境流和水文联系。更有效进行生态系统保护比恢复它们经济许多。

(8)能力建设

培训科学评估环境流需求的专家。使当地社区有效地参与水管理和决策。提升专业知识水平,从而在可持续供水、洪水管理和水力发电方面纳入环境流管理。

(9)在实践中学习

在进行环境流管理的前期和过程中,定期检测流量改变和生态系统响应之间的关系,同时合理地改进水规。向全球所有利益相关者和环境流从业者公开结果。

参 考 文 献

Acreman MC, Dunbar MJ (2004).Defining environmental flow require ments: a review. *Hydrology and Earth System Sciences*, 8: 861–876.

Acreman MC, Ferguson AJD (2010). Environmental flows and the European Water Framework Directive. *Freshwater Biology*, 55: 32–48.

Aladin NV, Williams WD(1993). Recent changes in the biota of the Aral Sea, Central Asia. *Verhandlungen der Internationalen Vereinigung fur theoretische und angewandte Limnologie*, 25: 790–792.

Alber M (2002). A conceptual model of estuarine freshwater inflow management. *Estuaries*, 25: 1246–1261.

Alcamo J, Vörösmarty C, Naiman RJ, Lettenmaier D, Pahl–Wostl C(2008). A grand challenge for freshwater research: understanding the global water system. *Environmental Research Letters*, 3: 1–6.

Allan JD (2004). Landscape and riverscapes: the influence of land use on river ecosystems. *Annual Reviews of Ecology*, *Evolution and Systematics*, 35: 257–284.

AllanJD, Castillo MM(2007). *Stream Ecology*. Dordrecht, Netherlands: Springer.

American Rivers (2007). *Dams Slated for Removal in 2007 and Dams Removed from 1999–2006*.Washington, DC: American Rivers. Available at: http://act. americanrivers. org/site/DocServer/Dam__Removal_Summary_2007.pdf ?docID=686i&JServSessionIdaoi2=oivbf6ciii.appi2c.

Andersen DC, Shafroth PB(2010). Beaver dams, hydrological thresholds, and controlled floods as a management tool in a desert riverine ecosystem, Bill Williams River, Arizona. *Ecohydrology*, 3: 325–338.

Anderson KE, Paul AJ, McCauley E, Jackson LJ, Post JR, Nisbet RM (2006). Instream flow needs in streams and rivers: the importance of understanding ecological dynamics. *Frontiers in Ecology and Environment*, 4: 309–318.

ARMCANZ, ANZECC (Agriculture and Resource Management Council of Australia and New Zealand, Australian and New Zeal and Environment and Conservation Council)(1996). *National Principles for the Provision of Water for Ecosystems*.Occasional Paper SWR No. 3. Canberra, Australia: ARM–CANZ and ANZECC.

Arthington AH(1998). *Comparative Evaluation of Environmental Flow Assessment Techniques: Review of Holistic Methodologies*. Occasional Paper 26/98. Canberra, Australia: Land and Water Resources Research and Development Corporation. Available at: http://lwa.gov.au/products/pr980307

Arthington AH(2009). Australian lungfish, *Neoceratodus forsteri*, threatened by a new dam. *Environmental Biology of Fishes*, 84: 211–221.

Arthington AH, Balcombe SR (2011). Extreme hydrologic variability and the boom and bust ecology of fish in arid-zone floodplain rivers: a case study with implications for environmental flows, conservation and management. *Ecohydrology*, 4: 708-720.

Arthington AH, Blühdorn DR (1994). Distribution, genetics, ecology and status of the introduced cichlid, *Oreochromis mossambicus*, in Australia. In *Inland Waters of Tropical Asia and Australia: Conservation and Management*, Dudgeon D, Lam P (Eds), 53-62. Mitteilungen (Communications) Societas Internationalis Limnologiae 24. Stuttgart, Germany: Schweizerbart Science Publishers.

Arthington AH, Pusey BJ(2003). Flow restoration and protection in Australian rivers. *River Research and Applications*, 19: 377-395.

Arthington AH, Zalucki JM (Eds) (1998). *Comparative Evaluation of Environmental Flow Assessment Techniques: Review of Methods*. Occasional Paper 27/98. Canberra, Australia: Land and Water Resources Research and Development Corporation. Available at: http://lwa.gov.au/products/pr980303

Arthington AH, Milton DA, McKay RJ(1983). Effects of urban development and habitat alterations on the distribution and abundance of native and exotic freshwater fish in the Brisbane region, Queensland. *Australian Journal of Ecology*, 8: 87-101.

Arthington AH, King JM, O'Keeffe JH, Bunn SE, Day JA, Pusey BJ, Blühdorn DR and Tharme R(1992). Development of an holistic approach for assessing environmental flow requirements of riverine ecosystems. *In Proceedings of an International Seminar and Workshop on Water Allocation for the Environment*, Pigrim JJ, Hooper BP(Eds), 69-76. Armidale, Australia: Centre for Water Policy Research.

Arthington AH, Brizga SO, Kennard MJ (1998). *Comparative Evaluation of Environmental Flow Assessment Techniques: Best Practice Framework*. Occasional Paper 25/98. Canberra, Australia: Land and Water Resources Research and Development Corporation.

Arthington AH, Brizga S, Kennard M, Mackay S, McCosker R, Choy S, Ruffini J (1999). Development of a Flow Restoration Methodology (FLOW RESM) for determining environmental flow requirements in regulated rivers using the Brisbane River as a case study. In *Handbook and Proceedings of Water 99: Joint Congress, 25th Hydrology and Water Resources Symposium, 2nd International Conference on Water Resources and Environmental Research*, Boughton W(Ed), 449-454. Brisbane, Australia: Australian Institute of Engineers.

Arthington AH, Rall JL, Kennard MJ, Pusey BJ (2003). Environmental flow requirements of fish in Lesotho Rivers using the DRIFT methodology. *River Research and Applications*, 19: 641-666.

Arthington AH, Bunn S, Poff NL, Naiman RJ (2006). The challenge of providing environmental flow rules to sustain river ecosystems. *Ecological Applications*, 16: 1311-1318.

Arthington AH, Baran E, Brown CA, Dugan P, Halls AS, King JM, Minte-Vera CV, Tharme R, Welcomme RL (2007). *Water Requirements of Floodplain Rivers and Fisheries: Existing Decision Support Tools and Pathways for Developement*. Comprehensive Assessment of Water Management in Agriculture Research Report 17.

Colombo,Sri Lanka:International Water Management Institute.

Arthington AH,Naiman RJ,McClain ME,Nilsson C (2010a). Preserving the biodiversity and ecological services of rivers:new challenges and research opportunities. *Freshwater Biology*,55:1–16.

Arthington AH,Olden JD,Balcombe SR,Thoms MC (2010b). Multi–scale environmental factors explain fish losses and refuge quality in drying waterholes of Cooper Creek,an Australian arid–zone river. *Marine and Freshwater Research*,61:842–856.

Arthington AH,Mackay SJ,James CS,Rolls RJ,Sternberg D,Barnes A,Capon SJ(2012). Ecological limits of hydrologic alteration:a test of the BLOHA framework in south–east Queensland. 'Waterlines Report Series No. 75. Canberra,Australia:National Water Commission. Available at:www.nwc. gov. au/publications/water-lines/75

Balcombe SR,Bunn SE,Arthington AH,Fawcett JH,McKenzie–Smith FJ, Wright A(2007). Fish larvae, growth and biomass relationships in an Australian arid zone river:links between floodplains and waterholes. *Freshwater Biology*,52:2385–2398.

Barlow PM,Reichard EG (2010). Saltwater intrusion in coastal regions of North America. *Hydrogeology Journal*,18:247–260.

Baron JS,PofF NL,Angermeier PL,Dahm CN,Gleick PH,Hairston NG,Jackson RB,Johnston CA,Richter BD,Steinman AD (2002). Meeting ecological and societal needs for freshwater. *Ecological Applications*,12: 1247–1260.

Bayly IAE (1999). Review of how indigenous people managed for water in desert regions of Australia. *Journal of the Royal Society of Western Australia*,82:17–25.

Beatty SJ,Morgan DL,McAleer FJ,Ramsay AR (2010). Groundwater contribution to baseflow maintains habitat connectivity for *Tandanus bostocki* (Teleostei;Plotosidae) in a south–western Australian river. *Ecology of Freshwater Fish*,19:595–608.

Beerling DJ(2009). *The Emerald Planet*. Oxford,UK:Oxford University Press.

Beerling DJ,Valdes PJ(2003). Global warming in the early Eocene:was it driven by carbon dioxide? Fall Meeting Suppl. PP22B–04,*EOS Transactions*, *American Geophysical Union*,84.

Bencala KE(2000). Hyporheic zone hydrological processes. *Hydrological Processes*,14:2797–2798.

Benke AC,Cushing CE(2005). *Rivers of North America*. Burlington,MA:Elsevier Academic Press.

Bennett HH,Lowdermilk WC (1938). *General Aspects of the Soil Erosion Problem:Soils and Men. Yearbook of Agriculture*,*USDA Soil Conservation Service*. Washington,DC:US Department of Agriculture.

Bennett M,Green J (1993). Preliminary Aassessment of Gwydir Wetland water needs. Technical Services Division Report. Sydney,Australia:New South Wales Department of Water Resources.

Benson NG (1953). The importance of groundwater to trout populations in the Pigeon River,Michigan. *Transactions of the North American Wildlife Conference*,18:260–281.

Berga L,Buil JM,Bofill E,De Cea JC,Garcia Perez JA,Manueco G,Polimon J,Soriano A,Yague J (2006). Dams and reservoirs,societies and environment in the 21st century. In *Proceedings of the International Symposium on Dams in Societies of the 21st Century*,Barcelona,Spain,18 June 2006. London,UK:Taylor and Francis Group.

Bernez I,Daniel H,Hauryb C,Ferreira MT(2004). Combined effects of environmental factors and regulation on macrophyte vegetation along three rivers in western France. *River Research and Applications*,20:43–59.

Beuster H,King JM,Brown CA,Greyling A (2008). Feasibility study:DSS software development for integrated flow management;conceptual design of the DSS and criteria for assessment. Report Project K5/1404. Pretoria,South Africa:Water Research Commission.

Beyene T,Lettenmaier DP,Kaba,P (2010). Hydrologic impacts of climate change on the Nile River basin:implications of the 2007 IPCC scenarios. *Climatic Change*,100:433–461.

Biggs BJF (1996). Hydraulic habitat of plants in streams. *Regulated Rivers:Research and Management*, 12:131–144.

Biggs HC,Rogers KH (2003). An adaptive system to link science,monitoring and management in practice. In *The Kruger Experience. Ecology and Management of Savanna Heterogeneity*, Du Toit JT, Rogers,KH, Biggs HC(Eds),59–80. Washington,DC:Island Press.

Blanch SJ,Ganf GG,Walker KF (1999). Tolerance of riverine plants to flooding and exposure indicated by water regime. *Regulated Rivers:Research and Management*,15:43–62.

Bodie JR (2001). Stream and riparian management for freshwater turtles. *Journal of Environmental Management*,62:443–455.

Bond NR,Lake PS (2003). Characterizing fish–habitat associations in streams as the first step in ecological restoration. *Austral Ecology*,28:611–621.

Bond NR,Lake PS,Arthington AH (2008). The impacts of drought on freshwater ecosystems:an Australian perspective. *Hydrobiologia*,600:3–16.

Bond N,McMaster D,Reich P,Thomson JR,Lake PS (2010). Modelling the impacts of flow regulation on fish distributions in naturally intermittent lowland streams:an approach for predicting restoration responses. Freshwater Biology,55:1997–2010.

Booker DJ,Acreman MC (2007). Generalisation of physical habitat–discharge relationships. *Hydrology and Earth System Sciences*,11:141–157.

Boon PJ,Calow P,Petts GE(Eds)(1992). *River Conservation and Management*.Chichester,UK:John Wiley and Sons.

Boulton AJ(2000). River ecosystem health down under:assessing ecological condition in riverine groundwater zones in Australia. *Ecosystem Health*,6:108–118.

Boulton AJ,Hancock PJ(2006). Rivers as groundwater-dependent ecosystems:a review of degrees of dependency, riverine processes and management implications. *Australian Journal of Botany*, 54:133–144. Available at: www .publish.csiro.au/nid/65/paper/BT05074.htm

Boulton AJ, Findlay S, Marmonier P, Stanley EH, Valett HM (1998). The functional significance of the hyporheic zone in streams and rivers. *Annual Review of Ecology and Systematics*, 29:59–81.

Bovee KD (1982). A guide to stream habitat analysis using the Instream Flow Incremental Methodology. Instream Flow Information Paper 12, FWS/ OBS–82/26. Washington, DC: US Department of the Interior, Fish and Wildlife Service.

Bovee KD, Milhous R (1978). Hydraulic simulation in instream flow studies: theory and techniques. Instream Flow Information Paper 5, FWS/OBS– 78/33. Fort Collins, CO: US Fish and Wildlife Service, office of Biological Services.

Bradford MJ, Taylor GC, Allan JA, Higgins PS(1995). An experimental study of stranding of juvenile coho salmon and rainbow trout during rapid flow decreases in winter conditions. *North American Journal of Fisheries Management*, 15:473–479.

Bravard JP, Amoros C, Pautou G, Bornette G, Bournaud M, des Chatelliers MC, Gibert J, Peiry JL, Perrin JF, Tachet H (1997). River incision in southeast France: morphological phenomena and ecological effects. *Regulated Rivers: Research and Management*, 13:75–90.

Brenkman SJ, Duda JJ, Torgersen CE, Welty E, Pess GR, Peters R, McHenry ML(2012). A riverscape perspective of Pacific salmonids and aquatic habitats prior to large scale dam removal in the Elwha River, Washington, USA. *Fisheries Management and Ecology*, 19:36–53.

Briggs SV, Thornton SA (1999). Management of water regimes in River Red Gum Eucalyptus camaldulensis wetlands for waterbird breeding. Australian Zoologist, 31:187–197.

Brisbane Declaration (2007). The Brisbane Declaration: environmental flows are essential for freshwater ecosystem health and human well–being. Declaration of the 10th International River Symposium and International Environmental Flows Conference, 3–6 September 2007, Brisbane, Australia.

Brivio PA, Colombo R, Maggi M, Tomasoni R (2002). Integration of remote sensing data and GIS for accurate mapping of flooded areas. International Journal of Remote Sensing, 23:429–441.

Brizga SO, Arthington AH, Choy S, Duivenvoorden L, Kennard M, Maynard RW, Poplawski W (2000a). Burnett Basin Water Allocation and Management Plan: current environmental conditions and impacts of existing water resource development. Brisbane, Australia: Department of Natural Resources.

Brizga SO, Davis J, Hogan A, O'Connor R, Pearson RG, Pusey B, Werren G, Muller D (2000b). Environmental flow performance measures for the Barron River Basin, Queensland, Australia. In *Proceedings of the Hydrology and Water Resources Symposium*. Perth, Australia: Institution of Engineers.

Brizga SO, O'Connor R, Davis J, Hogan A, Pearson RG, Pusey BJ, Werren GL(2001). Barron Basin water resource plan: Environmental investigations report. Queensland, Australia: Department of Natural Resources and Mines.

Brizga SO, Arthington AH, Pusey BJ, Kennard MJ, Mackay SJ, Werren GL, Craigie NM, Choy SJ(2002). Benchmarking, a "top-down" methodology for assessing environmental flows in Australian rivers. In *Environmental Flows for River Systems: An International Working Conference on Assessment and Implementation, Incorporating the 4th International Ecohydraulics Symposium*. Conference Proceedings. Cape Town, South Africa: Southern Waters.

Brock MA, Casanova MT (1997). Plant life at the edge of wetlands: ecological responses to wetting and drying patterns. In *Frontiers in Ecology: Building the Links*, Klomp N, Lunt I(Eds), 181-192. Oxford, UK: Elsevier.

Brodie J (1995). The problem of nutrients and eutrophication in the Australian marine environment. In *State of the Marine Environment Report for Australia*, Zann L, Sutton D (Eds), 1-30. Canberra, Australia: Technical Annex 2, Pollution, Department of the Environment, Sport and Territories.

Brookes A(1988). *Channelized Rivers: Perspectives for Environmental Management*. New York, NY: John Wiley and Sons.

Brooks AP, Howell T, Abbe TB, Arthington AH (2006). Confronting hysteresis: wood based river rehabilitation in highly altered riverine landscapes of southeastern Australia. *Geomorphology*, 79: 399-422.

Browder JA, Moore D(1981). A new approach to determining the quantitative relationship between fishery production and the flow of freshwater to estuaries. In *Proceedings of the National Symposium on Freshwater Inflow to Estuaries*, FWS/oBS-8i/04, Cross R, Williams D(Eds), 403-430. Washington, DC: US Fish and Wildlife Service, Office of Biological Services.

Brown CA, Joubert A (2003). Using multicriteria analysis to develop environmental flow scenarios for rivers targeted for water resource development. *Water Science*, 29: 365-374.

Brown CA, King JM (2012). Modifying dam operating rules to deliver environmental flows: experiences from southern Africa. *Journal of River Basin Management*, 10: 13-28.

Brown CA, Watson P (2007). Decision support systems for environmental flows: lessons from Southern Africa. *International Journal of River Basin Management*, 5: 169-178.

Brown CA, Pemberton C, Greyling A, King JM(2005). DRIFT user manual, Vol. 1, Biophysical module for predicting overall river condition in small to medium sized rivers with relatively predictable flow regimes. Report No. 1404/1/05. Pretoria, South Africa: Water Research Commission.

Bruton MN(1985). Effects of suspensoids on fish. In *Perspectives in Southern Hemisphere Limnology*, Developments in Hydrobiology 28, Davies BR, Walmsley RD(Eds), 221-241. Dordrecht, Netherlands: Dr W. Junk Publishers.

Bulkley RV, Berry CR, Pimentel R, Black T(1981). Tolerances and preferences of Colorado River endangered fishes to selected habitat parameters. Colorado River Fishery Project Final Report Part 3. Salt Lake City,

UT: US Fish and Wildlife Service, Bureau of Reclamation(cited in Converse et al.1998).

Bunn SE (1993). Riparian–stream linkages: research needs for the protection of in–stream values. *Australian Biologist*, 6: 46–51.

Bunn SE (1999). The challenges of sustainable water use and wetland management. In *Water: Wet or Dry? Proceedings of the Water and Wetlands Management Conference*, 14–22. Sydney, Australia: Nature Conservation Council of NSW.

Bunn SE, Arthington AH(2002). Basic principles and ecological consequences of altered flow regimes for aquatic biodiversity. *Environmental Management*, 30: 492–507.

Bunn SE, Davies PM, Kellaway DM (1997). Contributions of sugar cane and invasive pasture grass to the aquatic food web of a tropical lowl and stream. *Marine and Freshwater Research*, 48: 173–179.

Bunn SE, Davies PM, Winning M (2003). Sources of organic carbon supporting the food web of an arid zone floodplain river. *Freshwater Biology*, 49: 619–635.

Bunn SE, Thoms MC, Hamilton SK, Capon SJ (2006). Flow variability in dryland rivers: boom, bust and the bits in between. *River Research and Applications*, 22: 179–186.

Bunn SE, Abal EG, Smith MJ, Choy SC, Fellows CS, Harch BD, Kennard MJ, Sheldon H (2010). Integration of science and monitoring of river ecosystem health to guide investments in catchment protection and rehabilitation. *Freshwater Biology*, 55(Suppl. 1): 223–240.

Burnham KP, Anderson DR (2002). *Model Selection and Multimodel Inference: A Practical Information–Theoretic Approach*. New York, NY: Springer–Verlag(cited in Grossman and Sabo 2010).

Burt TP (1996). The hydrology of headwater catchments. In *River Flows and Channel Forms*, Petts G, Callow P(Eds), 6–31. Oxford, UK: Blackwell Science.

CALFED(2000). *Programmatic Record of Decision*. Sacramento, CA: CALFED Bay–Delta Program.

Cambray JA (1990). Fish collections taken from a small agricultural water withdrawal site on the Groot River, Gamtoos River system, South Africa. *Southern African Journal of Aquatic Sciences*, 16: 78–89.

Cambray JA, Davies BR, Ashton PJ(1986). The Orange Vaal River system. In *The Ecology of River Systems*. Davies BR, Walker KF(Eds), 89–122. Dordrecht, Netherlands: Dr W. Junk Publishers.

Campbell IC, Doeg TJ (1989). Impact of timber harvesting and production on streams: a review. *Australian Journal of Marine and Freshwater Research*, 40: 519–539.

Camp Dresser and McKee Inc., Bledsoe BD, Miller WJ, Poff NL, Sanderson JS, Wilding TK (2009). Watershed Flow Evaluation Tool (WFET) Pilot Study for Roaring Fork and Fountain Creek watersheds and site-specific quantification pilot study for Roaring Fork watershed(draft). Denver, CO: Colorado Water Conservation Board. Available at: http://cwcb.state.co.us/ IWMD/COsWaterSupplyFuture/

Canonico GC, Arthington AH, McCrary JK, Thieme ML(2005). The effects of introduced tilapias on native biodiversity. *Aquatic Conservation: Marine and Freshwater Ecosystems*, 15: 463–483.

Capra H, Breil P, Souchon Y(1995). A new tool to interpret magnitude and duration of fish habitat variations. *Regulated Rivers: Research and Management*, 10: 281–289.

Carolsfeld J, Harvey B, Ross C, Baer A (2004). Migratory fishes of South America: Biology, Fisherie, and *Conservation Status*. Washington, DC, and Ottawa, Canada: World Fisheries Trust/World Bank/International Development Research Centre(cited in Dudgeon et al. 2006).

Carp E (Ed)(1972). Final act of the International Conference on the Conservation of Wetlands and Waterfowl. In *Proceedings*, *International Conference on the Conservation of Wetlands and Waterfowl*, *Ramsar*, *Iran*, *30 January–3 February 1971*. Slimbridge, UK: International Wildfowl Research Burea.

Cech TV(2010). Principles of Water Resources. Hoboken, NJ: John Wiley and Sons.

CGC (Canadian Grains Council) (2009). *Online Statistical Handbook*. Winnipeg, Manitoba: Canadian Grains Council. Available at: www.canadagrains council.ca/html/handbook.html

Champion PD, Tanner CC (2000). Seasonality of macrophytes and interaction with flow in a New Zealand lowland stream. *Hydrobiologia*, 441: 1–12.

Chan TU, Hart BT, Kennard MJ, Pusey BJ, Shenton W, Douglas MM, Valentinec E, Patel S (2010). Bayesian network models for environmental flow decision making in the Daly River, Northern Territory, Australia. River Research and Applications, doi: 10.1002/rra.1456

Chao BF(1995). Anthropogenic impact on global geodynamics due to reservoir water impoundment. *Geophysical Research Letters*, 22: 3529–3532.

Chao BF, Wu YH, and Li YS(2008). Impact of artificial reservoir water impoundment on global sea level. *Science*, 320: 212–214.

Charniak E(1991). Bayesian networks without tears. *Artificial Intelligence*, 12: 50–63.

Chessman BC (2009). Climatic changes and 13–year trends in stream macroinvertebrate assemblages in New South Wales, Australia. *Global Change Biology*, 15: 2791–2802.

CHRS (Canadian Heritage Rivers System)(n.d.). A Framework for the Natural Values of Canadian Heritage Rivers. Available at: www.chrs.ca/en/ mandate.php

Church M (1996). Channel morphology and typology. In *River Flows and Channel Forms*, Petts G, Callow P(Eds), 185–202. Oxford, UK: Blackwell Science.

Claret C, Marmonier P, Dole–Olivier MJ, Creuzé des Chatelliers M, Boulton AJ, Castella E(1999). A functional classification of interstitial invertebrates: supplementing measures of biodiversity using species traits and habitat affinities. *Archiv für Hydrobiologie*, 145: 385–403.

Clifton C, Evans R (2001). A framework to assess the environmental water requirements of groundwater dependent ecosystems. In Proceedings of the 3rd Australian Stream Management Conference, Rutherford I, Sheldon F, Brierley G, Kenyon C(Eds), 149–156. Brisbane, Australia: CSIRO Sustainable Ecosystems.

Clifton C, Cossens B, McAuley C(2007). A framework for assessing the environmental water requirements of groundwater dependent ecosystems. Report 1 Assessment Toolbox. Canberra, Australia: Land and Water Australia.

Cloern JE (1996). Phytoplankton bloom dynamics in coastal ecosystems: a review with some general lessons from sustained investigation of San Francisco Bay, California. *Reviews of Geophysics*, 34: 127–168.

Cloern JE, Alpine A, Cole B, Wong R, Arthur J, Ball M(1983). River discharge controls phytoplankton dynamics in the northern San Francisco Bay estuary. Estuarine, *Coastal and Shelf Science*, 16: 415–429.

COAG (Council of Australian Governments)(1994). COAG communiqué, 25 February 1994, Attachment A: water resource policy, item 4a. Hobart, Tasmania: Council of Australian Governments, Department of the Prime Minister and Cabinet. Available at: http://ncp.ncc.gov.au/docs/Council%20of%20Australian%20Governments'%20Communique%20-%2025%20February%201994.pdf

COAG(Council of Australian Governments)(2004). COAG communiqué, 25 June 2004, intergovernmental agreement on a national water initiative. Canberra, Australia: Council of Australian Governments, Department of the Prime Minister and Cabinet. Available at: www.nwc.gov.au/_ _data/ assets/pdf_file/ooi9/i8208/Intergovernmental-Agreement-on-a-national-water-initiative2.pdf

Colvin C, le Maitre D, Saayman I(2003). An approach to the classification, protection and conservation of groundwater dependent ecosystems. Progress Report, Project No. K5/1330. Pretoria, South Africa: Water Research Commission.

Connell D, Grafton QR(Eds)(2011). *Basin Futures: Water Reform in the Murray-Darling Basin*. Canberra, Australia: Australian National University Press.

Converse YK, Hawkins CP, Valdez RA (1998). Habitat relationships of subadult humpback chub in the Colorado River through the Grand Canyon: spatial variability and implications of flow regulation. *Regulated Rivers: Research and Management*, 14: 267–284.

Costanza R, d'Arge R, de Groot R, Farber S, Grasso M, Hannon B, Limburg K, Naeem S, O'Neill R, Paruelo J, Raskin RG, Sutton P, van den Belt M (1997). The value of the world's ecosystem services and natural capital. *Nature*, 387: 253–260.

Cottingham P, Thoms MC, Quinn GP(2002). Scientific panels and their use in environmental flow assessment in Australia. *Australian Journal of Water Resources*, 5: 103–111.

Cowardin LM, Carter V, Golet FC, LaRoe ET(1979). *Classification of Wetlands and Deepwater Habitats of the United States*. Washington, DC: US Department of the Interior, Fish and Wildlife Service.

Craig JF, Kemper JB (Eds)(1987). *Regulated Streams: Advances in Ecology*. New York, NY: Plenum Press.

Craig JF, Halls AS, Barr JJ, Bean CW (2004).The Bangladesh floodplain fxsheries. *Fisheries Research*, 66: 272–286.

Crutzen PJ(2002). Geology of mankind: the Anthropocene. *Nature*, 415: 23.

Cummins KW(1993).Riparian—stream linkages: in—stream issues. In *Ecology and Management of Riparian Zones*, Proceedings of a National Workshop, Bunn SE, Pusey BJ, Price P (Eds), 5–20. Canberra, Australia: Land and Water Resources Research and Development Corporation.

Cunnings KS, Watters GT(2005). Mussel/host database(cited in Strayer 2008).

Dahl M, Nilsson B, Langhoff JH, Refsgaard JC (2007). Review of classification systems and new multi—scale typology of groundwater—surface water interaction. *Journal of Hydrology(Amsterdam)* , 344: 1–16.

Dahm CN, Grimm NB, Marmonier P, Valett HM, Vervier P (1998). Nutrient dynamics at the interface between surface waters and groundwaters. *Freshwater Biology*, 40: 427–451.

Daigle NE, Colbeck G, Dodson JJ (2010). Spawning dynamics of American shad (*Alosa sapidissima*) in the St. Lawrence River, Canada—USA. *Ecology of Freshwater Fish*, 19: 586–594.

Danielopol DL, Gibert J, Griebler C, Gunatilaka A, Hahn HJ, Messana G, Notenboom J, Sket B(2004). Incorporating ecological perspectives in European groundwater management policy. *Environmental Conservation*, 31: 185–189.

Darwin C(1859). *On the Origin of Species by Means of Natural Selection*. London: John Murray.

Daufresne M, Lengfellner K, Sommer U (2009). Global warming benefits the small in aquatic ecosystems. *Proceedings of the National Academy of Sciences USA* , 106: 12788–12793.

Davie P, Stock E, Low Choy D (Eds)(1990). *The Brisbane River, A Source Book for the Future*. Brisbane, Australia: Australian Littoral Society and Queensl and Museum.

Davies B, Day J(1998). *Vanishing Waters*. Cape Town, South Africa: University of Cape Town Press.

Davies BR, Walker KF (1986). *The Ecology of River Systems*. Dordrecht, Netherlands: Dr W. Junk Publishers.

Davies BR, Thoms M, Meador MR (1992). An assessment of the ecological impacts of inter—basin water transfers, and their threats to river basin integrity and conservation. *Aquatic Conservation: Marine and Freshwater Ecosystems*, 2: 325–349.

Davies PE, Humphries P, Mulcahy M(1995). Environmental flow requirements for the Meander, Macquarie and South Esk Rivers, Tasmania. Report to National Landcare Program. Canberra, Australia.

Davis J, Brock M (2008). Detecting unacceptable change in the ecological character of Ramsar wetlands. *Ecological Management and Restoration*, 9: 26–31.

Davis JA, Froend RH(1998). *Regional Review of Wetland Management Issues: Western Australia(except Kimberley) and Central Australia*. Canberra, Australia: Land and Water Resources Research and Development Corporation.

Davis JA, Froend RH, Hamilton DP, Horwitz P, McComb AJ, Oldham CE(2001). Environmental water requirements to maintain wetlands of national and international importance. Environmental Flows Initiative Technical Report No. 1. Canberra, Australia: Commonwealth of Australia.

Day JH (Ed)(1981). *Estuarine Ecology with Particular Reference to Southern Africa*. Cape Town, South Africa: Balkema(cited in Pierson et al. 2002).

De Jalon DG, Sanchez P, Camargo JA (1994). Downstream effects of a new hydropower impoundment on macrophyte, macroinvertebrate and fish communities. *Regulated Rivers: Research and Management*, 9: 253–261.

Dellapenna JW, Gupta J (Eds)(2009). *The Evolution of the Law and Politics of Water*. New York: Springer Science and Business Media BV.

De Moor FC (1986). Invertebrates of the Lower Vaal River, with emphasis on the Simuliidae. In *The Ecology of River Systems*, Davies, PR, Walker KF (Eds), 135–142. Dordrecht, Netherlands: Dr W. Junk Publishers.

Dent CL, Schade JJ, Grimm NB, Fisher SG (2000). Subsurface influences on surface biology. In *Streams and Ground Waters*, Jones J, Mulholl and P(Eds), 377–404. New York, NY: Academic Press(cited in Boulton and Hancock 2006).

Di Stefano J(2001). River red gum(*Eucalyptus camaldulensis*): a review of ecosystem processes, seedling regeneration and silvicultural practice. *Australian Forestry*, 65: 14–22.

DNR (Department of Natural Resources)(2006). Great Artesian Basin Sustainability Initiative(GABSI) Cap and Pipe the Bores. State of New South Wales, Department of Natural Resources. Available at: www. water. nsw. gov .au / Water–management / Water–recovery/Cap–and–pipe–bores/default.aspx

Doering PH. Chamberlain RH, Haunert DE(2002). Using submerged aquaticvegetation to establish minimum and maximum freshwater inflows to the Caloosahatchee estuary, Florida. *Estuaries*, 25: 1343–1354.

Dole–Olivier M–J, Castellarini F, Coineau N, Galassi DMP, Martin P, Mori N, Valdecasas A, Gibert J (2009). Towards an optimal sampling strategy to assess groundwater biodiversity: comparison across six European regions. *Freshwater Biology*, 54: 777–796.

Dollar ESJ, Nicolson CR, Brown CA, Turpie JK, Joubert AR, Turton AR, Grobler DF, Pienaar HH, Ewart–Smith J, Manyaka SM (2010). Development of the South African Water Resource Classification System (WRCS): a tool towards the sustainable, equitable and efficient use of water resources in a developing country. *Water Resource Policy*, 12: 479–499.

Douglas MM, Bunn SE, Davies PM (2005). River and wetland foodwebs in Australia's wet–dry tropics: general principles and implications for management. *Marine and Freshwater Research*, 56: 329–342.

Downes BJ, Barmuta LA, Fairweather PG, Faith DP, Keough MJ, Lake PS, Mapstone BD, Quinn GP (2002). *Monitoring Ecological Impacts: Concepts and Practice in Flowing Waters*. Cambridge, UK: Cambridge University Press.

Dudgeon D(2010). Prospects for sustaining freshwater biodiversity in the 21st Century: linking ecosystem structure and function. *Current Opinion in Environmental Sustainability*, 2: 422–430.

Dudgeon D, Arthington AH, Gessner MO, Kawabata ZI, Knowler DJ, Leveque C, Naiman RJ, Prieur-Richard A-H, Soto D, Stiassny MLJ, Sullivan CA (2006). Freshwater biodiversity: importance, threats, status and conservation challenges. *Biological Reviews*, 81:163–182.

Dunbar MJ, Gustard A, Acreman M, Elliott CRN(1998). *Overseas Approaches to Setting River Flow Objectives*. R&D Technical Report W6B(96)4. Wallingford, UK: Institute of Hydrology.

Dunbar MJ, Pedersen M., Cadman D, Extence C, Waddingham J, Chadd R, Larsen SE (2010). River discharge and local-scale physical habitat influence macroinvertebrate LIFE scores. *Freshwater Biology*, 55:226–242.

Dunning HC (1989). The Public Trust: A fundamental doctrine of American property law. *Environmental Law*, 19:515–526.

DWAF (Department of Water Affairs and Forestry)(1999). *Resource Directed Measures for Protection of Water Resources*. Volume 4, Wetl and Ecosystems. Version 1.0. Pretoria, South Africa: Institute for Water Quality Studies, Department of Water Affairs and Forestry.

Dynesius M, Nilsson C(1994). Fragmentation and flow regulation of river systems in the northern third of the world. *Science*, 266:733–762.

Dyson M Bergkamp M, Scanlon J (2003). *Flow: The Essentials of Environmental Flours*. Gland, Switzerland, and Cambridge, UK: IUCN.

Eamus D Froend F (2006). Groundwater-dependent ecosystems: the where, what and why of GDEs. *Australian Journal of Botany*, 54:91–96.

Eberhard SM, Halse SA, Williams MR, Scanlon MD, Cocking JS, Barron HJ(2009) Exploring the relationship between sampling efficiency and short range endemism for groundwater fauna in the Pilbara region, Western Australia. *Freshwater Biology*, 54:885–901.

Edgar GJ, Barrett NS, Graddon DJ, Last PR (2000). The conservation significance of estuaries: a classification of Tasmanian estuaries using ecological, physical and demographic attributes as a case study. *Biological Conservation*, 92:383–397.

Edwards BD, Evans KR(2002). Saltwater intrusion in Los Angeles area coastal aquifers: the marine connection. US Geological Survey Fact Sheet 030–02. Denver, CO: US Geological Survey, Information Services.

Elliott CRN, Dunbar MJ, Gowing I, Acreman MA (1999). A habitat assessment approach to the management of groundwater dominated rivers. *Hydrological Processes*, 13:459–475.

Ellis LM, Molles MC, Crawford CS (1999). Influence of experimental flooding on litter dynamics in a Rio Grande riparian forest, New Mexico. *Restoration Ecology*, 7:193–204.

Enders EC, Scruton DA, Clarke KD(2009). The "natural flow paradigm" and Atlantic salmon: moving from concept to practice. *River Research and Applications*, 24:2–15.

Environmental Protection Agency(1977). *Quality Criterion for Water*. Washington, DC: US Environmental

Protection Agency, Office of Water and Hazardous Materials.

EP and EU (European Parliament and the Council of the European Union)(2000). Directive 2000/60/EC of the European Parliament and of the Council of 23 October 2000 establishing a framework for Community action in the field of water policy. *Official Journal of the European Communities* L 327/1.

Erskine DW, Webb AA(2003). Desnagging to resnagging: new directions in river rehabilitation in southeastern Australia. *River Research and Applications*, 19: 233-249.

Escobar-Arias MI, Pasternack GB(2010). A hydrogeomorphic dynamics approach to assess instream ecological functionality using the functional flows model, part 1: model characteristics. *River Research and Applications*, 26: 1103-1128.

Escobar-Arias MI, Pasternack GB (2011). Differences in river ecological functions due to rapid channel alteration processes in two California rivers using the functional flows model, part 2: model applications. *River Research and Applications*, 27: 1-22.

Espegren GD(1998). Evaluation of the standards and methods used for quantifying instream flows in Colorado. Final Report. Denver, CO: Colorado Water Conservation Board(cited in Tharme 2003).

Estes R, Hutchison JH (1980). Eocene lower-vertebrates from Ellesmere Island, Canadian Arctic Archipelago. *Palaeogeography Palaeoclimatology Palaeoecology*, 30: 325-347.

Estevez ED (2002). Review and assessment of biotic variables and analytical methods used in estuarine inflow studies. *Estuaries*, 25: 1291-1303.

Extence CA, Balbi DM, Chadd RP(1999). River flow indexing using British benthic macroinvertebrates: a framework for setting hydroecological objectives. *Regulated Rivers: Research and Management*, 15: 543-574.

Fairbridge RW (1980). The estuary: its definition and geodynamic cycle. In *Chemistry and Biogeochemistry of Estuaries*, Olausson E, Cato I(Eds). Chichester, UK: John Wiley(cited in Pierson et al. 2002).

Falke JA, Fausch KD, Magelky R, Aldred A, Durnford DS, Riley LK, Oad R (2010). The role of groundwater pumping and drought in shaping ecological futures for stream fishes in a dryland river basin of the western Great Plains, USA. *Ecohydrology*, 4: 682-697.

Fausch KD, Torgersen CE, Baxter CV, Li HW (2002). Landscapes to riverscapes: bridging the gap between research and conservation of stream fishes. *Bioscience*, 52: 483-498.

Fellows CS, Bunn SE, Sheldon F, Beard NJ (2009). Benthic metabolism in two turbid floodplain rivers. *Freshwater Biology*, 54: 236-253.

Fenner P, Brady WW, Patten DR (1985). Effects of regulated water flows on regeneration of Fremont cottonwood. *Journal of Range Management*, 38: 135-138.

Ferrar AA (Ed)(1989). *Ecological Flow Requirements of South African Rivers*. South African National Scientific Programmes Report 162. Pretoria, South Africa: Council for Scientific and Industrial Research.

Finlayson CM, Roberts J, Chick AJ, Sale PJM (1983). The biology of Australian weeds. II. *Typha domin-*

gensis Pers. and *Typha orientalis* Persl. *Journal of the Australian Institute of Agricultural Science*,49:3–10.

Finn M,Jackson S(2011). Protecting indigenous values in water management:a challenge to conventional environmental flow assessments. Ecosystems 14:1232–1248.

Finston TL,Johnson MS,Humphreys WF,Eberhard SM,Halse SA (2007). Cryptic speciation in two widespread subterranean amphipod genera reflects historical drainage patterns in an ancient landscape. *Molecular Ecology*,16:355–365.

Fleckenstein J,Anderson M,Fogg G,Mount J (2004). Managing surface water–groundwater to restore fall flows in the Cosumnes River. *Journal of Water Resources Planning and Management*,130:301–310 (cited in Boulton and Hancock 2006).

Folke C,Carpenter S,Walker BH,Scheffer M,Elmqvist T,Gunderson LH,Holling CS (2004). Regime shifts,resilience and biodiversity in ecosystem management. *Annual Review in Ecology*,*Evolution and Systematics*,35:557–581.

Forslund A,Renöfält BM,Barchiesi S,Cross K,Davidson S,Korsgaard L,Krchnak K,McClain M,Meijers K,Smith M(2009). *Securing Water for Ecosystems and Human Well-Being:The Importance of Environmental Flows*. Report 24. Stockholm,Sweden:Swedish Water House,SIWI.

Frazier PS,Page KJ,Louis J,Briggs S,Robertson A (2003). Relating wetland inundation to river flow using Landsat TM data. *International Journal of Remote Sensing*,24:3755–3770.

Freitag B,Bolton S,Westerlund F,Clark JLS(2009). *Floodplain Management:A New Approach for a New Era*. Washington,DC:Island Press.

French TD,Chambers PA (1996). Habitat partitioning in riverine macrophyte communities. *Freshwater Biology*,36:509–520.

Frissell CA,Liss WJ,Warren CE,Hurley MD(1986). A hierarchical framework for stream habitat classification:viewing streams in a watershed context. *Environmental Management*,10:199–214.

Fryirs K,Arthington A,Grove J(2008). Principles of river condition assessment. In *River Futures:An Integrative Scientific Approach to River Repair*,Brierley GJ,Fryirs KA(Eds),100–118. Washington,DC:Isl and Press.

Gan KC,McMahon TA (1990). *Comparison of Two Computer Models for Assessing Environmental Flow Requirements*. Centre for Environmental Applied Hydrology Report. Victoria,Australia:University of Melbourne.

Garrett P(2009). Traveston Dam gets final no. The Hon. Peter Garrett AM MP,Minister for the Environment,Heritage and the Arts,media release 2 December 2009,PG/384. Australian Government archived media releases and speeches. Available at:www.environment.gov.au/minister/archive/ env/2009/mr20091202a.html

Gehrke PC,Brown P,Schiller CB,MofFatt DB,Bruce AM (1995). River regulation and fish communities in the Murray–Darling River system,Australia. *Regulated Rivers:Research and Management*,11:363–375.

Ghassemi F, White I (2007). *Inter-Basin Water Transfer: Case Studies from Australia, United States, Canada, China and India.* Cambridge, UK: Cambridge University Press.

Gibert J, Culver DC(2009). Assessing and conserving groundwater biodiversity: an introduction. *Freshwater Biology*, 54: 639-648.

Gibert J, Culver DC, Dole-Olivier M-J, Mallard F, Christman MC, Deharveng L (2009). Assessing and conserving groundwater biodiversity: synthesis and perspectives. *Freshwater Biology*, 54: 930-941.

Gillanders BM, Kingsford MJ (2002). Impact of changes in flow of freshwater on estuarine and open coastal habitats and the associated organisms. *Oceanography and Marine Biology: an Annual Review*, 40: 223-309.

Gillilan DM, Brovm TC(1997). *Instream Flow Protection: Seeting a Balance in Western Water Use.* Washington, DC: Island Press.

Gippel CJ(1992). *Guidelines for Wetl and Management.* Report for Victorian Department of Conservation and Environment Wetlands Unit. Victoria, Australia: University of Melbourne.

Gippel CJ (2001). Australia's environmental flow initiative: filling some knowledge gaps and exposing others. *Water Science and Technology*, 3: 73-88.

Gippel CJ (2010). *ACEDP-River Health and Environmental Flow in China; Technical Report 3; A Holistic, Asset-Based Framework for Evaluating River Health, Environmental Flows and Water Re-allocation.* ACEDP Activity No. P0018. Brisbane, Australia: International Water Centre.

Gippel CJ, Stewardson MJ (1998). Use of wetted perimeter in defining minimum environmental flows. *Regulated Rivers: Research and Management*, 14: 53-67.

Gippel CJ, O'Neill IC, Finlayson BL, Schnatz I (1996). Hydraulic guidelines for the re-introduction and management of large woody debris in lowland rivers. *Regulated Rivers: Research and Management*, 12: 223-236.

Gippel CJ, Bond NR, James C, Xiqin W (2009). An asset-based, holistic, environmental flows assessment approach. *International Journal of Water Resources Development*, 25: 301-330.

Gladwell M (2000). *The Tipping Point: How Little Things Can Make a Big Difference.* Boston, MA: Little Brown and Company.

Global Water Partnership(2011). *GWP in Action 2010: Annual Report.* Stockholm, Sweden: Global Water Partnership.

Gordon N, McMahon TA, Finlayson BL(1992). Stream Hydrology. Chichester, UK: John Wiley and Sons.

Gore JA, Nestler JM (1988). Instream flow studies in perspective. *Regulated Rivers: Research and Management*, 2: 93-101.

Gore JA, Petts GE (Eds)(1989). *Alternatives in Regulated River Management.* Boca Raton, FL: CRC Press.

Graf WL(2006). Downstream hydrological and geomorphic effects of large dams on American rivers.*Geomorphology*,79:336–360.

Greer M,Ruffini J,Arthington A,Bartlett,Johansen C(1999). In *Handbook and Proceedings of the Water 99：Joint Congress*,*25th Hydrology and Water Resources Symposium*,*2nd International Conference on Water Resources and Environmental Research*,Boughton,W (Ed),1129–1134. Brisbane,Australia：Australian Institute of Engineers.

Gregory KJ(2006). The human role in changing river channels. *Geomorphology*,79:172–191.

Gregory SV,Swanson FJ,McKee WA,Cummins KW (1991). An ecosystem perspective of riparian zones. *BioScience*,41:540–550.

Groffman PM,Tiedje JM (1988). Denitrification hysteresis during wetting and drying cycles in soil. *Soil Science Society of America Journal*,52:1626–1629(cited in Pinay et al. 2002).

Groffman PM,Boulware NJ,Zipperer WE,Pouyat RV,B and LE,Colosimo MF (2002). Soil nitrogen cycling processes in urban riparian zones. *Environmental Science and Technology*,36:4547–4552.

Groffman PM,Bain DJ,B and LE,Belt KT,Brush GS,Grove JM,Pouyat RV, Yesilonis IC,Zipperer WC (2003). Down by the riverside：urban riparian ecology. *Frontiers in Ecology and the Environment*,1:315–321.

Groom JD,Grubb TC (2002). Bird species associated with riparian woodl and in fragmented,temperate deciduous forest. *Conservation Biology*,16:832–836.

Grossman GD,Sabo JL(2010). Preface：structure and dynamics of stream fish assemblages. In *Community Ecology of Stream Fishes：Concepts*,*Approaches*,*and Techniques*,Symposium 73,Jackson DA,Gido KB(Eds), 401–405. Bethesda,MD：American Fisheries Society.

Gustavson K,Kennedy E(2010). Approaching wetland valuation in Canada. *Wetlands*,30:1065–1076.

Gustard A (1996). Analysis of river regimes. In *River Flows and Channel Forms*, Petts G,Callow P (Eds),32–50. Oxford,UK：Blackwood Scientific.

Gutreuter S,Bartels AD,Irons K,Sandheinrich MB (1999). Evaluation of the Flood–Pulse Concept based on statistical models of growth of selected fishes of the Upper Mississippi River system. *Canadian Journal of Fisheries and Aquatic Sciences*,56:2202–2291.

Habermehl MA(1982). Springs in the Great Artesian Basin,Australia：their origin and nature. Report No. 235. Canberra,Australia：Bureau of Mineral Resources,Geology and Geophysics.

Haines AT,Finlayson BL,McMahon TA(1988). A global classification of river regimes. *Applied Geography*,8:255–272.

Halleraker JH,Sundt H,Alfredsen KT,Dangelmaier D (2007). Application of multiscale environmental flow methodologies as tools for optimized management of a Norwegian regulated national salmon watercourse. *River Research and Applications*,23:467–558.

Halliday IA,Robins JB (Eds)(2007). Environmental flows for sub–tropical estuaries：understanding the freshwater needs of estuaries for sustainable fisheries production and assessing the impacts of water regulation. Final Report Project No. 2001/022. Canberra, Australia: Fisheries Research and Development Corporation, Australian Government.

Halls AS, Hoggarth DD, Debnath K (1998). Impact of flood control schemes on river fish migrations and species assemblages in Bangladesh. *Journal of Fish Biology*, 53(Suppl. A): 358–380.

Halls AS, Hoggarth DD, Debnath K (1999). Impacts of hydraulic engineering on the dynamics and production potential of floodplain fish populations in Bangladesh. *Fisheries Management and Ecology*, 6: 261–285.

Halls AS, Kirkwood GP, Payne AI (2001). A dynamic pool model for flood- plain–river fisheries. *Ecohydrology and Hydrobiology*, 1: 323–339.

Halse SA, Ruprecht JK, Pinder AM (2003) Salinisation and prospects for biodiversity in rivers and wetlands of south–west Western Australia. *Australian Journal of Botany*, 51: 673–688.

Hamilton SK(1999). Potential effects of a major navigation project(Paraguay Paraná Hidrovia) on inundation in the Pantanal floodplains. *Regulated Rivers: Research and Management*, 15: 289–299.

Hancock PJ (2002). Human impacts on the stream–groundwater exchange zone. *Environmental Management*, 29: 763–781.

Hancock PJ, Boulton, AJ(2008). Stygofauna biodiversity and endemism in four alluvial aquifers in eastern Australia. *Invertebrate Systematics*, 22: 117–126.

Hansen J, Sato M, Ruedy R, Lacis A, Oinas V (2000). Global warming in the twenty–first century: an alternative scenario. *Proceedings of the National Academy of Sciences*, 97: 9875–9880.

Harby A(2007). European aquatic modelling network. *River Research and Applications*, 23: 467–468.

Harby A, Olivier J–M, Merigoux S, Malet E (2007). A mesohabitat method used to assess minimum flow changes and impacts on the invertebrate and fish fauna in the Rhone River, France. *River Research and Applications*, 23: 525–543.

Harris MB, Tomas W, Ao GM, Da Silva CJ, Aes EG, Sonoda F, Fachim E (2005). Safeguarding the Pantanal wetlands: threats and conservation initiatives. *Conservation Biology*, 9: 714–720.

Hart BT, Pollino CA (2009). Bayesian modelling for risk–based environmental water allocations. Waterlines Report Series No 14. Canberra, Australia: National Water Commission. Available at: www.nwc.gov.au/www/html/1021–bayesian–modelling–report–no–14.asp

Hatton T, Evans, R (1998). *Dependence of Ecosystems on Groundwater and Its Significance to Australia*. Canberra, Australia: Land and Water Resources Research and Development Corporation.

Hawkes HA(1975). River zonation and classification. In *River Ecology*, Whitton BA(Ed), 312–374. Oxford, UK: Blackwell Science.

Haxton TJ, Findlay CS (2008). Meta–analysis of the impacts of water management on aquatic communities. *Canadian Journal of Fisheries and Aquatic Sciences*, 65: 437–447.

Haycock NE, Pinay G(1993). Groundwater nitrate dynamics in grass and poplar vegetated riparian buffer strips during the wintor. *Journal of Environmental Quality*, 22:273–278.

Hearne J, Johnson IW, Armitage PD (1994). Determination of ecologically acceptable flows in rivers with seasonal changes in the density of macrophyte. *Regulated Rivers: Research and Management*, 9:17–184.

Heiler G, Hein T, Schiemer F(1995). Hydrological connectivity and flood pulses as the central aspects for the integrity of a river–floodplain system. *Regulated Rivers: Research and Management*, 11:351–361.

Hemminga M, Duarte CM(2000). *Seagrass Ecology*. Cambridge, UK: Cambridge University Press.

Henley WF, Patterson MA, Neves RJ, Dennis–Lemley A(2000). Effects of sedimentation and turbidity on lotic food webs: a concise review for natural resource managers. *Reviews in Fisheries Science*, 8:125–139.

Hill M, Platts W, Beschta R (1991). Ecological and geomorphological concepts for instream and out–of–channel flow requirements. *Rivers*, 2:198–210.

Hirji R, Davis R(2009). *Environmental Flows in Water Resources Policies, Plans, and Projects: Findings and Recommendations*. Washington, DC: The World Bank.

Hobbs BF, Ludsin SA, Knight RL, Ryan PA, Biberhofer, Ciborowski JJH (2002). Fuzzy cognitive mapping as a tool to define management objectives for complex ecosystems. *Ecological Applications*, 12:1548–1565.

Hogan Z, Moyle P, May B, Vander Zanden J, Baird, I (2004). The imperiled giants of the Mekong: ecologists struggle to understand– and protect–Southeast Asia's large, migratory catfish. *American Scientist*, 92: 228–237.

Howell TD, Arthington H, Pusey BJ, Brooks AP, Creese B, Chaseling J(2010). Responses of fish to experimental introduction of structural woody habitat in riffles and pools of the Hunter River, New South Wales, Australia. *Restoration Ecology*, 20:43–55.

HRF(Hudson River Foundation)(2002). *Harbor Health/Human Health: An Analysis of Environmental Indicators for the NY/NJ Harbor Estuary*. New York, NY: Hudson River Foundation. Available at: www.harborestuary.org/reports/ HEP__IndicatorReport02.pdf

Hubert WA, Gordon KM (2007). Great Plains fishes declining or threatened with extirpation in Montana, Wyoming, or Colorado. In *Status, Distributiony and Conservation of Native Freshwater Fishes of Western North America*, Brouder MJ, Scheurer JA(Eds), 3–13. Bethesda, MD: American Fisheries Society.

Hughes DA(Ed)(2004). SPATSIM, an integrating framework for ecological reserve determination and implementation: incorporating water quality and quantity components for rivers. Report No. 1160/1/04. Pretoria, South Africa: Water Research Commission.

Hughes DA, Hannart P (2003). A desktop model used to provide an initial estimate of the ecological instream flow requirements of rivers in South Africa. *Journal of Hydrology*, 270:167–181.

Hughes JM, Schmidt DJ, Finn DS (2009). Genes in streams: using DNA to understand the movement of freshwater fauna and their riverine habitat. *BioScience*, 59:573–583.

Humphreys WF (2006). Aquifers: the ultimate groundwater dependent ecosystems. *Australian Journal of Botany*, 54: 115–132.

Humphries P (1996). Aquatic macrophytes, macroinvertebrate associations and water levels in a lowland Tasmanian river. *Hydrobiologia*, 321: 219–233.

Humphries P, King AJ and Koehn JD (1999). Fish, flows and floodplains: links between freshwater fishes and their environment in the Murray–Darling River system, Australia. *Environmental Biology of Fishes*, 56: 129–151.

Hynes HBN(1975). The stream and its valley. *Verhandlungen des Internationalen Verein Limnologie*, 19: 1–15.

ICOLD (International Commission on Large Dams)(2003). *World Register of Dams*, 2003. Paris, France: International Commission on Large Dams.

Illies J, Botosaneanu L(1963). Problèmes et méthodes de la classification et de la zonation écologique des eaux courantes, considérées surtout du point de vue faunistique. *Verhandlungen des Internationalen Verein Limnologie*, 12: 1–57(cited in Thorp et al. 2008).

IPCC(2007). *Climate Change 2007: Synthesis Report: Intergovernmental Panel on Climate Change*, *Fourth Assessment Report*. Cambridge, UK: Cambridge University Press.

Jackson RB, Carpenter SR, Dahm CN, McKnight DM, Naiman RJ, Postel SL, Running SW (2001). Water in a changing world. *Ecological Applications*, 11: 1027–1045.

Jacobson RA (2008). Applications of mesoHABSIM using fish community targets. *River Research and Applications*, 24: 434–438.

Jacobson RB, Galat DL(2006). Flow and form in rehabilitation of large–river ecosystems: an example from the Lower Missouri River. *Geomorphology*, 77: 249–269.

Jacobson RB, Galat DL (2008). Design of a naturalized flow regime: an example from the Lower Missouri River, USA. *Ecohydrology*, 1: 81–104.

Jansson R, Nilsson C, Dynesius M, Andersson E(2000a). Effects of river regulation on river–margin vegetation: a comparison of eight boreal rivers. *Ecological Applications*, 10: 203–224.

Jansson R, Nilsson C, Renöfält B (2000b). Fragmentation of riparian floras in rivers with multiple dams. *Ecology*, 81: 899–903.

Jassby AD, Kimmerer WJ, Monismith SG, Armor C, Cloern JE, Powell TM, Schubel JR, Vendlinski TJ (1995). Isohaline position as a habitat indicator for estuarine populations. *Ecological Applications*, 5: 272–289.

Jelks HL, Walsh SJ, Burkhead NM, Contreras–Balderas S, Díaz–Pardo E, Hendrickson DA, Lyons J, Mandrak NE, McCormick F, Nelson JS, Platania SP, Porter BA, Renaud CB, Schmitter–Soto JJ, Taylor EB, Warren ML Jr (2008). Conservation status of imperiled North American freshwater and diadromous fishes. *Fisheries*,

33：372-407.

Jensen FV(1996). *An Introduction to Bayesian Networks*. London,UK：UCL Press.

Jiang X,Arthington A,Changming L(2010). Environmental flow requirements of fish in the lower reach of the Yellow River. *Water International*,35：381-396.

Johnson BM,Saito L,Anderson MA,Weiss P,Andre M,Fontane DG (2004). Effects of climate and dam operations on reservoir thermal structurt. *Journal of Water Resources Planning and Management*,130：112-122.

Johnson WC(1992). Dams and riparian forests：case study from the upper Missouri River. *Rivers*,3：229-242.

Jones MJ,Stuart IG (2008). Regulated floodplains：a trap for unwary fish. *Fisheries Management and Ecology*,15：71-79.

Jorde K,Schneider M,Zoellner F (2000). Analysis of instream habitat quality：preference functions and fuzzy models. In *Stochastic Hydraulics*,Wang H(Ed). Rotterdam,Netherlands：Balkema.

Jowett IG (1989). River Hydraulic and Habitat Simulation,RHYHABSIM Computer Manual. Fisheries Miscellaneous Report 49. Christchurch,New Zealand：New Zealand Ministry of Agriculture and Fisheries.

Jowett IG (1997). Instream flow methods：a comparison of approaches. *Regulated Rivers：Research and Management*,13：115-127.

Junk WJ,Bayley PB,Sparks RE(1989). The Flood-Pulse Concept in river- fioodplain systems. *Canadian Journal of Fisheries and Aquatic Sciences Special Publication*,106：110-127.

Karim F,Kinsey-Henderson A,Wallace J,Arthington AH,Pearson R(2011). Wetland connectivity during over bank flooding in a tropical floodplain in north Queensland,Australia. *Hydrological Processes*,doi：10.1002/hyp.8364.

Katopodis C (2003),Case studies of instream flow modelling for fish habitat in Canadian Prairie rivers. *Canadian Water Resources Journal*,28：199-216.

Kaushal SJ,Likens GE Jaworski NA,Pace ML,Sides AM,Seekell D,Belt KT,Secor DH,Wingate R (2010). Rising stream and river temperatures in the United States. *Frontiers in Ecology and the Environment*,8：461-466.

Kelly D,Davey A,James G(2006). "Like a fish out of water"：life in a disappearing river. *Water and Atmosphere*,14：18-19.

Kennard MJ,Olden JD,Arthington AH,Pusey BJ,Poff NL (2007). Multiscale effects of flow regime and habitat and their interaction on fish assemblage structure in eastern Australia. *Canadian Journal of Fisheries and Aquatic Sciences*,64：1346-1359.

Kennard MJ,Mackay SJ,Pusey BJ,Olden JD, Marsh N (2010a). Quantifying uncertainty in estimation of hydrologic metrics for ecohydrological studies. *River Research and Applications*,26：137-156.

Kennard MJ,Pusey BJ,Olden JD,Mackay SJ,Stein JL,Marsh N (2010b). Classification of natural flow regimes in Australia to support environmental flow management. *Freshwater Biology*, 55:171–193.

Kennen JG, Kauffman LJ, Ayers MA, Wolock DM(2008). Use of an integrated flow model to estimate ecologically relevant hydrologic characteristics at stream biomonitoring sites. *Ecological Modelling*, 211:57–76

Kennish MJ (2002). Environmental threats and environmental future of estuaries. *Environmental Conservation*, 29:78–107.

Keyte PA (1994). *Lower Gwydir Wetland Plan of Management, 1994–1997*. Report for the Lower Gwydir Wetland Steering Committee. Sydney, Australia.

Kilgour BW, Neary J, Ming D, Beach D (2005). Preliminary investigations of the use and status of instream–fiow–needs methods in Ontario with specific reference to application with hydroelectric developments. *Canadian Manuscript Report of Fisheries and Aquatic Sciences*, 2723. Burlington, ON: Fisheries and Oceans Canada.

Kimmerer WJ (2002). Effects of freshwater flow on abundance of estuarine organisms: physical effects or trophic linkages? *Marine Ecology Progress Series*, 243:39–55.

King AJ, Humphries P, Lake PS (2003). Fish recruitment on floodplains: the roles of patterns of flooding and life history characteristics. *Canadian Journal of Fisheries and Aquatic Sciences*, 60:773–786.

King AJ, Ward KA, O'Connor P, Green D (2010). Adaptive management of an environmental watering event to enhance native fish spawning and recruitment. *Freshwater Biology*, 55:17–31.

King EG, Caylor KK(2011). Ecohydrology in practice: strengths, conveniences, and opportunities. *Ecohydrology*, 4:608–612.

King JM, Brown CA (2010). Integrated basin flow assessments: concepts and method development in Africa and South–East Asia. *Freshwater Biology*, 55:127–146.

King JM, Louw MD (1998). Instream flow assessments for regulated rivers in South Africa using the Building Block Methodology. *Aquatic Ecosystem Health and Management*, 1:109–124.

King JM, Pienaar, H(Eds)(2011). Sustainable use of South Africa's inland waters: a situation assessment of resource directed measures 12 years after the 1998 National Water Act. Water Research Commission Report No. TT 491/11. Pretoria, South Africa: Water Research Commission.

King JM, Tharme RE (1994). Assessment of the Instream Flow Incremental Methodology and initial development of Alternative Instream Flow Methodologies for South Africa. Report No. 295/1/94. Pretoria, South Africa: Water Research Commission.

King JM, Cambray JA, Impson DN (1998). Linked effects of dam–released floods and water temperature on spawning of the Clanwilliam yellowfish Barbus capensis. *Hydrobiologia*, 384:245–265.

King JM, Tharme RE, De Villiers M (Eds)(2000). Environmental flow assessments for rivers: manual for the Building Block Methodology. Technology Transfer Report No. TT131/00. Pretoria, South Africa: Water Research Commission.

223

King JM,Brown CA,Sabet H (2003). A scenario-based holistic approach to environmental flow assessments for rivers. *River Research and Applications*, 19:619-640.

King S,Warburton K(2007). The environmental preferences of three species of Australian freshwater fish in relation to the effects of riparian degradation. *Environmental Biology of Fishes*,78:307-316.

Kingsford RT (2000). Ecological impacts of dams,water diversions and river management on floodplain wetlands in Australia. *Austral Ecology*,25:109-127.

Kingsford RT(2011). Conservation management of rivers and wetlands under climate change:a synthesis. *Marine and Freshwater Research*,62:217-222.

Kingsford RT,Lemly AD,Thompson JR (2006). Impacts of dams,river management and diversions on desert rivers. In *Ecology of Desert Rivers*,Kingsford RT(Ed),336-345. Melbourne,Australia:Cambridge University Press.

Kingsford RT,Fairweather PG,Geddes MC,Lester RE,Sammut J,Walker KF(2009). *Engineering a Crisis in a Ramsar Wetland:The Coorong,Lower Lakes and Murray Mouth,Australia*. Sydney,Australia:Australian Wetlands and Rivers Centre,University of New South Wales.

Knight JT,Arthington AH,Holder GS,Talbot RB (2012). Conservation biology and management of the endangered Oxleyan pygmy perch *Nannoperca oxleyana* Whitley in Australia. *Endangered Species Research*, 17:169-178.

Koehler CL (1995). Water rights and the public trust doctrine:resolution of the Mono Lake controversy. *Ecological Law Quarterly*,22:541-590.

Konikow LF,Kendy E (2005). Groundwater depletion:a global problem. *Hydrogeological Journal*,13: 317-320.

Konrad CP,Brasher AMD,May JT(2008). Assessing streamflow characteristics as limiting factors on benthic invertebrate assemblages in streams across the western United States. *Freshwater Biology*,53:1983-1998.

Korbel KL,Hose GC(2010). A tiered framework for assessing groundwater ecosystem health. *Hydrobiologia*,661:329-349.

Kotlyakov VM(1991). The Aral Sea basin:a critical environmental zone. *Environment*,33:4-38.

Kottek M,Grieser J,Beck C,Rudolf B,Rubel F(2006). World map of the Köppen-Geiger climate classification updated. Meteorologische Zeitschrift,15:259-263.

Krapu GL,Facey DE,Fritzell EK,Johnson DH(1984). Habitat use by migrant sandhill cranes in Nebraska. *Journal of Wildlife Management*,48:407-417(citedin Poff et al. 1997).

Krause S,Hannah DM,Fleckenstein JH,Heppell CM,Kaeser D,Pickup R,Pinay G,Robertson AL,Wood PJ(2010). Inter-disciplinary perspectives on processes in the hyporheic zone. *Ecohydrology*,4:481-499.

Krchnak K,Richter B,Thomas G (2009). *Integrating Environmental Flows into Hydropower Dam Planning,Design, and Operations*. World Bank Water Working Notes No. 22. Washington,DC:World Bank Group.

Labbe L,Fausch KD (2000). Dynamics of intermittent stream habitat regulate persistence of a threatened fish at multiple scales. *Ecological Applications*,10:1774–1791.

Lake PS (2011). Drought and Aquatic Ecosystems:Effects and Responses. Chichester,UK:John Wiley and Sons.

Lake PS,Marchant M (1990). Australian upland streams:ecological degradation and possible restoration. *Proceedings of the Ecological Society of Australia*,16:79–91.

Lamberts D (2006). The Tonle Sap Lake as a productive ecosystem. *International Journal of Water Resources Development*,22:481–495.

Lamberts D (2008). Little impact,much damage:the consequences of Mekong River flow alterations for the Tonle Sap ecosystem. In *Modem Myths of the Mekong*,Kummu M,Keskinen M,Varis O (Eds),3–18. Espoo,Finland:Helsinki University of Technology,Water and Development Publications.

Lamouroux N,Souchon Y,Herouin E(1995). Predicting velocity frequency distributions in stream reaches. *Water Resources Research*,31:2367–2376.

Land and Water Australia (2009). *A framework to provide for the assessment of environmental water requirements of groundwater dependent ecosystems*. Canberra,Australia:Land and Water Australia.

Larned ST,Datry T,Arscott DB,Tockner T(2010). Emerging concepts in temporary–river ecology. *Freshwater Biology*,55:717–738.

Leigh C,Sheldon F,Kingsford RT,Arthington AH (2010). Sequential floods drive "booms" and wetland persistence in dryland rivers:a synthesis. *Marine and Freshwater Research*,61:896–908.

Leopold LB(1968). *Hydrology for urban land planning:a guidebook on the hydrologic effects of land use*. US Geological Survey 554:Reston,VA(cited in Poff et al. 1997).

Le Quesne T,Kendy E,Weston D (2010). *The Implementation Challenge:Taking stock of Government Policies to Protect and Restore Environmental Flows*. WWF– UK and The Nature Conservancy.

Leslie DJ,Ward KA (2002). Murray River environmental flows 2000–2001. *Ecological Management and Restoration*,3:221–223.

Lessard JL,Hayes DB (2003). Effects of elevated water temperature on fish and macroinvertebrate communities below small dams. River Research and Applications,19:721–732.

Leung GY(1996). Reclamation and Sediment Control in the Middle Yellow River Valley. *Water International*,21:12–19.

Lévêque C,Balian EV (2005). Conservation of freshwater biodiversity:does the real world meet scientific dreams? *Hydrobiologia*,542:23–26.

Limburg KE,Hattala KA,Kahnle A (2003). American shad in its native range. *American Fisheries Society Symposium*,35:125–140.

Linke S,Turak E,Nel J (2011). Freshwater conservation planning:the case for systematic approaches.

Freshwater Biology,56:6-20.

Livingston RJ,Niu XF,Lewis FG,Woodsum GC (1997). Freshwater input to a gulf estuary:long-term control of trophic organization. *Ecological Applications*,7:277-299.

Lloyd N,Quinn G,Thoms M,Arthington A,Gawne B,Humphries P,Walker K(2003). *Does Flow Modification Cause Geomorphological and Ecological Response in Rivers? A Literature Review from an Australian Perspective*. Technical Report 1/2004,Cooperative Research Centre for Freshwater Ecology:Canberra,Australia.

Loneragan NR,Bunn SE (1999). River flows and estuarine ecosystems:implications for coastal fisheries from a review and a case study of the Logan River,southeast Queensland. *Australian Journal of Ecology*,24: 431-440.

Lorenzen K,Enberg K (2002). Density-dependent growth as a key mechanism in the regulation of fish populations:evidence from among-population comparisons. *Proceedings of the Royal Society of London Biological Sciences*,269:49-54.

Lorenzen K,Smith L,Nguyen Khoa S,Burton M,Garaway C(2007). *Management of Irrigation Development Impacts on Fisheries:Guidance Manual*. Colombo,Sri Lanka:International Water Management Institute; Penang,Malaysia:WorldFish Center;London,UK:Imperial College.

Lotze HK (2010). Historical reconstruction of human-induced changes in U.S. estuaries. *Oceanography and Marine Biology:An Annual Review*,48:265-336.

Lowe-McConnell RH (1985). Ecological Studies In Tropical Fish Communities. Cambridge University Press:London,England.

Lucas MC,Baras E(2001). Migrations of Freshwater Fishes. Blackwell Science:Oxford,UK.

Lyon JP,Nicol SJ,Lieschke JA,Ramsey DSL (2009). Does wood type influence the colonisation of this habitat by macroinvertebrates in large lowland rivers? *Marine and Freshwater Research*,60:384-393.

Lytle DA,Merritt DM (2004). Hydrologic regimes and riparian forests:a structured population model for cottonwood. *Ecology*,85:2493-2503.

Lytle DA, Poff NL (2004). Adaptation to natural flow regimes. *Trends in Ecology and Evolution*,19:94-100.

MacKay H (2006). Protection and management of groundwater-dependent ecosystems:emerging challenges and potential approaches for policy and management. *Australian Journal of Botany*,54:231-237.

Mackay SJ,Arthington AH,Kennard MJ,Pusey BJ (2003). Spatial variation in the distribution and abundance of submersed aquatic macrophytes in an Australian subtropical river. *Aquatic Botany*,77:169-186.

Mackay SJ, James C,Arthington AH (2010). Macrophytes as indicators of stream condition in the Wet Tropics region,Northern Queensland,Australia. *Ecological Indicators*,10:330-340.

Magurran AE(2009). Threats to freshwater fish. *Science*,324:1215-1216.

Maheshwari BL,Walker KF,McMahon TA (1995). Effects of regulation on the flow regime of the River

Murray, Australia. *Regulated Rivers*, 10:15–38.

Malan H, Bath A, Day J, Joubert A (2003). A simple flow concentration modeling method for integrating water quality and water quantity in rivers. *Water SA*, 29:305–312.

Malard F, Tockner K, Dole-Olivier MJ, Ward JV (2002). A landscape perspective of surface-subsurface hydrological exchanges in river corridors. Freshwater Biology 47:621–640.

Margules CR, Pressey RL(2000). Systematic conservation planning. *Nature*, 405:243–253.

Marsh N(2003). River Analysis Package: User Guide; Sofware Version V1.0.1. Melbourne, Australia. Cooperative Research Centre for Catchment Hydrology. More recent versions available at: www.toolkit.net.au/Tools/RAP

Martell KA, Foote AL, Cumming SG.(2006). Riparian disturbance due to beavers (Castor canadensis) in Alberta's boreal mixedwood forests: implications for forest management. *Ecoscience*, 13:164–171.

Marzliff JM, Ewing K(2008). Restoration of fragmented landscapes for the conservation of birds: a general framework and specific recommendations for urbanizing landscapes. *Urban Ecology*, 2008:739–755.

Maser C, Sedell JR(1994). From the Forest to the Sea. St Lucia Press: Delray Beach, Florida.

Matson PA, Parton WJ, Power AG, Swift MJ (1997). Agricultural intensification and ecosystem properties. *Science*, 277:504–509.

Matthews RC Jr, Bao Y (1991). The Texas Method of preliminary instream flow determination. *Rivers*, 2: 295–310.

Matthews WJ(1998). Patterns in Freshwater Fish Ecology. Chapman and Hall: New York.

Mattson RA (2002). A resource-based framework for establishing freshwater inflow requirements for the Suwannee River Estuary. *Estuaries*, 25:1333–1342.

Mauclaire L, Gibert J (1998). Effects of pumping and floods on groundwater quality: a case study of the Grand Gravier well field(Rhone, France). *Hydrobiologia*, 389:141–151.

Mawdsley J (2011). Design of conservation strategies for climate adaptation. *WIREs Climate Change*, 2: 498–515.

Mazzotti FJ, Ostrenko, Smith AT(1981). Effects of the exotic plants *Melaleuca quinquenervia* and *Casuarina equisetifolia* on small mammal population in the eastern Florida Everglades. *Florida Scientist*, 44:65–71.

McCartney M (2007). *Decision Support Systems for Large Dam Planning and Operation in Africa*. IWMI Working Paper 119. Colombo, Sri Lanka: International Water Management Institute.

McCartney M (2009). Living with dams: managing the environmental impacts. *Water Policy*, 11 (Suppl. 1):121–139.

McCosker RO(1998). Methods addressing the flow requirements of wetland, riparian and floodplain vegetation. In *Comparative Evaluation of Environmental Flow Assessment Techniques: Review of Methods*, Arthington AH, Zalucki JM (Eds), 47–65. Occasional Paper No. 27/98. Canberra, Australia: Land and Water Resources Research and Development Corporation.

McCosker RO, Duggin JA (1993). Gingham watercourse management plan. Department of Ecosystem Management Final Report. Armidale, Australia: University of New England (cited in McCosker 1998).

McCully P (2001). *Silenced Rivers: The Ecology and Politics of Large Dams*. Enlarged and updated edition. London: ZED Books.

McDowall RM (2006). Crying wolf, crying foul, or crying shame: alien salmonids and a biodiversity crisis in the southern cool-temperate galaxioid fishes? *Reviews in Fish Biology and Fisheries*, 16: 233–422.

McKay J(2005). Water institutional reforms in Australia. *Water Policy*, 7: 35–52.

McMahon TA, Finlayson BL (2003). Droughts and anti-droughts: the low flow hydrology of Australian rivers. *Freshwater Biology*, 48: 1147–1160.

MDBMC(Murray-Darling Basin Ministerial Council)(1995). An audit of water use in the Murray-Darling Basin. Canberra, Australia: Murray-Darling Basin Ministerial Council.

MEA(Millennium Ecosystem Assessment)(2005). *Ecosystems and Human Well-Being: General Synthesis*. Washington, DC: Island Press.

Medeiros ESF, Arthington AH (2010). Allochthonous and autochthonous carbon sources for fish in floodplain lagoons of an Australian dryland river. *Environmental Biology of Fishes*, 90: 1–17.

Merritt DM, Scott ML, PofFNL, Lytle DA (2010). Theory, methods, and tools for determining environmental flows for riparian vegetation: riparian vegetation-flow response guilds. *Freshwater Biology*, 55: 206–225.

Meybeck M, Vörösmarty CJ (Eds)(2004).The integrity of river and drainage basin systems: challenges from environmental change. In *Vegetation, Watery, Humans and the Climate: A New Perspective on an Interactive System*, Kabat P, Claussen M, Dirmeyer PA, Gash JHC, Bravo de Guenni L, Meybeck M, Pielke Sr. RA, Vörösmarty CJ, Hutjes RWA, Lutkemeier S(Eds), 297–479. Heidelberg, Germany: Springer.

Micklin PP (1988). Desiccation of the Aral Sea: a water management disaster in the Soviet Union. *Science*, 241: 1170–1176.

Minckley WL, MefFe GK (1987). Differential selection by flooding in stream fish communities of the arid American Southwest. In Community and Evolutionary Ecology of North American Stream Fishes, Matthews WJ, Heins DC(Eds), 93–104. Norman, OK: University of Oklahoma Press.

Mitsch WJ, Gosselink JG(2007). *Wetlands*. Hoboken, NJ: John Wiley and Sons.

Mitsch WJ, Day JW, Zhang L, Lane R (2005). Nitrate-nitrogen retention in wetlands in the Mississippi River basin. *Ecological Engineering*, 24: 267–278.

Molden D (Ed)(2007). *Water for Food, Water for Life*. London, UK: Earthscan; Colombo, Sri Lanka: International Water Management Institute.

Molden D, Oweis T, Steduto P, Bindraban P, Hanjra MA, Kijne J(2010). Improving agricultural water productivity: between optimism and caution. *Agricultural Water Management*, 97: 528–535.

Molles MC, Crawford CS, Ellis LM(1995). Effects of an experimental flood on litter dynamics in the Middle Rio Grande riparian ecosystem. *Regulated Rivers: Research and Management*, 11:275–281.

Monk WA, Wood PJ, Hannah DM, Wilson DA(2007). Selection of river flow indices for the assessment of hydroecological change. *River Research and Applications*, 23:113–122.

Montgomery DR (1999). Process domains and the River Continuum Concept. *Journal of the American Water Resources Association*, 35:397–410.

Moore M (2004). Perceptions and interpretations of environmental flows and implications for future water resource management: a survey study. Master's thesis, Department of Water and Environmental Studies, Linköping University, Sweden.

Morrice JA, Valett HM, Dahm CN, Campana ME(1997). Alluvial characteristics, groundwater-surface water exchange and hydrological retention in headwater streams. *Hydrological Processes*, 11:253–267.

Mouton A, Meixner H, Goethals PLM, De Pauw N, Mader H (2007). Concept and application of the usable volume for modelling the physical habitat of riverine organisms. *River Research and Applications*, 23:545–558.

Moyle PB(1986). Fish introductions into North America: patterns and ecological impact. In *Ecology of Biological Invasions of North America and Hawaii*, Mooney HA Drake JA(Eds), 27–43. New York, NY: Springer-Verlag.

Moyle PB, Baltz DM (1985). Microhabitat use by an assemblage of California stream fishes: developing criteria for instream flow determinations. Transactions of the American Fisheries Society 114:695–704.

Moyle PB, Light T(1996a). Biological invasions of fresh water: empirical rules and assembly theory. *Biological Conservation*, 78:149–161.

Moyle PB, Light T (1996b). Fish invasions in California: do abiotic factors determine success? *Ecology*, 77:1666–1670.

MRC(Mekong River Commission)(1995). Agreement on the Cooperation for the Sustainable Development of the Mekong River Basin, 5 April 1995. Chieng Rai, Thailand: Mekong River Commission.

Muir WD, Smith SG, Williams JG, Sandford BP (2001). Survival of juvenile salmonids passing through bypass systems, turbines, and spillways with and without flow deflectors at Snake River dams. *North American Journal of Fisheries Management*, 21:135–146.

Munn MD, Brusven MA (1991). Benthic invertebrate communities in non-regulated and regulated waters of the Clearwater River, Idaho, USA. *Regulated Rivers: Research and Management*, 6:1–11.

Murchie KJ, Hair KPE, Pullen CE, Redpath TD, Stephens HR, Cooke SJ(2008). Fish response to modified flow regimes in regulated rivers: research methods, effects and opportunities. *River Research and Applications*, 24:197–217.

Murray BR, Zeppel MJB, Hose GC, Eamus D(2003). Groundwater dependent ecosystems in Australia: it?s more than just water for rivers. *Ecological Management and Restoration*, 4:110–113.

Murray BR,Hose GG,Eamus D,Licari D (2006). Valuation of groundwater—dependent ecosystems:a functional methodology incorporating ecosystem services. *Australian Journal of Botany*,54:221–229.

Murray—Darling Basin Authority (2011). Proposed basin plan. MDBA Publication No. 192/11. Canberra, Australia:Murray—Darling Basin Authority. Available at:www.mdba.gov.au/draft—basin—plan/draft—basin—plan—for—consultation

Næsje T,Jonsson B,Skurdal J(1995). Spring flood:a primary cue for hatching of river spawning Coregoninae. *Canadian Journal of Fisheries and Aquatic Sciences*,32:2190–2196.

Nagrodski A,Raby GD,Hasler CT,Taylor MK,Cooke SJ (2012). Fish stranding in freshwater systems: Ssources,consequences, and mitigation. *Environmental Management*,103:133–141.

Naiman RJ,Décamps H (1997). The ecology of interfaces:riparian zones. *Annual Review of Ecology and Systematics*,28:621–658.

Naiman RJ,Dudgeon D (2010). Global alteration of freshwaters:influences on human and environmental well—being. *Ecological Research*,26:865–873.

Naiman RJ,Magnuson JJ,McKnight DM,Stanford JA(1995). *The Freshwater Imperative:A Research Agenda*. Washington,DC:Island Press.

Naiman RJ,Bilby RE,Bisson PA (2000). Riparian ecology and management in the Pacific coastal rain forest. *BioScience*,50:996–1011.

Naiman RJ,Bunn SE,Nilsson C,Petts GE,Pinay G,Thompson LC(2002). Legitimizing fluvial ecosystems as users of water:an overview. *Environmental Management*,30:455–467.

Naiman RJ,Décamps H,McClain MC(2005). *Riparia*. San Diego,CA:Academic Press.

Naiman RJ,Latterell JJ,Pettit NE,Olden JD (2008). Flow variability and the vitality of river systems. *Comptes Rendus Geoscience*,340:629–643.

National Water Act (1998). National Water Act,Act No. 36 of 1998,Republic of South Africa. Available at:ftp://http.hst.org.za/pubs/govdocs/acts/1998/act36.pdf

Navarro RS,Stewardson M,Breil P,García de Jalón D,Eisele M.(2007). Hydrological impacts affecting endangered fish species:a Spanish case study. *River Research and Applications*,23:511–523.

Nel J,Turak E,Link S,Brown C(2011). Integration of environmental flow assessment and freshwater conservation planning:a new era in catchment management. *Marine and Freshwater Research*,62:290–299.

Nelson K,Palmer MA,Pizzuto J,Moglen G,Angermeier P,Hilderbrand R,Dettinger M,Hayhoe K(2009). Forecasting the combined effects of urbanization and climate change on stream ecosystems:from impacts to management options. *Journal of Applied Ecology*,46:154–163.

Nesler TP,Muth RT,Wasowicz AF (1988). Evidence for baseline flow spikes as spawning cues for Colorado squawfish in the Yampa River,Colorado. *Transactions of the American Fisheries Society Symposium*,5:68–79.

Nestler J,Latka D,Schneider T (1998). Using RCHARC to evaluate large river restoration alternatives (abstract). In *Engineering Approaches to Ecosystem Restoration*, Proceedings of Wetlands Engineering and River Restoration Conference. Reston,VA:American Society of Civil Engineers.

Newson M(1994). *Hydrology and the River Environment*. Oxford,UK:Clarendon.

Nichols FH,Cloern JE,Luoma SN,Peterson,DH (1986). The modification of an estuary. *Science*,231: 567–648.

Nielsen,DL,Brock,MA,Rees,GN, and Baldwin DS (2003). The effect of increasing salinity on freshwater ecosystems in Australia. *Australian Journal of Botany*,51:655–665.

Nilsson C,Renöfält BM (2008). Linking flow regime and water quality in rivers:a challenge to adaptive catchment management. *Ecology and Society*,13:18–38.

Nilsson C,Svedmark M(2002). Basic principles and ecological consequences of changing water regimes: riparian plant communities. *Environmental Management*,30:468–480.

Nilsson C,Reidy CA,Dynesius M,Revenga C (2005). Fragmentation and flow regulation of the world's large river systems. *Science*,308:405–408.

Nilsson C,Brown RL,Jansson R,Merritt DM (2010). The role of hydrochory in structuring riparian and wetland vegetation. *Biological Reviews*,85:837–858.

Nixon SW (2003). Replacing the Nile:are anthropogenic nutrients providing the fertility once brought to the Mediterranean by a great river? *Ambio*,32:30–39.

Northcote TG (2010). Controls for trout and char migratory/resident behaviour mainly in stream systems above and below waterfalls/barriers:a multidecadal and broad geographical review. *Ecology of Freshwater Fish*,19:487–509.

NSW(New South Wales) Department of Primary Industries,Fishing and Aquaculture(2012). Cold water pollution. Cronulla,NSW,Australia:NSW Department of Primary Industries. Available at:www.dpi.nsw.gov.au/fisheries/habitat/threats/cold–water–pollution

NWC (National Water Commission)(2011). The National Water Initiative–securing Australia's water future:2011 assessment. Canberra,Australia:National Water Commission. Available at:www.nwc.gov.au/_data/assets/ pdf_file/ool8/8244/2011–BiennialAssessment–full_report.pdf

Ogden JC,Davis SM,Jacobs KJ,Barnes T,Fling HE (2005). The use of conceptual ecological models to guide ecosystem restoration in South Florida. *Wetlands*,25:795–809.

Ogden RW,Thoms MC,Levings P (2002). Nutrient limitation of plant growth on the floodplain of the Narran River,Australia:growth experiments and a pilot soil survey. *Hydrobiologia*,489:277–285.

Ohio DNR (Ohio Department of Natural Resources)(n.d.). Removal of Lowhead Dams. Video. Available at:www.dnr.state.oh.us/tabid/21463/Default.aspx

O'Keeffe JH,Hughes DA(2002). The Flow Stress Response Method for analysing flow modifications:applications and developments. In *Proceedings of International Conference on Environmental Flows for Rivers*, Cape Town, South Africa: University of Cape Town.

Olden JD, Naiman RJ (2010). Broadening the science of environmental flows: managing riverine thermal regimes for ecosystem integrity. *Freshwater Biology*, 55: 86–107.

Olden JD, Poff NL (2003). Redundancy and the choice of hydrological indices for characterising streamflow regimes. *River Research and Applications*, 19: 101–121.

Olden JD, Poff NL, Bestgen KR (2006). Life−history strategies predict fish invasions and extirpations in the Colorado River basin. *Ecological Monographs*, 76: 25–40.

Olden JD, Lawler JJ, Poff NL (2008). Machine learning methods without tears: a primer for ecologists. *Quarterly Review of Biology*, 83: 171–193.

Olden JD, Kennard MJ, Lawler JJ, Poff NL(2011). Challenges and opportunities in implementing managed relocation for conservation of freshwater species. *Conservation Biology*, 25: 40–47.

Olden JD, Kennard MJ, Pusey BJ (2011). A framework for hydrologic classification with a review of methodologies and applications in ecohydrology. *Ecohydrology* doi: 10.1002/eco.251

Olsen M, Boegh E, Pedersen S, Pederson MF(2009). Impact of groundwater abstraction on physical habitat of brown trout(*Salmo trutta*) in a small Danish stream. *Hydrological Research*, 40: 394–405.

Orlins JJ, Gulliver JS (2000). Dissolved gas supersaturation downstream of a spillway, II: computational model. *Journal of Hydraulic Research*, 38: 151–159(cited in Ran et al. 2009).

Ormerod SJ, Dobson M, Hildrew AG, Townsend CR (2010). Multiple stressors in freshwater ecosystems. *Freshwater Biology*, 55(Suppl.1): 1–4.

Orth RJ, Carruthers TJB, Dennison WC, Duarte CM, Fourqurean JW, Heck KL Jr, Hughes AR, Kendrick GA, Kenworthy WJ, Olyarnik S, Short FT, Waycott M, Williams SL(2006). A global crisis for seagrass ecosystems. *BioScience*, 56: 987–996.

Overton IC (2005). Modelling floodplain inundation on a regulated river: integrating GIS, remote sensing and hydrological models. *River Research and Applications*, 21: 991–1001.

Overton IC, Jolly ID, Slavich PB, Lewis MM, Walker GR(2006). Modelling vegetation health from the interaction of saline groundwater and flooding on the Chowilla floodplain, South Australia. *Australian Journal of Botany*, 54: 207–220.

Palmer MA, Bernhardt ES, Allan JD, Lake PS, Alexander G, Brooks S, Carr J, Clayton S, Dahm C, Follstad Shah J, Galat DJ, Gloss S, Goodwin P, Hart DH, Hassett B, Jenkinson R, Kondolf GM, Lave R, Meyer JL, O'Donnell TK, Pagano L, Srivastava P, Sudduth E (2005). Standards for ecologically successful river restoration. *Journal of Applied Ecology*, 42: 208–217.

Palmer MA, Reidy−Liermann C, Nilsson C, Florke M, Alcamo J, Lake PS, Bond N(2008). Climate change and the world's river basins: anticipating management options. *Frontiers in Ecology and the Environment*, 6:

81–89.

Palmer MA, Lettenmaier DP, Poff NL, Postel SL, Richter B, Warner R(2009). Climate change and river e-cosystems: protection and adaptation options. *Environmental Management*, 44: 1053–1068.

Palmer RW, O'Keeffe JH(1989). Temperature characteristics of an impounded river. *Archiv für Hydrobiologie*, 116: 471–485.

Parasiewicz P(2001). MesoHABSIM: A concept for application of instream flow models in river restoration planning. *Fisheries*, 26: 6–13.

Parasiewicz P(2007). The mesoHABSIM model revisited. *River Research and Applications*, 23: 893–903.

Paton DC, Rogers DJ, Hill BM, Bailey CP, Ziembicki M (2009). Temporal changes to spatially–stratified waterbird communities of the Coorong, South Australia: implications for the management of heterogeneous wetlands. *Animal Conservation*, 12: 408–417.

Payne TR (2003). The concept of weighted usable area. IFIM Users Workshop, 1–5 June 2003, Fort Collins, CO.

Peake P, Fitzsimons J, Frood D, Mitchell M, Withers N, White M, Webster R (2011). A new approach to determining environmental flow requirements: sustaining the natural values of floodplains of the southern Murray–Darling Basin. *Ecological Management and Restoration*, 12: 128–137.

Pearce F (2007). *When the Rivers Run Dry: What Happens When Our Water Runs Out?* London, UK: Transworld Publishers.

Pearlstine L, McKellar H, Kitchens W (1985). Modelling the impacts of a river diversion on bottoml and forest communities in the Santee River floodplain, South Carolina. *Ecological Modelling*, 29: 283–302 (cited in Merritt et al. 2010).

Peel MC, Finlayson BL, McMahon TA(2007). Updated world map of the Koppen–Geiger climate classification. *Hydrology and Earth System Sciences*, 11: 1633–1644.

Peterson BJ, Wollheim WH, Mulholl and PJ, Webster JR, Meyer JL, Tank JL, Marti E, Bowden WB, Valett HM, Hershey AE, McDowell WH, Dodds WK, Hamilton SK, Gregory S, Morrall DJ (2001). Control of nitrogen export from watersheds by headwater streams. *Science*, 292: 86–90.

Petrosky CE, Schaller HA (2010). Influence of river conditions during seaward migration and ocean conditions on survival rates of Snake River chinook salmon and steelhead. *Ecology of Freshwater Fish*, 19: 520–536.

Petts GE(1989). Perspectives for ecological management of regulated rivers. In *Alternatives in Regulated River Management*, Gore JA, Petts GE(Eds), 3–24. Boca Raton, FL: CRC Press.

Petts GE, Amoros C(1996). *Fluvial Hydrosystems*. London, UK: Chapman and Hall.

Petts GE, Calow P(1996). River Flows and Channel Forms. Oxford, UK: Black well Science.

Petts GE, Gurnell(2005). Dams and geomorphology: research progress and future directions. *Geomorphol-*

ogy,71:27–47.

Petts GE,Moller H,Roux AL (Eds)(1989). *Historical Change of Large Alluvial Rivers:Western Europe*. Chichester,UK:John Wiley and Sons.

Petts GE,Bickerton MA,Crawford C,Lerner DN,Evans D(1999). Flow management to sustain groundwater–dominated stream ecosystems. *Hydrological Processes*,13:497–513.

Petts GE,Morales Y,Sadler J(2006). Linking hydrology and biology to assess the water needs of river ecosystems. *Hydrological Processes*,20:2247–2251.

Phillips PJ(1972). *River Boat Days*. Melbourne,Australia:Lansdowne Press.

Phillips W,Muller K(2006). Ecological character of the Coorong,Lakes Alexandrina and Albert Wetland of International Importance. Adelaide,Australia:Department for Environment and Heritage.

Pierson WL,Bishop K,Van Senden D,Horton PR,Adamantidis CA (2002). Environmental water requirements to maintain estuarine processes. Environmental Flows Initiative Technical Report No. 3. Canberra,Australia:Commonwealth of Australia.

Pinay G,Clement JC,Naiman RJ(2002). Basic principles and ecological consequences of changing water regimes on nitrogen cycling in fluvial system. *Environmental Management*,30:481–491.

Pizzuto J(2002). Effects of dam removal on river form and process. *BioScience*,52:683–691(cited in Poff and Hart 2002).

Poff NL (1996). A hydrogeography of unregulated streams in the United States and an examination of scale–dependence in some hydrological descriptors. *Freshwater Biology*,36:71–91.

Poff NL(1997). Landscape filters and species traits:towards mechanistic understanding and prediction in stream ecology. *Journal of the North American Benthological Society*,16:391–409.

Poff NL,Hart DD (2002). How dams vary and why it matters for the emerging science of dam removal. *BioScience*,52:659–738.

Poff NL,Ward JV (1990). Physical habitat template of lotic systems:recovery in the context of historical patterns of spatiotemporal heterogeneity. *Environmental Management*,14:629–645.

Poff NL,Zimmerman JK(2010). Ecological impacts of altered flow regimes:a meta–analysis to inform environmental flow management. *Freshwater Biology*,55:194–205.

Poff NL,Allan JD,Bain MB,Karr JR,Prestegaard KL, Richter BD, Sparks RE,Stromberg JC(1997). The natural flow regime:a paradigm for river conservation and restoration. *BioScience*,47:769–784.

Poff NL,Allan JD,Palmer MA,Hart DD,Richter BD,Arthington AH,Rogers KH,Meyer JL and Stanford JA(2003). River flows and water wars:emerging science for environmental decision making. *Frontiers in Ecology and the Environment*,1:298–306.

Poff NL,Bledsoe BP,Cuhaciyan CO (2006a). Hydrologic variation with l and use across the contiguous United States:geomorphic and ecological consequences for stream ecosystems. *Geomorphology*,79:264–285.

Poff NL, Olden JD, Vieira NKM, Finn DS, Simmons MP, Kondratieff BC(2006b). Functional trait niches of North American lotic insects: trait-based ecological applications in light of phylogenetic relationships. *Journal of the North American Benthological Society*, 25: 730-755.

Poff NL, Richter BD, Arthington AH, Bunn SE, Naiman RJ, Kendy E, Acre- man M, Apse C, Bledsoe BP, Freeman MC, Henriksen J, Jacobson RB, Kennen JG, Merritt DM, O'Keeffe JH, Olden JD, Rogers K, Tharme RE, Warne A(2010). The ecological limits of hydrologic alteration(ELOHA): a new framework for developing regional environmental flow standards. *Freshwater Biology*, 55: 147-170.

Ponce VM (1995). *Hydrologic and Environmental Impact of the Paran and Paraguay Waterway on the Pantanal of Mato Grosso, Brazil: A Reference Study*. San Diego, CA: San Diego State University.

Poole GC(2002). Fluvial landscape ecology: addressing uniqueness within the river discontinuum. *Freshwater Biology*, 47: 641-660.

Possingham HP, Ball IR, Andelman S(2000). Mathematical methods for identifying representative reserve networks. In *Quantitative Methods for Conservation Biology*, Ferson S, Burgman M(Eds), 291-305. New York, NY: Springer-Verlag.

Postel S, Richter B (2003). *Rivers for Life: Managing Water for People and Nature*. Washington, DC: Island Press.

Postel SL, Daily GC, Ehrlich PR (1996). Human appropriation of renewable fresh water. *Science*, 271: 785-788.

Powell GL, Matsumoto J, Brock DA (2002). Methods for determining minimum freshwater inflow needs of Texas bays and estuaries. *Estuaries*, 25: 1262-1274.

Power G, Brown RS, Imhof JG (1999). Groundwater and fish: insights from northern North America. *Hydrological Processes*, 13: 401-422.

Power ME, Sun A, Parker G, Dietrich WE, Wootton JT(1995). Hydraulic food-chain models. *BioScience*, 45: 159-167.

Preece RM, Jones HA (2002). The effect of Keepit Dam on the temperature regime of the Namoi River, Australia. *River Research and Applications*, 18: 397-414.

Pringle CM(2001). Hydrologic connectivity and the management of biological reserves: a global perspective. *Ecological Applications*, 11: 981-998.

Pringle CM, Scatena FN (1999). Freshwater resource development: case studies from Puerto Rico and Costa Rica. In *Managed Ecosystems: The Mesoamerican Experience*, Hatch LU, Swisher ME (Eds), 114-121. New York, NY: Oxford University Press.

Pringle CM, Naiman RJ, Bretschko G, Karr JR, Oswood MW, Webster JR, Welcomme RL, Winterbourn MJ (1988). Patch dynamics in lotic systems: the stream as a mosaic. *Journal of the North American Benthological Society*, 7: 503-524.

Puckridge JT, Sheldon, F, Walker KF, Boulton AJ (1998). Flow variability and the ecology of large rivers. *Marine and Freshwater Research*, 49:55–72. Available at:www.publish.csiro.au/nid/126/paper/MF94161.htm

Pusey BJ (1998). Methods addressing the flow requirements of fish. In *Comparative Evaluation of Environmental Flow Assessment Techniques：Review of Methods*, Arthington AH, Zalucki JM(Eds), 66–105. Occasional Paper No. 27/98. Canberra, Australia：Land and Water Resources Research and Development Corporation.

Pusey BJ, Arthington AH (2003). Importance of the riparian zone to the conservation and management of freshwater fish：a review. *Marine and Freshwater Research*, 54:1–16.

Pusey BJ, Storey AW, Davies PM, Edward DHD (1989). Spatial and temporal variation in fish communities in two south-western Australian river systems. *Journal of the Royal Society of Western Australia*, 71:69–75.

Pusey BJ, Arthington AH, Read MG(1993). Spatial and temporal variation in fish assemblage structure in the Mary River, south-east Queensland：the influence of habitat structure. *Environmental Biology of Fishes*, 37:355–380.

Pusey BJ, Kennard MJ, Arthington AH (2000). Discharge variability and the development of predictive models relating stream fish assemblage structure to habitat in north-eastern Australia. *Ecology of Freshwater Fish*, 9:30–50.

Pusey BJ, Kennard MJ, Arthington AH(2004). *Freshwater Fishes of North-Eastern Australia*. Melbourne, Australia：CSIRO Publishing.

Pusey BJ, Kennard M, Hutchinson M, Sheldon F(2009). Ecohydrological classification of Australia：a tool for science and management. Technical Report. Canberra, Australia：Land and Water Australia.

Rabalais NN, Turner RE, Díaz RJ, Justíc D (2009). Global change and eutrophication of coastal waters. *ICES Journal of Marine Science*, 66:1528–1537.

Ramsar Convention (2005). A Conceptual Framework for the Wise Use of Wetlands and the Maintenance of Their Ecological Character. Resolution IX.1 Annex A. Available at:www.ramsar.org/lib.lib_handbooks2006_e.htm.

Ramsar Convention Secretariat (2010). Ramsar Handbooks for the Wise Use of Wetlands, 4th ed. Available at:www.ramsar.org/cda/en/ramsar-pubs-handbooks/main/ramsar/1-30-33_4000-0_ _

Ran LI, Jia LI, KeFeng LI, Yun D, JingJie F(2009). Prediction for supersaturated total dissolved gas in high-dam hydropower projects. *Science in China Series E：Technological Sciences*, 52:3661–3667.

Reckhow KH(1999). Water quality prediction and probability network models. *Canadian Journal of Fisheries and Aquatic Sciences*, 56:1150–1158.

Reed MS (2008). Stakeholder participation for environmental management：a literature review. *Biological Conservation*, 41:2417–2431.

Reguero MA, Marenssi SA, Santillana SN (2002). Antarctic Peninsula and South America (Patagonia) Paleogene terrestrial faunas and environments: biogeographic relationships. *Palaeogeography, Palaeoclimatology, Palaeoecology*, 179: 189–210.

Reidy Liermann CA, Olden JD, Beechie TJ, KennardMJ, Skidmore PB, Konrad CP, Imaki H (2011). Hydrogeomorphic classification of Washington State rivers to support emerging environmental flow management strategies. *River Research and Applications*. doi: 10.1002/rra.1541

Renöfält BM, Jansson R, Nilsson C (2010). Effects of hydropower generation and opportunities for environmental flow management in Swedish riverine ecosystems. *Freshwater Biology*, 55: 49–67.

Reyes-Gavilan FG, Garrido R, Nicieza AG, Toledo MM, Brana F (1996). Fish community variation along physical gradients in short streams of northern Spain and the disruptive effect of dams. *Hydrobiologia*, 321: 155–163.

Richardson BA(1986). Evaluation of instream flow methodologies for freshwater fish in New South Wales. In *Stream Protection: The Management of Rivers for Instream Uses*, Campbell IC (Ed), 143–167. Melbourne, Australia: Chisholm Institute of Technology, Water Studies Centre.

Richter BD (2010). Re -thinking environmental flows: from allocations and reserves to sustainability boundaries. *River Research and Applications*, 26: 1052–1063.

Richter BD, Thomas GA (2007). Restoring environmental flows by modifying dam operations. *Ecology and Society* 12: 12. Available at: www.ecologyand society.org/vol12/iss1/art12/

Richter BD, Baumgartner JV, Powell J, Braun DP (1996). A method for assessing hydrologic alteration within ecosystems. *Conservation Biology*, 10: 1–12.

Richter BD, Baumgartner JV, Wigington R, Braun DP (1997). How much water does a river need? *Freshwater Biology*, 37: 231–249.

Richter BD, Mathews R, Harrison DL, Wigington R (2003). Ecologically sustainable water management: managing river flows for ecological integrity. *Ecological Applications*, 13: 206–224.

Richter BD, Warner AT, Meyer, JL, Lutz K (2006). A collaborative and adaptive process for developing environmental flow recommendations. *River Research and Applications*, 22: 297–318.

Richter BD, Postel S, Revenga C, Scudder T, Lehner B, Churchill A, Chow M (2010). Lost in development's shadow: the downstream human consequences of dams. *Water Alternativesy*, 3: 14–42.

Rieman BE, McIntyre JD (1995). Occurrence of bull trout in naturally fragmented habitat patches of varied size. *Transactions of the American Fisheries Society*, 124: 285–296.

Riis T, Biggs BJF (2001). Distribution of macrophytes in New Zeal and streams and lakes in relation to disturbance frequency and resource supply: a synthesis and conceptual model. *New Zeal and Journal of Marine and Freshwater Research*, 35: 255–267.

Ritche S(2003). *Management Cues: State of the Estuary; CALFED and S.F. Estuary Project, 2001 Confer-*

ence and 2002 Report. Sacramento, CA: CALFED Science Program. Available at: www-csgc.ucsd.edu/POSTAW ARD/POSTAWD_PDF/soemgmtcues.pdf

Roberts J, Young WJ, Marston F (2000). Estimating the water requirements for plants of floodplain wetlands: a guide. Report No. 99/60. Canberra, Australia: CSIRO Land and Water.

Roberts T (2001). On the river of no returns: Thailand's Pak Mun Dam and its fish ladder. *Natural History Bulletin of the Siam Society*, 49: 189–230.

Robins JB, Halliday IA, Staunton-Smith J, Mayer DG, Sellin MJ (2005). Freshwater-flow requirements of estuarine fisheries in tropical Australia: a review of the state of knowledge and application of a suggested approach. *Marine and Freshwater Research*, 56: 343–360.

Robins J, Mayer D, Staunton-Smith J, Halliday I, Sawynok B, Sellin M (2006). Variable growth rates of the tropical estuarine fish barramundi Lates calcarifer(Bloch) under different freshwater flow condxtiom. *Journal of Fish Biology*, 69: 379–391.

Rodriguez MA, Lewis WM Jr(1997). Structure of fish assemblages along environmental gradients in floodplain lakes of the Orinoco River. *Ecological Monographs*, 67: 109–128.

Rogers KH (2006).The real river management challenge: integrating scientists, stakeholders and service agencies. *River Research and Applications*, 22: 269–280.

Rolls RJ, Wilson GG(2010). Spatial and temporal patterns in fish assemblages following an artificially extended floodplain inundation event, northern Murray-Darling Basin, Australia. *Environmental Management*, 45: 822–833.

Rood SB, Mahoney JM (1990). Collapse of riparian poplar forests downstream from dams in western prairies: probable causes and prospects for mitigation. *Environmental Management*, 14: 451–464.

Rood SB, Samuelson GM, Braatne JH, Gourley CR, Hughes FMR, Mahoney JM (2005). Managing river flows to restore floodplain forests. *Frontiers in Ecology and the Environment*, 3: 193–201.

Rorslett B, Mjelde M, Johansen SW(1989). Effects of hydropower development on aquatic macrophytes in Norwegian rivers: present state of knowledge and some case studies. *Regulated Rivers: Research and Management*, 3: 19–28.

Rosenfeld JS, Hatfield T(2006). Information needs for assessing critical habitat of freshwater fish. *Canadian Journal of Fisheries and Aquatic Sciences*, 63: 683–698.

Ruhl JB, Salzman J(2006). Ecosystem services and the public trust doctrine: working change from within. *Southeastern Environmental Law Journal*, 15: 223–239.

Rutherford DA, Kelso WE, Bryan CF, Constant GC(1995). Influence of physicochemical characteristics on annual growth increments of four fishes from the Lower Mississippi River. *Transactions of the American Fisheries Society*, 124: 687–697.

Ryder DS, Tomlinson M, Gawne B, Likens GE(2010). Defining and using "best available science": a policy conundrum for the management of aquatic ecosystems. *Marine and Freshwater Research*, 61:821–828.

Sanborn SC, Bledsoe BP (2006). Predicting streamflow regime metrics for ungauged streams in Colorado, Washington, and Oregon. *Journal of Hydrology*, 325:241–261.

Sanderson EW, Jaiteh M, Levy MA, Redford KH, Wannebo AV, Woolmer G (2002). The human footprint and the last of the wild. *BioScience*, 52:891–903.

Sand–Jensen K, Madsen TV (1992). Patch dynamics of the stream macrophyte, *Callitriche cophocarpa*. *Freshwater Biology*, 27:277–282.

Santoul F, Figuerola J, Mastrorillo S, Céréghino R (2005). Patterns of rare fish and aquatic insects in a southwestern French river catchment in relation to simple physical variables. *Ecography*, 28:307–314.

Scheffer M, Carpenter SR, Foley J, Folke C, Walker BH (2001). Catastrophic shifts in ecosystems. *Nature*, 413:591–596.

Schellnhuber HJ (2009). Tipping elements in earth systems Special Feature. *Proceedings of the National Academy of Sciences*, 106:20561–20621.

Scholz M (2007). Expert system outline for the classification of sustainable flood retention basins (SFRBs). *Civil Engineering and Environmental Systems*, 24:193–209.

Schwarz HE, Emel J, Dickens WJ, Rogers P, Thompson J (1990). Water quality and flows. In *The Earth as Transformed by Human Action*, Turner BL, Clark WC, Kates RW, Richards JF, Mathews JT, Meyer WB (Eds), 253–270. Cambridge, UK: Cambridge University Press.

Scruton DA, Katopodis C, Pope G, Smith H (2004). Flow modification assessment methods related to fish, fish habitat, and hydroelectric development: a review of the state of the science, knowledge gaps, and research priorities. Report for Fisheries and Oceans Canada (DFO) and the Canadian Electricity Association (CEA) (cited in Kilgour et al. 2005).

Sculthorpe CD (1967). *The Biology of Vascular Plants*. Arnold: London.

Sedell JR, Ritchie JE, Swanson FJ (1989). The River Continuum Concept: a basis for expected ecosystem behaviour of very large rivers. *Canadian Journal of Fisheries and Aquatic Sciences*, 106:49–55.

Semeniuk CA, Semeniuk V (1995). A geomorphic approach to global classification for inland wetlands. *Plant Ecology*, 118:103–124.

Shafroth PB, Wilcox AC, Lytle DA, Hickey JT Andersen DC, Beauchamp VB, Hautzinger A, McMullen LE, Warner A (2010). Ecosystem effects of environmental flows: modelling and experimental floods in a dryland river. *Freshwater Biology*, 55:68–85.

Shaikh M, Green D, Cross H (2001). A remote sensing approach to determine the environmental flows for wetlands of the Lower Darling River, New South Wales, Australia. *International Journal of Remote Sensing*, 22:1737–1751.

Sheldon F, Bunn SE, Hughes JM, Arthington AH, Balcombe SR, Fellows CS (2010). Ecological roles and threats to aquatic refugia in arid landscapes: dryland river waterholes. *Marine and Freshwater Research*, 61: 885–895.

Sheng Y, Gong P, Xiao Q (2001). Quantitative dynamic flood monitoring with NOAA AVHRR. *International Journal of Remote Sensing*, 22: 1709–1724.

Sherman B, Todd CR, Koehn JD, Ryan T (2007). Modelling the impact and potential mitigation of cold water pollution on Murray cod populations downstream of Hume Dam, Australia. *River Research and Applications*, 23: 377–389.

Shields FD, Simon A, Steffen LJ (2000). Reservoir effects on downstream river channel migration. *Environmental Conservation*, 27: 54–66.

Shuman JR (1995). Environmental considerations for assessing dam removal alternatives for river restoration. *Regulated Rivers*, 11: 249–261.

Sidle JG, Carlson DE, Kirsch EM, Dinan JJ (1992). Flooding mortality and habitat renewal for least terns and piping plovers. *Colonial Waterbirds*, 15: 132–136 (cited in Poff et al. 1997).

Simon A, Rinaldi M (2006). Disturbance, stream incision, and channel evolution: The roles of excess transport capacity and boundary materials in controlling channel response. *Geomorphology*, 79: 361–383.

Skelton PH (1986). Fish of the Orange–Vaal system. In *The Ecology of River Systems*, Davies BR, Walker KF (Eds), 353–374. Dordrecht, Netherlands: Dr W. Junk, Publishers.

Sklar FH, Browder JA (1998). Coastal environmental impacts brought about by alterations to freshwater inflow in the Gulf of Mexico. *Environmental Management*, 22: 547–562.

Smakhtin VU, Anputhas M (2006). *An Assessment of Environmental Flow Requirements of Indian River Basins*. IWMI Research Report 107. Colombo, Sri Lanka: International Water Management Institute.

Smart MM, Lubinski KS, Schnick RA (Eds) (1986). *Ecological Perspectives of the Upper Mississippi River*. Dordrecht, Netherlands: Dr W. Junk Publishers.

Smith VH, Schindler DW (2009). Eutrophication science: where do we go from here? *Trends in Ecology and Evolution*, 24: 201–207.

Snelder TH, Biggs BJF (2002). Multi–scale river environment classification for water resources management. *Journal of the American Water Resources Association*, 38: 1225–1240.

Sobrino I, Silva L, Bellido JM, Ramos F (2002). Rainfall, river discharges and sea temperature as factors affecting abundance of two coastal benthic cephalopod species in the Gulf of Cádiz (SW Spain). *Bulletin of Marine Science*, 71: 851–865.

Song BY, Yang J (2003). Discussion on ecological use of water research. *Journal of Natural Resources*, 18: 617–625.

Soulsby C, Malcolm IA, Tetzlaff D, Youngson AF (2009). Seasonal and interannual variability in hyporheic water quality revealed by continuous monitoring in a salmon spawning stream. *River Research and Applica-*

tions,25:1304–1319.

Sowden TK,Power G(1985). Prediction of rainbow trout embryo survival in relation to groundwater seepage and particle size of spawning substrates. *Transactions of the American Fisheries Society*,114:804–812.

Sparks RE (1995). Need for ecosystem management of large rivers and floodplains. *BioScience*,45:168–182.

Stalnaker CB,Arnette SC (Eds)(1976). *Methodologies for the Determination of Stream Resource Requirements:An Assessment*. Logan,UT:Utah State University.

Stalnaker CB,Lamb BL,Henriksen J,Bovee K,Bartholow J (1995). The Instream Flow Incremental Methodology:a primer for IFIM. Biological Report 29. Fort Collins,CO:US Department of the Interior,National Biological Service.

Stanford JA,Ward JV(1986a). The Colorado River system. In *The Ecology of River Systems*,Davies BR, Walker KF(Eds),353–374. Dordrecht,Netherlands:Dr W. Junk Publishers.

Stanford JA,Ward JV (1986b). Fish of the Colorado system. In:*The Ecology of River Systems*, *Davies BR*,Walker KF(Eds),385–402. Dordrecht,Netherlands:Dr W. Junk Publishers.

Stanford JA,Ward JV (1993). An ecosystem perspective of alluvial rivers:connectivity and the hyporheic corridor. *Journal of the North American Benthological Society*,12:48–60.

Stanford JA,Ward JV,Liss WJ,Frissell CA,Williams RN,Lichatowich JA,Coutant CC (1996). A general protocol for restoration of regulated rivers. *Regulated Riven:Research and Management*,12:391–413.

Stanley EH,Doyle MW (2002). A geomorphic perspective on nutrient retention following dam removal. *BioScience*,52:693–701.

Stanley EH,Doyle MW (2003). Trading off:the ecological effects of dam removal. *Frontiers in Ecology and the Environment*,1:15–22.

Statzner B,Gore JA,Resh VH(1988). Hydraulic stream ecology:observed patterns and potential applications. *Journal of the North American Benthological Society*,7:307–360.

Staunton–Smith J,Robins JB,Mayer DG,Sellin MJ,Halliday IA (2004). Does the quantity and timing of freshwater flowing into a dry tropical estuary affect year–class strength of barramundi (*Lates calcarifer*)? Marine and Freshwater Research,55:787–797.

Steube C,Richter S,Griebler C (2009). First attempts towards an integrative concept for the ecological assessment of groundwater ecosystems. *Hydrogeology Journal*,1:23–35.

Stewardson MJ,Cottingham P(2002). A demonstration of the Flow Events Method:environmental flow requirements of the Broken River. *Australian Journal of Water Resources*,5:33–48.

Stewardson MJ,Gippel CJ(2003). Incorporating flow variability into environmental flow regimes using the Flow Events Method. *River Research and Applications*,19:459–472.

Stewardson MJ,Howes E(2002). The number of channel cross–sections required for representing longitudinal hydraulic variability of stream reaches. In *Proceedings of the Hydrology and Water Resources Symposium* (CD ROM). Melbourne, Australia: Institution of Engineers Australia.

Stewart-Koster B, Kennard MJ, Harch BD, Sheldon F, Arthington AH, Pusey BJ (2007). Partitioning the variation in stream fish assemblages within a spatio-temporal hierarchy. *Marine and Freshwater Research*, 58: 675-686.

Stewart-Koster B, Bunn SE, Mackay SJ, Poff NL, Naiman RJ, Lake PS (2010). The use of Bayesian networks to guide investments in flow and catchment restoration for impaired river ecosystems. *Freshwater Biology*, 55: 243-260.

Stoch F, Artheau M, Brancelj A, Galassi DMP, Malard F (2009). Biodiversity indicators in European ground waters: towards a predictive model of stygobiotic species richness. *Freshwater Biology*, 454: 745-755

Strayer DL (2008). *Freshwater Mussel Ecology: A Multifactor Approach to Distribution and Abundance*. Berkeley, CA: University of California Press.

Strayer DL (2010). Alien species in fresh waters: ecological effects, interactions with other stressors, and prospects for the future. *Freshwater Biology*, 55(Suppl. 1): 152-174.

Strayer D, Downing JA, Haag WR, King TL, Layer JB, Newton TJ, Nichols SJ (2004). Changing perspectives on pearly mussels, North America's most imperilled animals. *BioScience*, 54: 429-439.

Streng DR, Glitzenstein JS, Harcombe PA (1989). Woody seedling dynamics in an East Texas floodplain forest. *Ecological Monographs*, 59: 177-204.

Stringer C, McKie R (1996). *African Exodus: The Origins of Modern Humanity*. New York, NY: Henry Holt.

Stromberg JC, Lite SJ, Marler R, Paradzick C, Shafroth PB, Shorrock D, White JM, White MS (2007). Altered stream-flow regimes and invasive plant species: the Tamarix case. *Global Ecology and Biogeography*, 16: 381-393.

Stubbington R, Wood PJ, Boulton AJ (2009). Low flow controls on benthic and hyporheic macroinvertebrate assemblages during supraseasonal drought. *Hydrological Processes*, 23: 2252-2263.

Stubbington R, Wood PJ, Reid I, Gunn J(2010). Benthic and hyporheic invertebrate community responses to seasonal flow recession in a groundwater dominated stream. *Ecohydrology*, 4: 500-511.

Suren AM, Riis T(2010). The effects of plant growth on stream invertebrate communities during low flow: a conceptual model. *Journal of the North American Benthological Society*, 29: 711-724.

Tennant DL (1976). Instream flow regimens for fish, wildlife, recreation and related environmental resources. *Fisheries*, 1: 6-10.

Tharme RE(2003). A global perspective on environmental flow assessment: emerging trends in the development and application of environmental flow methodologies for rivers. *River Research and Applications*, 19: 397-441.

Thieme ML, Abell R, Stiassny MLJ, Lehner B, Skelton P, Teugels G, Dinerstein E, Kamden Toham A, Burgess B, Olson D (2005). *Freshwater Ecoregions of Africa and Madagascar: A Conservation Assessment.* Washington, DC: Island Press.

Thorp JH, Thoms MC, Delong MD (2006). The Riverine Ecosystem Synthesis: biocomplexity in river networks across space and time. *River Research and Applications*, 22: 123–147.

Thorp JH, Thoms MC, Delong MD(2008). *The Riverine Ecosystem Synthesis.* San Diego, CA: Elsevier.

Thrush SF, Hewitt JE, Cummings VJ, Ellis JI, Hatton C, Lohrer A, Norkko A(2004). Muddy waters: elevating sediment input to coastal and estuarine habitats. *Frontiers in Ecology and Environment*, 2: 299–306.

Tickner DP, Angold PG, Gurnell AM, Mountford OJ(2001). Riparian plant invasions: hydrogeomorphological control and ecological impacts. *Progress in Physical Geography*, 25: 22–52.

TNG (The Nature Conservancy)(2009). Conserve Online: ELOHA Case Studies. Available at: http://conserveonline.org/workspaces/eloha/documents/template-kyle

Tockner K, Bunn S, Gordon C, Naiman RJ, Quinn GP, Stanford JA(2008). Flood plains: critically threatened ecosystems. In *Aquatic Ecosystems*, Polunin NVC (Ed), 45–61. Cambridge, UK: Cambridge University Press.

Tockner KA, Lorang MS, Stanford JA (2010). River flood plains are model ecosystems to test general hydrogeomorphic and ecological concepts. *River Research and Applications*, 26: 76–86.

Todd CR, Ryan T, Nicol SJ, Bearlin AR (2005). The impact of cold water releases on the critical period of post-spawning survival and its implications for Murray cod(*Maccullochella peelii*): a case study of the Mitta River, southeastern Australia. *River Research and Applications*, 21: 1035–1052.

Tomlinson M, Boulton AJ (2010). Ecology and management of subsurface groundwater dependent ecosystems in Australia: a review. *Marine and Freshwater Research*, 61: 936–949. Available at: www.publish.csiro.au/nid/126/paper/MF09267.htm

Tooth S (2000). Process, form and change in dryl and rivers: a review of recent research. *Earth-Science Reviews*, 51: 67–107.

Toth LA(1995). Principles and guidelines for restoration of river/floodplain ecosystems: Kissimmee River, Florida. In *Rehabilitating Damaged Ecosystems*, Cairns J(Ed), 49–73. Boca Raton, FL: Lewis Publishers/CRC Press.

Townsend CR (1989). The patch dynamics concept of stream community ecology. *Journal of the North American Benthological Society*, 8: 36–50.

Townsend PA, Walsh SJ (1998). Modelling floodplain inundation using an integrated GIS with radar and optical remote sensing. *Geomorphology*, 21: 295–312.

TRPA(Thomas R. Payne and Associates)(n.d.). RHABSIM Version 3.0. Available at: http://trpafishbiologists.com/rindex.html

UNESCO (1972). Convention Concerning the Protection of the World Cultural and Natural Heritage, the General Conference of the United Nations Educational, Scientific and Cultural Organization Meeting in Paris from 17 October to 21 November 1972. Available at: http://whc.unesco.org/en/about

UN General Assembly (2000). UN Millennium Declaration 55/2. Resolution adopted by the General Assembly, United Nations Headquarters, New York. Available at: www.un.org/millennium/declaration/ares552e.htm

United Nations (2002). The Johannesburg Declaration on Sustainable Development. World Summit on Sustainable Development, 26 August–4 September 2002, Johannesburg, South Africa. Available at: www.johannesburgsummit.org/html/documents/summit_docs/131302_wssd–report_reissued.pdf

UN–WWAP (UN World Water Assessment Programme) (2003). *Water for People: Water for Life*. UN World Water Development Report 1. Paris, France: UNESCO.

UN–WWAP (UN World Water Assessment Programme) (2009). *Water in a Changing World*. UN World Water Development Report 3. Paris, France: UNESCO; London, UK: Earthscan.

Valentine LE (2006). Habitat avoidance of an introduced weed by native lizards. *Austral Ecology*, 31: 372–375.

Vannote RL, Minshall GW, Cummins KW, Sedell JR, Cushing CE (1980). The River Continuum Concept. *Canadian Journal of Fisheries and Aquatic Sciences*, 37: 130–137.

Vitousek PM, Mooney HA, Lubchenco J, Melillo JM (1997). Human domination of Earth's ecosystems. *Science*, 277: 494–499.

Vörösmarty CJ, Meybeck M, Fekete B; Sharma K (1997). The potential impact of neo–Cartorization on sediment transport by the global network of rivers. In *Proceedings of the Rabat Symposium*, IAHS Publication No. 245, 261–273. Wallingford, Oxfordshire, UK: International Association of Hydro– logical Sciences.

Vörösmarty CJ, Meybeck M, Fekete B, Sharma K, Green P, Syvitski JPM (2003). Anthropogenic sediment retention: major global impact from registered river impoundments. *Global and Planetary Change*, 39: 169–190.

Vörösmarty CJ, Lettenmaier D, Lévêque C, Meybeck M, Pahl–Wostl C, Alcamo J, Cosgrove W, Grassl H, Hoff H, Rabat P, Lansigan E, Lawford R, Naiman RJ (2004). Humans transforming the global water system. *EOS, American Geophysical Union Transactions*, 85: 509–514.

Vörösmarty CJ, Lévêque C, Revenga C (2005). Fresh water. In *Millennium Ecosystem Assessment*, Vol. 1, *Ecosystems and Human Well–Being: Current State and Trends*. Washington, DC: Island Press.

Vörösmarty CJ, McIntyre PB, Gessner MO, Dudgeon D5 Prusevich A, Green P, Glidden PS, Bunn SE, Sullivan CA, Reidy Liermann C, Davies PM (2010). Global threats to human water security and river biodiversity. *Nature*, 467: 555–561.

Wagener T, Wheater HS, Gupta HV (2004). *Rainfall–Runoff Modeling in Gauged and Ungauged Catchments*. London, UK: Imperial College Press.

Walker KF, Thoms MC, Sheldon F (1992). Effects of weirs on the littoral environment of the River Murray, South Australia. In *River Conservation and Management*, Boon PJ, Calow P, PettsGE (Eds), 272–292. Chichester, UK: John Wiley and Sons.

Walker KF, Sheldon F, Puckridge JT (1995). An ecological perspective on dryland river ecosystems. *Regulated Rivers: Research and Management*, 11: 85–104.

Walling DE (2006). Human impact on land–ocean sediment transfer for the world's rivers. *Geomorphology*, 79: 173–191.

Walsh CJ, Fletcher TD, Ladson AR (2005). Stream restoration in urban catchments through re–designing stormwater systems: looking to the catchment to save the strtzm. *Journal of the North American Benthological Society*, 24: 690–705.

Walters CJ (1986). *Adaptive Management of Renewable Resources*. New York, NY: MacMillan.

Ward JV (1989). The four–dimensional nature of lotic ecosystems. Journal of the *North American Benthological Society*, 8: 2–8.

Ward JV, Stanford JA (1979). *The Ecology of Regulated Streams*. New York, NY: Plenum Press.

Ward JV, Stanford JA (1983). The Serial Discontinuity Concept of lotic ecosystems. In *Dynamics of Lotic Ecosystems*, Fontaine TD, Bartel SM (Eds), 29–42. Ann Arbor, MI: Ann Arbor Science.

Ward JV, Stanford JA (1995). Ecological connectivity in alluvial river ecosystems and its disruption by flow regulation. *Regulated Rivers: Research and Management*, 11: 105–119.

Waycott M, Duarteb CM, Carruthers TJB, Orth RJ, Dennison WC, Olyarnick S, Calladine A, Fourqurean JW, Heck KL Jr, Randall Hughes A, Kendrick GA, Judson Kenworthy W, Short FT, Williams SL (2009). Accelerating loss of seagrasses across the globe threatens coastal ecosystems. *Proceedings of the National Academy of Sciences*, *USA*, 106: 12377–12381.

WCD (World Commission on Dams) (2000). *Dams and Development: A New Framework for Decision-Making*. London, UK, and Sterling, VA: Earthscan.

WCD (World Commission on Dams) (2005). *The Wealth of the Poor: Managing Ecosystems to Fight Poverty*. Washington, DC: UN Environmental Programme and World Bank.

Webb AJ, Stewardson MJ, Koster WM (2010). Detecting ecological responses to flow variation using Bayesian hierarchical models. *Freshwater Biology*, 55: 108–126.

Wedderburn S, Barnes T (2009). *Condition Monitoring of Threatened Fish Species at Lake Alexandrina and Lake Albert*(2008–2009). Adelaide, Australia: University of Adelaide.

Wei Q, He D, Yang D, Zhang W, Li L (2004). Status of sturgeon aquaculture and sturgeon trade in China: a review based on two recent nationwide surveys. *Journal of Applied Ichthyology*, 20: 321–332.

Weisberg SB, Janicki AJ, Gerritsen J, Wilson HT (1990). Enhancement of benthic macroinvertebrates by minimum flow from a hydroelectric dam. *Regulated Rivers: Research and Management*, 5: 265–277.

Weitkamp DE, Katz M (1980). A review of dissolved gas supersaturation literature. *Transactions of the*

American Fisheries Society, 109：659–702.

Welcomme RL(1985). *River Fisheries*. FAO Fisheries Technical Paper 262. Rome, Italy：Food and Agriculture Organization of the United Nations.

Welcomme RL, Hagborg D(1977). Towards a model of a floodplain fish population and its fishery. *Environmental Biology of Fishes*, 2：7–24.

Welcomme RL, Bene C, Brown CA, Arthington A, Patrick Dugan P, King JM, Sugunan V (2006). Predicting the water requirements of river fisheries. In *Wetlands and Natural Resource Management*, Verhoeven JTA, Beltman B, Bobbink R, Whigham DF(Eds), 123–154. Berlin, Germany：Springer-Verlag.

Werren G, Arthington AH (2002). The assessment of riparian vegetation as an indicator of stream condition, with particular emphasis on the rapid assessment of flow-related impacts. In *Landscape Health of Queensland*, Playford J, Shapcott A, Franks A(Eds), 194–222. Brisbane, Australia：Royal Society of Queensland.

Wetzel RG (1990). Land-water interfaces：metabolic and limnological regulators. *Verhandlungen der Internationalen Vereinigung für Limnologie*, 24：6–24.

White DS(1993). Perspectives on defining and delineating hyporheic zones. *Journal of the North American Benthological Society*, 12：61–69.

White DS, Hendricks SP, Fortner SL (1992). Groundwater-surface water interactions and the distribution of aquatic macrophytes. In *Proceedings of the First International Conference on Ground Water Ecology*, Stanford JA, Simons JJ (Eds), 247–256. Bethesda, MD：American Water Resources Association (cited in Boulton and Hancock 2006).

Wilcock RJ, Nagels JW, Mcbride GB, Collier KH(1998). Characterisation of lowland streams using a single-station diurnal curve analysis model with continuous monitoring data for dissolved oxygen and temperature. *New Zealand Journal of Marine and Freshwater Research*, 32：67–79(cited in Suren and Riis 2010).

Wilding TK, Poff NL (2008). *Flow-Ecology Relationships for the Watershed Flow Evaluation Tool*. Denver, CO：Colorado State University for the Colorado Water Conservation Board.

Wild Rivers Act(2005). Wild Rivers Act of 2005, Queensland Parliamentary Counsel. Available at：www.legislation.qld.gov.au/LEGISLTN/CURRENT/ W/WildRivA05.pdf

Winemiller KO (2004). Floodplain river food webs：generalizations and implications for fisheries management. In *Proceedings of the Second International Symposium on the Management of Large Rivers for Fisheries*, Vol. 1, Welcomme R, Petr T (Eds), 285–312. Bangkok, Thailand：FAO Regional Office for Asia and the Pacific.

Winemiller KO, Rose KA(1992). Patterns of life history diversification in North American fishes：implications for population regulation. *Canadian Journal of Fisheries and Aquatic Sciences*, 49：2196–2218.

Winterbourn MJ, Rounick JS, Cowie B(1981). Are New Zealand stream ecosystems really different? *New Zealand Journal of Marine and Freshwater Research*, 15：321–328.

Wishart MJ (2006). Water scarcity: politics, populations and the ecology of desert rivers. In *Ecology of Desert Rivers*, Kingsford RT(Ed), 76–99. Melbourne, Australia: Cambridge University Press.

Wolanski E(2007). *Estuarine Ecohydrology*. Amsterdam, Netherlands: Elsevier.

Wood PL, Armitage PD(1997). Biological effects of fme sediment in the lotic environment. *Environmental Management*, 21: 203–217.

Woodward G (2009). Biodiversity, ecosystem functioning and food webs in fresh waters: assembling the jigsaw puzzle. *Freshwater Biology*, 54: 2171–2187.

Wootton JT, Parker MS, Power ME(1996). Effects of disturbance on river food webs. *Science*, 273: 1558–1561.

Worrall F, Burt TP (1998). Decomposition of river nitrate time-series. Comparing agricultural and urban signals. *The Science of the Total Environment*, 210/211: 153–162.

Worster D (1985). *Rivers of Empire: Water, Aridity, and the Growth of the American West*. New York, NY: Pantheon.

Wright JP, Jones CG(2006). The concept of organisms as ecosystem engineer ten years on: progress, limitations, and challenges. *BioScience*, 56: 203–209.

Wu J, Loucks OL (1995). From balance of nature to hierarchical patch dynamics: a paradigm shift in ecology. *Quarterly Review of Biology*, 70: 439–466.

Xenopoulos M, Lodge DM, Alcamo J, Marker M, Schulze K, Van Vuuren DP(2005). Scenarios of freshwater fish extinctions from climate change and water withdrawal. *Global Change Biology*, 11: 1557–1564.

Xue Z, Liu JP, Ge Q(2011). Changes in hydrology and sediment delivery of the Mekong River in the last 50 years: connection to damming, monsoon, and ENSO. *Earth Surface Processes and Landforms*, 36: 296–308.

Young WJ, Kingsford RT(2006). Flow variability in large unregulated dryland rivers. In *Ecology of Desert Rivers*, Kingsford RT(Ed), 11–46. Melbourne, Australia: Cambridge University Press.

Zachos JC, Dickens GR, Zeebe RE(2008). An early Cenozoic perspective on greenhouse gas warming and carbon-cycle dynamics. *Nature*, 451: 279–283.

Zalasiewicz J, Williams M, Smith AG, Barry TL, Coe AL, Bown PR, Brenchley P, Cantrill D, Gale A, Gibbard P, Gregory FJ, Hounslow MW, Kerr AC, Pearson P, Knox R, Powell J, Waters C, Marshall J, Oates M, Rawson P, Stone P(2008). Are we now living in the Anthropocene? *GSA Today*, 18: 4–8.

Zhang Y, Arthington AH, Bunn SE, Mackay S, Xia J, Kennard M(2011). Classification of flow regimes for environmental flow assessment in regulated rivers: the Huai River basin, China. *River Research and Applications* doi: 10.1002/rra.1483

Zhong YG, Power G (1996). Environmental impacts of hydroelectric projects on fish resources in China. *Regulated Rivers: Research and Management*, 12: 81–98.